伴你健康每一天

尚锦文化

饮食健康智慧王系列

全食物排毒事典

（第3版）

李青蓉◎编著

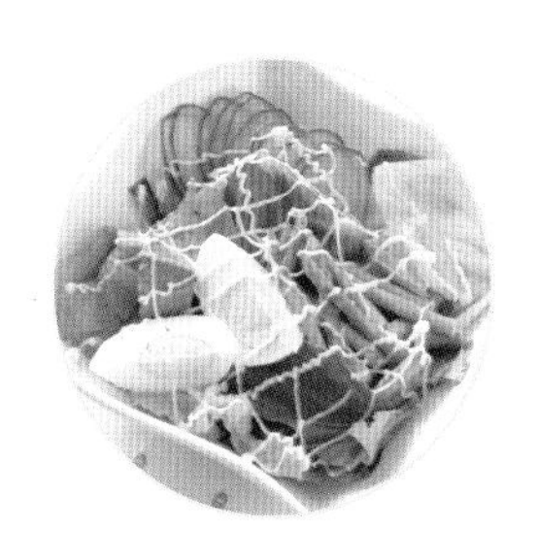

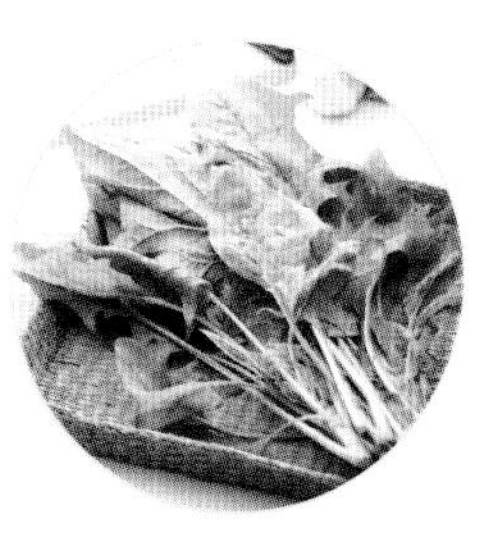

中国纺织出版社

审订推荐

在生活中**轻松地调养身体，**让您成为真正的养生专家。

人人都希望拥有健康的身体，以预防和避免病痛的发生。但忙碌的现代人，在环境变化和生活方式改变的影响下，忽略了饮食的重要性，导致营养不均衡、身体免疫力变差、体力衰退、提早老化甚至罹患癌症。因此，在大家越来越重视健康的今天，最简单，也是最基本的保健方法就是从饮食方面着手。控制饮食可以减少30%～60%罹患癌症的概率，所以，许多与保健养生有关的食疗方式大行其道，如有机蔬菜、粗食、健康素食等，用以对抗疾病，维护健康。

但是自己的身体，是要靠自己努力维护的。首先从认识食物、了解食物开始，知道食物中的营养素对人体有什么影响，进而学习如何应用于日常饮食当中，来达到保健的目的。蔬菜水果中含有丰富的维生素、矿物质、膳食纤维及多种抗氧化物质，不仅可以增加身体的免疫力、降低心血管疾病，更具有预防癌症的辅助功效；肉中含有完整的蛋白质，是建造和修补组织的重要来源；鱼类是能提升脑力的DHA（二十二碳六烯酸）和EPA（二十碳五烯酸）的主要提供者。

本书从介绍毒素开始，除了让读者认识什么是毒素以外，更将如何用食物排毒以及针对各种疾病的饮食疗法一一解说，并且有示范食谱可供参考，内容充实且明了易懂，是一本非常实用的参考书，让您在生活中轻松地调养身体，成为真正的养生专家。

李青蓉

审订推荐

让本书帮助您达到排毒、解毒、防病、治病的终极目标

相信大家都能认同“食物是最好的医药”这句话，不过现代人吃的食物来源频频出问题，加工过程又不太注意卫生，而且有时为了使食物更加美味或便于保存，特别添加了许多物质，所以到底大家吃了很多有益健康的食物，还是让自己在不知情的情况下，吃了很多毒素，值得大家省思。

近来存在于蔬果中的植物化学物质受到许多科学家的重视，原来，除了维生素、矿物质等对我们身体大有帮助外，这些被忽略的植物化学物质居然也扮演着守护健康的角色。所以，好好地了解相关食材，并善于运用这些有益物质，必然让您和家人永保安康。

本书从对症食疗的角度出发，让您轻松了解常见食材对各类疾病的帮助，而且特别介绍食材的排毒功效。书中不仅详细介绍食材的选购，对每一种食材的排毒功效及营养价值也都有完整及详细的说明。

当您了解和爱上本书中的某一食材时，本书会一起为您端上依据每种食材的营养特色所搭配的健康食谱，并告诉您“如何搭配，营养加倍”的诀窍，相信您带回本书，一定会很快上手。

想要当一位健康达人吗？请先找到一位良师益友，而本书就是您最好的选择。因为书中准确、清楚的文字和图表，一定能解答您对食材和健康的疑惑，让您顿时豁然开朗，轻轻松松就能达到排毒、解毒、防病、治病的终极目标。

导读
Guide

随着社会进步，我们常常只顾着向前追逐想要的东西，却忘了停下脚步，关注自己的健康以及生活品质。健康是一辈子的财富，拥有健康即是拥有幸福的人生，为了能好好享受辛苦所成就的一切，“排毒”，是您在生活中可以彻底实践又不会劳民伤财的方法。本书有感于生活中四面八方潜伏着对人体健康有形、无形的杀手，因此，借由饮食着手，让读者能够不假他人之力，即能达到体内环保，并且增强免疫力的最终目的。不论是为了自己，还是为了亲爱的家人，您都可以从本书开始，找回健康的自己!

本书特色

1. 针对单一食材做详细的介绍，包括选购方法、处理保存等实用知识。
2. 完整分析食材的营养成分及排毒功效，清楚掌握吃什么补什么。
3. 每一种食材皆附有排毒示范食谱，用“吃”来进行体内环保工作。
4. 提供慢性病患者包括排毒食谱、饮食禁忌等疾病期的饮食照料。
5. 提供以食补功效查询的分类方法，让您轻松找到适合自己的排毒食物。

本书的食谱单位换算

1杯＝240毫升

1大匙＝15毫升

1小匙＝5毫升

为使内容更通俗易懂，本书热量单位采用千卡。

1千卡≈4.181千焦

※本书的内容可作为读者的排毒饮食参考，实际情况会因性别、年龄、个人体质、病史等因素而有所差异，遇有特殊情况或重大疾病者，建议依循医嘱。

内容使用说明

1 食材基本介绍

包括该食材的图片、英文名、别名、产期及营养功效等基本说明。

2 适用与不适用的对象

说明该食材适合什么样的人食用，哪些人又不宜多吃，以免出现不适情况。

3 保健功效

以标语化方式清楚呈现该食材对人体健康所产生的助益。

4 营养成分

针对该食材所含有的营养素，以及食材的整体营养价值做详细介绍。

5 处理保存

教读者在烹饪前如何处理食材，以及食材的保存方法。

6 保健养生

综合该食材所具有的营养素及营养价值，详细说明该食材对于人体健康会有哪些帮助。

7 排毒功能

针对食材中的某些营养素，详细说明其对人体的排毒工作会产生什么样的作用。

8 营养面面观

对食材中含量较高的营养素，做清楚的表格呈现。

9 速配MENU

提出该食材在食用时，和什么样的材料或营养素互相搭配，较利于人体吸收，或有更显著的排毒功效。

10 示范食谱

提供以排毒食材入菜的食谱，并附上功效及热量标示。

11 排毒小帮手

解析该道食谱在排毒方面的作用及其营养价值。

12 食材分类标示

在页面两侧以颜色来区别不同类别的食材，以利于读者快速寻找所要的信息。

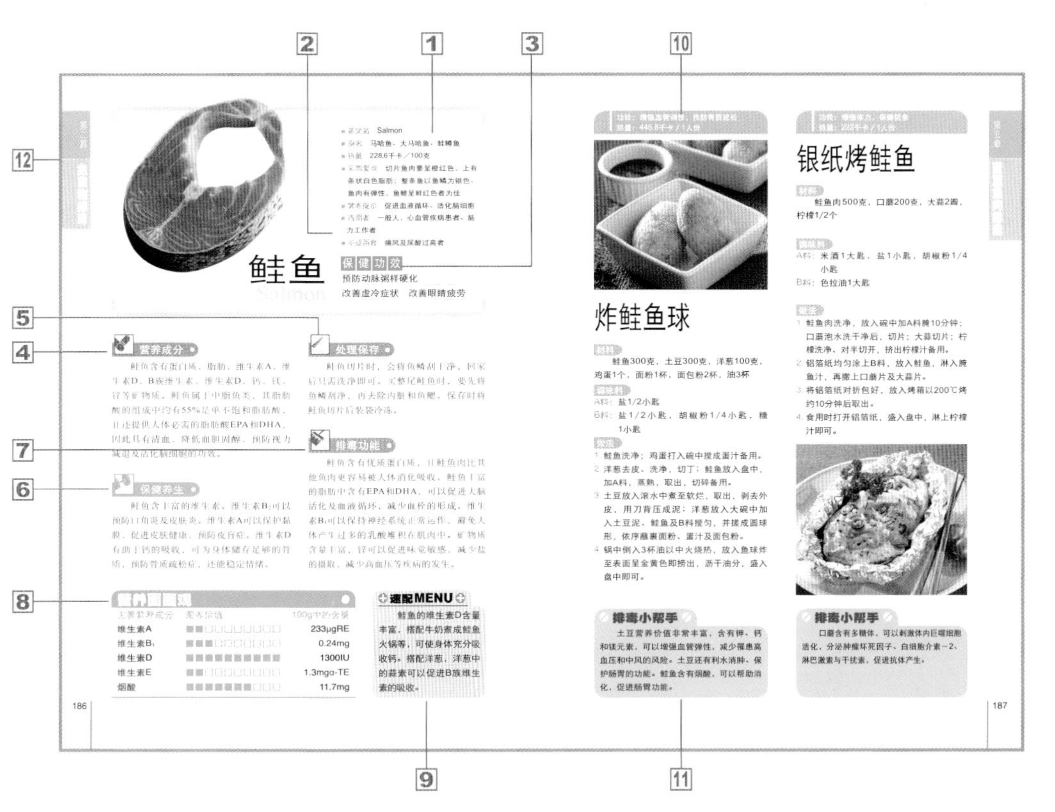

Contents

第一篇 排毒一身轻

第一章 认识毒素

012 你是否也该排毒了呢

014 透视日常生活中的毒素

017 排毒五要素

018 开启体内排毒机制

第二章 正确的饮食观念

023 维持生命的七大营养素

024 认识体内优良营养素

025 利用膳食纤维为身体解毒

026 最好的排毒饮料——水

028 体内宿便清光光

029 一周排毒计划

032 营养师时间

033 体内排毒好处多多

第三章 全方位排毒

034 让排毒成为生活方式
036 常见病的排毒方法
042 排毒食品排行榜
044 排毒不可不知的五个问题
048 膳食营养素参考摄取量

第二篇 全食物排毒

第一章 食材处理

053 烹调前的处理
060 常见食材冷冻解冻一览表

第二章 蔬菜排毒

062 蔬菜排毒三大作用

叶菜类

063 苋菜
066 甘薯叶
068 菠菜
070 红凤菜
072 明日叶
074 韭菜
076 芹菜
078 生菜
080 圆白菜

根茎类

083 甘薯
086 洋葱
088 土豆
090 芋头
092 山药
094 莲藕
096 芦笋
098 牛蒡
100 胡萝卜

Contents

瓜果类

102 苦瓜
104 冬瓜
106 丝瓜
108 黄瓜
110 南瓜
113 彩椒
116 番茄
118 茄子
120 豌豆
122 秋葵
124 黄花菜
126 菜花 / 西蓝花

其他

129 香菇
132 金针菇
134 芦荟
136 银耳
138 平菇
139 蟹味菇

第三章 **辛香料排毒**

142 大蒜
143 辣椒
144 姜
146 葱
148 香菜

第四章 **五谷杂粮排毒**

150 糙米
152 薏米
154 燕麦
156 红豆
158 绿豆
161 核桃
164 松子
166 杏仁

第五章 **蛋豆鱼肉排毒**

170 鸡蛋
173 豆腐
176 牡蛎
178 海参
180 鱿鱼
182 金枪鱼
184 鳕鱼
186 鲑鱼
188 牛肉
190 鸡肉

第六章 **水果排毒**

194 新鲜水果的三种酶
195 草莓
198 苹果
200 樱桃
202 木瓜
204 西瓜
206 芒果
208 梨
210 葡萄柚
212 香蕉
214 柠檬
216 橙子
218 菠萝
220 橘子
222 龙眼
224 猕猴桃
226 葡萄
228 蓝莓

第三篇
饮食对症排毒

第一章
改善你的饮食习惯

233 面对疾病
234 疾病期的饮食调理
236 生机饮食食疗法
238 血液排毒

第二章
对症排毒

244 糖尿病
247 高血压
250 高脂血症
253 肝病
256 心脏病
259 癌症
265 肾脏病
268 感冒
271 痛风

附录

274 菜肴和热量一览表
278 饮食功效和营养素一览表
282 各类食物营养成分分析总表

第一篇 排毒一身轻

Q：什么叫做毒？

A：所谓的“毒”，正确来说，是指人体在新陈代谢过程中所产生的废物，这些废物若未及时排出体外，则会形成对人体有害的物质，促进人体衰老以及对健康造成危害，我们称这些物质为“毒”。

人体在新陈代谢过程中所产生的废物，正常情况下，会通过排泄系统排出体外，不会对身体造成毒害。但如果这些废物不及时从人体中排出，而累积在体内，则会变成所谓的毒，它停留在人体内的时间越长，对人体的伤害越大。

生活中的毒素潜伏在多个方面，如环境中的空气污染、水污染等。受污染的空气或不干净的水，都会对身体产生或大或小的影响。除了环境中的毒素，生活作息的不正常，打乱了的身体生物钟，也会连带影响代谢系统的运作。

最重要的是，现代人生活忙碌、压力大，饮食非常不健康。所谓“病从口入”，我们每天直接送入口中的食物，对健康直接造成了相当大的影响。食物是否卫生安全、如何辨别食物的好坏和来源、如何避免吃进的食物成为残害健康的凶手等，都是值得我们好好探讨的问题。

第一章 认识毒素

你是否也该排毒了呢

你是否常常感到疲倦、四肢无力、皮肤干燥、身体肥胖、排便不畅、看到东西没有胃口、心情十分低落忧郁呢？没错！你的身体已经在发出警告，若一直熟视无睹，继续忽视它而不试着去解决，这些问题将会一直困扰着你，而且会有越来越严重的趋势！

检测体内的毒素

请依照你的日常生活情况来作答，符合以下项目者请在方框内打勾。

Test 1

中毒指数测验

◆自觉症状◆

□容易长痘痘
□皮肤干燥
□常觉得头晕
□容易疲倦
□容易水肿
□体重变化大
□没有食欲
□容易便秘
□容易拉肚子
□腰酸背痛
□容易感冒
□眼睛疲劳
□情绪容易急躁
□注意力无法集中
□掉发
□容易耳鸣
□有口臭或体臭
□心情抑郁
□皮肤长斑点
□经常失眠

◆生活及饮食习惯◆

□习惯熬夜
□压力过大
□工作忙碌
□长时间待在空调房
□长时间坐着
□不常运动
□常吃速食简餐
□习惯不吃早餐
□偏食
□暴饮暴食
□几乎每天喝酒
□水分摄取不足
□常喝糖分含量高的果汁及甜食
□不常吃蔬菜
□经常吃肉
□吸烟
□三餐不定时
□吸二手烟
□寒性体质

算算你一共打了几个勾！

◎ 勾选10题以下者

中毒指数 25%

你是模范生！但是偶尔也要注意一下生活中的毒素，并且继续保持良好的生活及饮食习惯。

◎ 勾选11~29题者

中毒指数50%~75%

表面看起来没什么大问题，但是体内已经有毒素在慢慢累积了，从现在起要好好注意生活作息及饮食习惯。

◎ 勾选30题以上者

中毒指数75%~100%

你的身体已经有各式各样的毒素存在了，当务之急就是立即进行体内排毒工作，把毒素清光光！

Test 2

饮食红绿灯评估

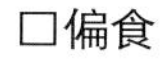

□偏食
□一天中只吃一餐或两餐
□习惯不吃早餐
□习惯吃宵夜
□暴饮暴食
□喜欢美食
□三餐不固定时间进食
□经常吃加工食品（＞3次／周）
□经常吃腌制食品（＞3次／周）
□偏好肉类食品（＞225克／天）
□喜吃内脏类
□喜吃食用奶油或其制品
□吃面包时涂植物油
□喜欢吃油酥类食品
□常吃油炸食品（＞3次／周）
□常吃烧烤食品（＞3次／周）
□常吃速食（＞3次／周）
□经常喝咖啡（＞2杯／天）
□经常吃甜食和零食
□经常吃到饱（＞2次／周）
□经常大量喝酒（＞3次／周）
□水分摄取不足（＜2升／天）
□常喝含有糖的果汁和饮料
□蔬菜摄取量不足（＜1碗／天）
□少吃水果（＜1份／天）
□不喜欢吃全谷类
□经常使用调味料
□常吃花生
□家中食物储藏过久

算算你一共打了几个勾!

◎ 勾选5题以下者

你的饮食方式有些许的小问题，只要将缺失的地方改进，就是很健康的饮食方式。

◎ 勾选5~10题以下者

你的饮食方式不是很健康，已经亮起黄灯了，需要开始以均衡饮食为基础，进行体内环保。

◎ 勾选10题以上者

你的饮食方式已经亮起红灯，会对健康产生危害，需要大幅修正饮食内容和习惯，快参考本书的排毒方法，积极进行体内大扫除，将毒素清光光。

透视日常生活中的毒素

Q：毒从哪里来？

A：不论是外在环境还是人体内代谢产生的物质，都会产生对身体有害的“毒”，这种对人体具有威胁性的物质，正无时无刻不潜伏在我们的日常生活里，而且来自四面八方。

大体上，毒素的来源可分为人体新陈代谢产生的废物以及外在因素，如空气、食物、压力等间接使人体产生的毒素。

环境

就大环境中的生存要素来说，水质、土壤、空气等因素，都是人生活所不可欠缺的要素，但是随着社会发展，环境受污染的程度却越来越严重。饮用了含氯副产品（三氯醋酸、二氯醋酸）、含铅的水，吃了受重金属污染的土壤栽种出来的农作物，以及吸进充满废气（碳氢化合物、氮氧化合物等）的空气，种种不良因素，最后都会由人体来承受，进而引发疾病或身体不适等状况。

习惯

现代人生活节奏快，除了工作、学习之外，缺乏休闲活动的调节以及规律的生活作息，既违反了生物钟，又增加了身体及心理上的负担，这是许多文明病发生的重要原因之一。

食物

我们所吃的食物进入体内，经过人体消化代谢，会产生各种废物，这些废物会经由排泄、流汗等各种方式排出体外。若没有及时排出则会对人体产生毒害，其中又以下列几种食物最为常见。

腌制食品

大部分腌制品（如香肠、火腿、热狗、培根、腊肉、咸鱼等腌熏食品）因防腐、保鲜需要，可能添加亚硝酸盐，若亚硝酸盐遇上富含胺的食材，将会转变为亚硝胺，亚硝胺是高度致癌物质，会引起肠胃不适甚至癌症。腌制品只要不与含胺的海鲜一同食用（例如干贝、秋刀鱼），即可降低致癌风险。

排毒食物 detox food

冬瓜、苦瓜、莲藕、香蕉、西瓜、柠檬。

含铅食品

摄取含有过量铅的食物会引起人体记忆力衰退、反应迟缓，例如含有过量铅的皮蛋、食用含铅量高的容器加工制成的爆米花。

排毒食物 detox food

冬瓜、苦瓜、菠萝、香蕉、柠檬、莲藕。

霉变食品

五谷杂粮、豆类、鱼类、坚果类以及油脂类食品，在发霉后均会产生大量的细菌及黄曲霉素，其易造成身体不适，甚至导致肝癌的发生。

排毒食物

莲藕、香菇、苦瓜、冬瓜、香蕉、木瓜、芒果。

高温油炸

高温油炸、烧烤、煎烤等烹调方式，会产生致癌物质——多环芳香碳氢化合物（PAH）。此物质与呼吸道及肠胃道产生的癌症密切相关。可以多使用抽油烟机或改变烹调方式来预防。

排毒食物

莲藕、香菇、菠萝、芒果、木瓜、香蕉、柠檬、西瓜。

烟熏食物

烟熏类的致癌物质来自于燃烧的材料，如甘蔗、稻谷等，其中含有PAH及芳香胺类等致癌物质。

排毒食物

橙子、圣女果、草莓、橘子、葡萄柚、西蓝花、苋菜、菠菜、青椒等深绿色蔬菜。

药物残留

1. 鸡、猪、牛肉中残留的抗生素、激素；养殖海产类残留的重金属杀菌剂、除藻剂及抗生素等，都可能与癌症的发生有关。尽量少吃肥肉、鸡皮、内脏等药物及毒素容易堆积的组织。
2. 蔬菜和水果残留过量的农药，也会产生致癌物质。

排毒食物

青椒、紫菜、莴笋、胡萝卜、葡萄柚、菠萝等各种水果。

烟酒制品

过量的酒精易伤肝，点燃的香烟中含有千余种对人体有害的化学物质，易导致癌症的发生。

排毒食物

西瓜、菠萝、梨、莲藕、丝瓜。

食品添加物

1. 点心、素食、腌制类食品、蜜饯类等都有可能添加有毒的色素，有些煤焦色素甚至是致癌物。
2. 丸类食物添加硼砂以增加脆感，豆类食品可能加入双氧水加以漂白，这类添加物都易导致癌症的发生。

排毒食物

绿茶、番茄、番石榴、橙子、草莓、柑橘、猕猴桃、芦笋、大蒜。

自生

自由基

自由基为人体代谢氧化之后产生的物质，对于人体内细胞具有攻击性，是危害健康的最大凶手。身体内的自由基时时刻刻都在产生，数量一旦过多，便会产生很强大的氧化作用，易造成人体老化甚至导致癌症，近年来科学家在植物性食物中发现的抗氧化营养素，成为捕捉自由基、维护细胞稳定的最有效武器。

排毒食物 detox food

芒果、柠檬、菠萝、葡萄、南瓜、甘薯、茄子、冬瓜、黄瓜。

胆固醇

肝脏会自行制造胆固醇，其余则由食物中摄取，适量的胆固醇是人生长发育的重要物质，但过量的胆固醇则会沉积在血管壁上，造成血管变窄变硬；血液中胆固醇浓度升高，会引起心血管疾病，如高血压、中风等。

排毒食物 detox food

葡萄、甘薯、香菇、苦瓜。

宿便

人体的肠道是曲曲折折的构造，经由排泄排出体外的废物，一旦停留在肠道中超过12～24小时，则会产生毒素，若是超过3～5日，则会造成宿便，这些毒素就可能危害人体。

排毒食物 detox food

纤维含量高的新鲜水果及蔬菜。

乳酸

长时间运动之后，人体会产生乳酸，反应在身体上则是肌肉酸痛、疲倦、四肢无力等。

排毒食物 detox food

黄瓜、苦瓜、芋头、香蕉。

尿酸

尿酸是人体代谢产物之一，由肾脏排出。若尿酸过多或肾脏功能不佳、排出不顺畅，则会累积在人体软组织及关节里，易造成关节炎及痛风等问题。

排毒食物 detox food

冬瓜、柠檬、芋头及叶菜类蔬菜。

排毒五要素

早餐和睡前一杯水，促进肠胃蠕动

人体的主要构成物质是水，若是在缺水的情况下，许多借由水为载体的毒素将无法排出，从而堆积在人体。早晨肠胃代谢最好，夜晚则是最有效清除毒素的时间，因此起床后及睡觉前各喝上1杯水有利于净化体内毒素，若再加上腹部的按摩，则会促进肠胃蠕动，加速毒素代谢。

多吃蔬果，建立饮食排毒的观念

想要有好的排毒效果，则要摄取充分的蔬菜及水果，在植物性维生素中有许多对人体有益的抗氧化物质及膳食纤维，能帮助对抗自由基、促进肠胃蠕动，甚至预防疾病及癌症。选用蔬果时最好以无农药栽培的有机蔬果为主，普通蔬果则要仔细以流水冲洗干净，最好吃应季蔬果。

发汗可刺激汗腺及淋巴腺排毒

发汗是指皮肤深层的皮脂腺分泌汗液，此汗液中含有胆固醇成分以及未能由尿液中排泄出来的有毒物质。要刺激这种深层的发汗就要多喝水、多吃有助于发汗的辛香料以及适度运动和泡半身浴，帮助排出毒素。淋巴腺是身体另外一个排水管，能回收废弃物并排出体外，适当的按摩可以促进淋巴排毒，淋巴腺一旦顺畅，也会带动发汗的功能。

深呼吸，赶走体内和大脑的毒素

深呼吸可以促进体内空气的流通，刺激身体的细胞活动、促进血液及体液的循环、提高新陈代谢及免疫力。排出毒素的呼吸方法是集中精神，以鼻子吸满气后再缓缓以嘴巴吐气，重复数次后，有助于促进副交感神经的放松及代谢，提升身体排毒的效果。

选用营养补给品，提高解毒速度

鉴于现代人三餐不正常、饮食不均衡再加上工作压力大，无法摄取最完整及均衡的营养素来清除体内的毒素，因此需要针对自己的营养需求来补充健康食品。例如，维生素C、维生素E、硒、类黄酮素等抗氧化营养素（捕捉体内的自由基），乳酸菌（清除宿便）的摄取也能强化肠道健康。

将人体内毒素排出

开启体内排毒机制

头发1%

可以检测出人体血液3个月前各物质的平衡状态，排毒情况良好时能排出相当多的毒素。

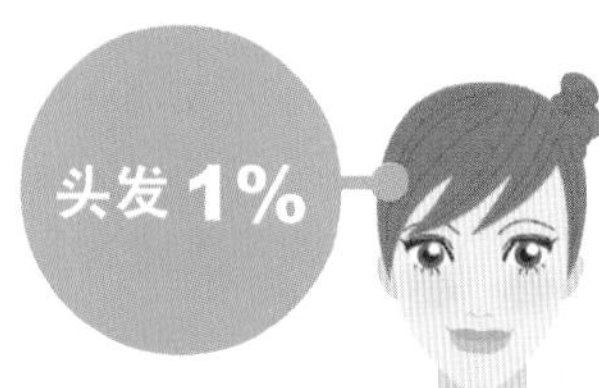

大便75%

食物消化后的废物、有害物质以及气体多由粪便排出，若没有及时排出或沉积过久，则会变成细菌滋生的温床，更有可能被人体吸收，而引发疾病。

汗3%

正常情况下，即使不运动，人体在一日里也会排出1升的汗。在排毒的过程中，皮脂腺排出的毒素更胜于汗腺。

头发1%

汗3%

大便75%

指甲1%

尿液20%

指甲1%

和头发一样，能测出之前体内的血液循环状况，也可以借由指甲的按摩来促进排毒。

尿液20%

血液在肾脏内循环时，会产生一些有毒物质及废旧物质，最后会和水分一起随着尿液排出体外。若没有正常排尿，则有发生水肿或发炎等症状的可能，这是人体第二重要的排毒出口。

人体内脏的排毒功能

毒素对人体影响巨大，如何抵抗这些有害物质，则要依靠我们自身的排毒器官。人体的主要排毒器官有6个，这6大器官各司其职，保护人体内各项物质的平衡。

人体重要的清道夫

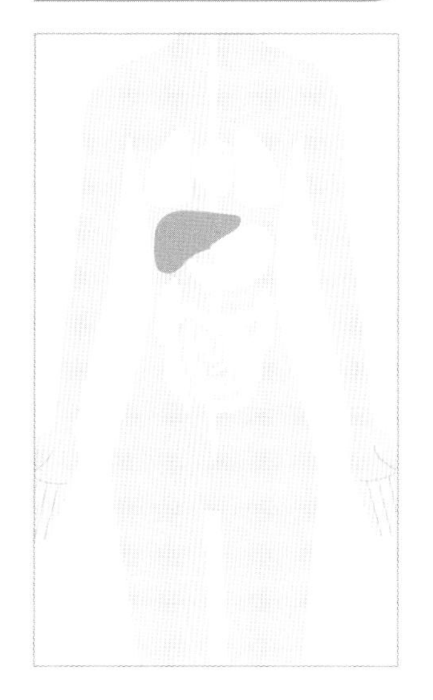

◆肝脏

肝脏的主要功能是解毒，是人体最主要的解毒器官，有毒物质经过肝脏解毒酶的氧化会变成中间代谢产物，最后这些中间代谢产物与肝脏中的物质结合后会变成尿或胆汁排出。若肝脏运作不正常，身体就会有大部分的毒素无法清除掉。

肝功能警戒：食欲不振、全身无力、皮肤粗糙、恶心想吐、眼白部分变黄、尿色黄浊等。

排毒对策：维持规律的生活作息，不酗酒，并且摄取均衡的营养素，来对抗体内自由基的产生；运动方面可以练习瑜伽，以促进血液循环，加快体内排毒工作。

排毒食物

蛋、胡萝卜、深绿色蔬菜、柿子、柚子、橘子、木瓜、芒果、全谷类、瘦肉类、豆类、花生、奶类。

◆肠胃

食物通过肠胃，有用的物质会由胃及小肠吸收，其余水分会被大肠黏膜吸收，剩下的废弃物质则会以粪便的形式排出，如果消化不良或便秘，则会造成毒素的累积，毒素长期累积则会导致一些疾病的发生。

肠胃功能警戒：皮肤粗糙、恶心想吐、便秘、食欲不振、腹胀或腹痛等。

排毒对策：三餐定时、定量，多吃蔬果等含膳食纤维的食物，养成按时排便的习惯。

排毒食物

菠菜、圆白菜、西芹、山药、胡萝卜、豌豆、香蕉、猕猴桃、葡萄柚等。

◆淋巴

淋巴是人体的免疫系统，吸收人体已无用或死亡的细胞，再经由淋巴管排出。可过滤毒素，并由血液运送到身体各器官以排出体外。

淋巴功能警戒：体重减轻、关节及肌肉痛、淋巴结肿大或疼痛、全身不适等。

排毒对策：每天可以泡15分钟热水澡以促进淋巴回流，保持运动的习惯及规律的生活作息。

增强免疫食物

香菇、草菇、平菇、洋菇、蟹味菇等菇类及富含维生素C的新鲜水果。

◆皮肤

皮肤可排出带有乳酸及尿素的汗水，皮肤的新陈代谢功能最强的时间在22:00～02:00，此时若能有充足的睡眠，则对于养颜及排毒极有帮助。

皮肤功能警戒：脸上冒出痘痘、皮肤斑点颜色变深、皮肤干燥、容易过敏、皮肤颜色变黄且暗淡无光泽。

排毒对策：借由运动排汗来排出体内毒素，多吃富含维生素C的水果，搭配富含维生素E的食物，加强防晒等保养步骤。可多吃菠菜、圆白菜、西芹、山药、胡萝卜、豌豆、香蕉、猕猴桃、葡萄柚等各种蔬果。

排毒食物 detox food

维生素C水果：番石榴、橙子、草莓、柑橘、猕猴桃、木瓜、柠檬等。

维生素E食物：胚芽、全谷类、杏仁、葵花子、南瓜子、腰果等坚果类及植物油、豆制品、蛋黄。

◆肾脏

肾脏是排毒的重要器官，但它非常脆弱，只要饮食习惯不佳或受到感染，就会影响到肾脏的排毒功能。肾脏的主要工作为排出代谢废物。每天喝足够量的水有助于肾脏的排毒，摄取富含维生素C的水果也有强肾的功效。最好不要憋尿，以减少膀胱的感染。

肾功能警戒：腰膝酸软、容易疲倦、四肢水肿、血压高、尿量多且尿中带血等。

排毒对策：不憋尿，并且充分饮水，一天要喝2升以上的水，以促进新陈代谢、稀释毒素在血液中的浓度。

排毒食物

冬瓜、甘薯、山药、枣、西瓜、木瓜等。

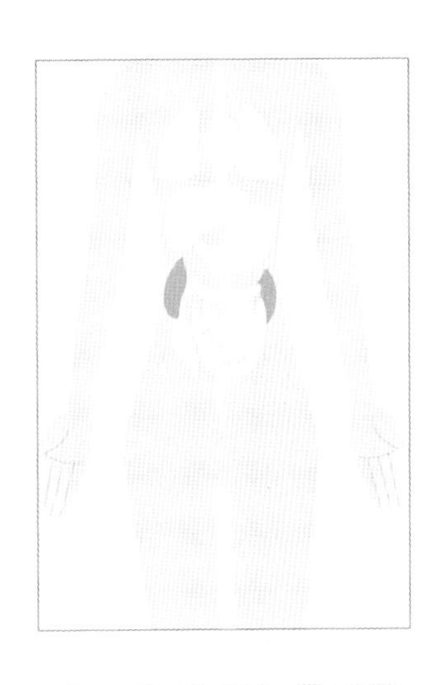

◆肺

肺是人体最容易积存毒素的器官，空气中的微尘及有害气体经由呼吸进入肺，肺则经由呼出二氧化碳来排出这些毒素。

肺功能警戒：呼吸困难、胸痛、阵发性咳嗽、恶心等。

排毒对策：多去户外呼吸新鲜空气，练习腹式呼吸法，增加吸入氧气量，带动体内的新陈代谢，并且可以试试主动咳嗽，帮助肺排毒。

排毒食物

番茄、橙子、草莓、柑橘、猕猴桃、木瓜、柠檬、胡萝卜、甘薯、杏桃干、茼蒿、油菜、菠菜、韭菜。

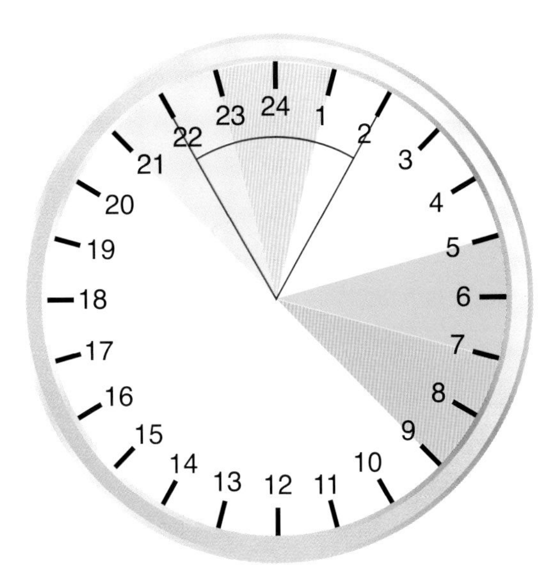

排毒时刻表

■淋巴 21:00～23:00

适合做听音乐等放松心情的事情，以利免疫系统有效运作。

■皮肤 22:00～02:00

皮肤新陈代谢最好的时间。

■肝脏 23:00～01:00

肝脏的排毒时间，需在睡眠中进行。

■肺脏 03:00～05:00

肺的排毒时间，咳嗽有利于排毒。

■大肠 05:00～07:00

大肠的排毒时间，排便排毒的最好时间。

■小肠 07:00～09:00

小肠吸收营养的时间，最适合吃早餐的时间。

第二章 | 正确的饮食观念

每日2～3汤匙
油、盐、糖等非天然调味品

每日1～2杯
乳类、乳制品

每日4份
蛋豆鱼肉类

每日3碟
蔬菜类

每日2个（份）
水果类

每日3～6碗
五谷根茎类

每日2升水

均衡饮食建议表

种类	食物来源	营养成分	建议量
五谷根茎类	米饭、玉米、甘薯、面食、面条、面包、馒头等五谷杂粮	糖类及一部分蛋白质，全谷类包含B族维生素及丰富膳食纤维	每天3～6碗。因每个人体型及活动量不同，所需热量也不一样，故可依个人的需要量增减
鱼肉蛋豆类	鸡蛋、鸭蛋、黄豆、豆腐、豆浆、豆制品、鱼类、虾类、贝类、海产类、猪肉、牛肉、鸡肉、鸭肉	蛋白质	每天4份。每份相当于鸡蛋1个、豆腐1块、鱼类38克或肉类38克
奶类	牛奶、酸奶、乳酪	蛋白质、钙、维生素B_2	每人每天1～2杯。1杯约240毫升
蔬菜类	所有深绿色及深黄红色蔬菜	维生素、矿物质、膳食纤维	每天3碟。其中至少1碟为深绿色或深黄色蔬菜。1碟的分量约100克
水果类	所有时令水果	维生素、矿物质、膳食纤维	每人每天2个。最好其中有1个富含维生素C，例如番石榴、橙子
油脂类	烹调用油、坚果类	脂肪、脂溶性维生素	每人每天2～3汤匙。每汤匙约15克，平日肉类及奶油中含量已足够，烹饪用油尽量选择植物油

建议表中的分量，是根据每天平均所需热量及营养素所设计。依照建议摄食，不但可以确保吃进足够营养，还能控制热量、保持身材！

维持生命的七大营养素

人类赖以生存的营养素可分成蛋白质、脂肪、糖类、维生素、矿物质、水以及膳食纤维七大类，是构成人体生长发育、新陈代谢和抵御疾病的基础物质，想要健康排毒，就要适当地摄取均衡的营养素，以维持身体正常功能的运作。

各类营养素都有各自特有的功能，详述如下。

蛋白质 蛋白质是表现生命现象的重要物质，是构成身体组织细胞的化合物，其重要性不是其他营养素所能取代的。1克蛋白质可以提供4千卡的热量。

生理功能

1. 维持人体组织的生长、更新和修复
2. 调节体内生理功能
3. 提供热量

脂肪 脂肪由碳、氢、氧三种元素所组成，不溶于水，可溶于有机溶剂。1克脂肪可以提供9千卡的热量。

生理功能

1. 提供必需脂肪酸
2. 帮助脂溶性维生素的吸收
3. 作为身体热量的来源
4. 增加饱腹感
5. 增加食物风味、促进食欲

糖类 又称为碳水化合物，是人们生理活动、劳动和工作所需能量的主要来源，1天所需的热量约有70%是由糖类所提供。1克的糖类可以提供4千卡的热量。糖类包括单糖（如葡萄糖、果糖）、双糖（蔗糖、麦芽糖、乳糖）和多糖（淀粉、膳食纤维）三大类。

生理功能

1. 供应热量
2. 调节体内新陈代谢
3. 合成体内重要物质
4. 节省蛋白质

维生素 维生素是维持人体正常生理功能所不可或缺的物质，当身体缺乏时，会产生一些疾病或症状。主要功能为调节人体内的物质代谢。常见维生素有脂溶性维生素（如维生素A、维生素D、维生素E、维生素K）和水溶性维生素（维生素B_1、维生素B_2、维生素B_6、维生素B_{12}、维生素C、叶酸等）。

矿物质 分为两大类，分别为巨量矿物质和微量矿物质，人体不会自行合成，需经由食物摄取获得。

生理功能

1. 不含热量
2. 调节生理功能
3. 需要量少，却是维持生命所必需的物质

水 人体中约有70%为水，与矿物质一起构成盐溶液，维持人体内环境，使体内细胞生活在一个稳定的环境里，并参与生理功能的调节。

膳食纤维 膳食纤维是指植物中不能被消化吸收的成分，是维持健康不可缺少的因素。其可分为非水溶性膳食纤维及水溶性膳食纤维。

生理功能

1. 帮助排便
2. 增加饱腹感
3. 减少糖类食物与胆固醇的吸收

认识体内优良营养素

排毒工作除了需要人体各功能的配合之外，加上维生素的协助，更能帮助机体有效地排出体内毒素。

维持生命的营养素

维生素是人体重要的有机化合物，它的重要性是和酶一起参与身体的新陈代谢，促进人体各项功能维持正常运作。不同的维生素任务也不同，身体里缺少了哪一种维生素，都会反映在疾病上，因此如何均衡地摄取各种人体必需的维生素，是排毒工作中的重要一环。

食物中的排毒营养素

◆维生素C

水溶性维生素，容易在水中流失，所以必须每日补充。水溶性维生素是制造胶原蛋白的成分之一，有助于提高免疫力、美白滋润皮肤、抗氧化、抑制炎症。

食物来源

柑橘类水果、圆白菜、红凤菜、莲藕、苦瓜、菠菜、番石榴等。

◆维生素E

脂溶性维生素，必须在有油脂的存在时才能被吸收，具有抗老化、抗氧化、保持肌肤弹性、维持血管健康等功效。

食物来源

食用油（大豆油、菜籽油、葵花油等）、肝脏、蛋黄、南瓜、糙米。

◆维生素B_1

水溶性维生素，有帮助缓解疲劳、降低乳酸堆积、维护皮肤健康的功效。

食物来源

奶酪、糙米、大豆、肝脏、芋头、香菇。

◆维生素B_2

水溶性维生素，能帮助脂肪的代谢、保护皮肤黏膜、促进细胞活化、排出肝脏化学毒素。

食物来源

黄豆、甘蓝菜、菠菜、菜花、芋头、香菇。

◆类胡萝卜素

脂溶性物质，存在于蔬菜水果中，目前已知有600余种的类胡萝卜素，其中较常见的包括β-胡萝卜素、α-胡萝卜素、番茄红素等。具有抗氧化、抗老化、预防癌症等功效。

食物来源

番茄、胡萝卜、深绿色蔬菜、西瓜、玉米。

◆类黄酮素

具有抗氧化、防癌、溶化血管栓塞的功效。

食物来源

黄豆、洋葱、葡萄、核果类。

利用膳食纤维为身体解毒

第七大营养素

在膳食纤维的好处还没有被研究发现前，很多人把它当作食物的渣滓，不仅不受重视，还被当作废物丢掉。近年来科学家的研究指出，膳食纤维对人体不但益处多多，还是不可多得的营养素。膳食纤维可分为非水溶性膳食纤维及水溶性膳食纤维。

膳食纤维的功能

◆促进肠道蠕动

此类膳食纤维以非水溶性为主，能帮助肠道内有害的物质排出，促进肠内益生菌的生长，也有软便及促进肠胃蠕动的功效。

◆辅助治疗糖尿病

此膳食纤维以水溶性膳食纤维为佳，可以延迟葡萄糖吸收、降低血糖浓度，影响激素（特别是胰岛素）的反应。这些影响有助糖尿病患者降低进食后血糖浓度与胰岛素的需求量。

◆预防心血管疾病

膳食纤维可增加胆汁酸的排出，使较少胆汁酸经过肠肝再循环，减少胆汁酸返回肝脏，降低胆固醇吸收，使肝细胞中胆固醇含量降低。肝脏胆固醇的减少会增加血液中胆固醇的移除，减少胆汁酸返回至肝脏，迫使利用胆固醇以合成新的胆汁酸。最终可降低血清胆固醇，进而可以预防心血管疾病。

◆帮助减重

膳食纤维在吸水之后会膨胀数十倍以上，食用后会造成餐后饱腹感，并且能延缓餐后血糖的快速上升，达到减轻体重的效果。

◆维护口腔健康

含有膳食纤维的食物纤维多、富有嚼劲，所以在咀嚼时，能有效地运动牙齿和牙周的组织，促进口腔健康。

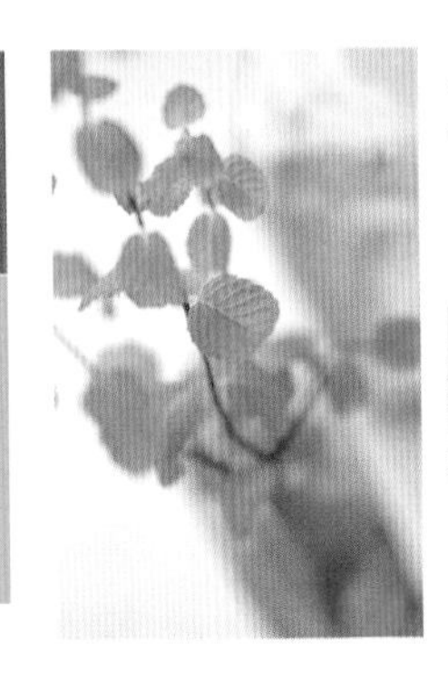

最好的排毒饮料——水

你知道水对于人体的重要性吗？你知道人1天从身上排出多少水分吗？如果缺水，身体的代谢功能就会变得缓慢，想要体内净化，多喝水是最简单又有效的方法！

想要排毒，不能不喝水

水是营养素进入细胞的媒介，也是运送人体内废物的载体，对身体有害的物质排出体外。身体一旦缺水，血液即会变得浓稠，有毒物质无法借由水而排出体外，转而堆积在大肠、小肠及排泄器官内，养分等营养素的输送也将变得迟缓，严重时新陈代谢及人体各个系统的运作都会发生问题。排毒的首要工作是要维持身体内各系统的正常运作，因此水是你不可或缺的最好朋友。

人是水做的

人体中有60%～70%是水，我们都知道，人可以7天不吃东西，却不能3天不喝水，正是说明了水对人体的重要性。当人体内的水分减少了1/10时，将失去行为能力，倘若是减少了1/8的体内水量，更可能导致死亡。根据研究，人体每天经由汗或表皮中蒸发的水分约是700毫升，而每日排出的尿液约是1.5升，因此每天适时补充水分，至少喝上8杯的水（每杯约220毫升），才能维持人体细胞内外浓度的平衡，以及保护各器官和功能的正常运作。

水分子的工作

◆稀释血液，降低血的浓稠度，减少罹患心脏病和中风的可能。

◆运送代谢产物至排泄系统，稀释粪便及尿液，帮助排泄，减少宿便及预防尿道发炎。

◆作为清洁剂，清洗肠壁以及身体各个脏器的废物。

◆维持身体内的水分平衡，保障各器官间功能的正常运作及新陈代谢的运行。

Tips 喝水最有效的时机

★清晨起床空腹喝1杯水，水量不用太多。早上身体的肠胃代谢最好，可以洗去隔夜残留在胃中的残渣，做一次全身的清洁SPA。晚上是身体排毒最有效的时间，就寝前喝上1杯水，若担心影响晚间睡眠品质可以只饮用半杯，这样有利于身体排毒作用的进行。

★洗澡前和洗澡后，分别喝上1杯水，洗澡前喝水是帮助身体在淋浴或泡澡时加速新陈代谢，洗澡后喝水则是为了补充流失的水分。

★用餐时可以饮用少量的水，使食物的消化变得更顺畅，且水分会冲淡胃液，食物在胃中膨胀，使饱腹感增加。

什么样的水对你最好？

虽然饮料和汤类中也可以摄取到水分，但是含糖饮料喝多了，会增加身体的负担，而汤类也无法完全取代饮用水的地位，因此价格低廉却对人体最有帮助的，非水莫属！

◎软水

矿物质含量较少，水质呈中性，如经过消毒、过滤后的自来水，是较安全、没有细菌的水，再煮沸后，会是比较干净安心的饮用水。

◎硬水

矿物质含量较多，水质呈碱性，如山泉水、地下水等矿泉水，带有少许的涩味，饮用时要小心水质中可能含有对人体有害的物质或细菌，选购时应考虑选择大品牌的矿泉水比较有保障。

◎电解水

利用化学中电解的方法，使水的酸碱性改变，成为酸性水或碱性水，有平衡身体中酸碱性的功效。其实人体自有平衡酸碱性的机制，并不需要特别借由饮用水来平衡。

◎蒸馏水

蒸馏水是消毒后的水经煮沸蒸发后所得来的水，是较安全的饮用水之一。

矿泉水中虽然含有较多的矿物质，但其实从食物中摄取来的矿物质含量比从饮水中摄取来得更多。饮用水最重要的是卫生、干净，无论是煮沸后的自来水、矿泉水、电解水都一样，只要补充足量的水分都能帮助身体排毒，达到健康体态。

多喝水让你更漂亮

及时补充身体内流失的水分，除了能帮助身体排毒，对于爱美的你，究竟还有什么好处呢？

皮肤水嫩

多喝水，身体的新陈代谢会更顺畅，皮肤的新陈代谢也会连带变好，毒素统统不见了，加上充足的水分能让皮肤表层的微小脂肪颗粒变得光滑，看上去很水嫩！

窈窕曲线

当身体水分失去平衡时，有可能出现水肿的情况，一旦改善了身体缺水的状况，水肿的情况也会改善，加上新陈代谢变好，顺畅排出体内宿便，身体线条自然更迷人！

帮助减轻体重

水是没有热量的饮料，饥饿时可补充些水分，当胃里充满水时，能够造成饱腹感而减少进食量。

MEMO

喝水时，量不用多，但是次数要多，每15～20分钟即要补充一次水分，水进入胃后，会很快地循环输送到身体每一个角落，所以要养成主动喝水的习惯，如果只是等到口渴了才喝水，已经是身体缺水好一阵子了。

体内宿便清光光

处于忙碌社会中的现代人，因日常生活经常处于紧张、压力大的状态下，加上饮食方式日渐西化，普遍严重缺乏蔬菜及水果的摄取而经常以肉食为主，加上每天的运动量不足，使得肠道蠕动减缓，从而造成排便不顺，3～5天未排便的人逐渐增加，这种长久停留在大肠而无法排出体外的大便，我们称之为宿便。

恼人宿便

食物进入胃后，经过胃的慢慢消化，持续不断地进入肠道中，在小肠及大肠前段将可吸收的营养及水分吸收完之后形成粪便，最后由肛门排出。所以，大肠中随时有很多粪便存在，只有能够顺利排出人体，身体才会健康。一般而言，排便频率介于1天3次到1周3次之间都算正常。如果1周排便少于3次，或者排便时困难和疼痛，排便之后仍然觉得肚子鼓胀，似乎无法排得很干净，则称之为便秘。长期便秘可能并发腹痛、腹胀等问题，进而发生口臭、放屁恶臭等现象。

宿便对人体的影响

宿便留在温度高达37℃的大肠内，超过48小时以上，便会产生自发性的中毒及衍生23种致病毒素，如产生恶臭的胺、硫化氢、粪臭素、二次胆汁酸等，再经由肠道绒毛吸入体内毒化肝脏，造成肝脏及其他器官功能降低，使血液酸化，时间久了以后，许多慢性疾病就会形成。除了会导致疾病外，对于爱美的女性，也会带来皮肤粗糙、暗疮、粉刺等问题。

减少宿便

◆ 养成正确的如厕习惯

养成每天如厕的习惯，对于忙碌的现代人而言，是一件难度极高的任务，医师建议，排便最好能在5分钟之内解决。许多人会坐在马桶上阅读书刊杂志，这样反而会分散排便的注意力。最好能够在感觉到有便意时马上如厕，并且最好每天在同一时间上厕所，当身体养成了习惯，自然会慢慢配合，如此一来就能达到每天定时排便的目的。

◆ 摄取有利排便的食物

每天早上起床喝一杯250～500毫升的蔬果汁或白开水，以利肠道蠕动。在众多食物当中，又以不加工、粗制、自然且富含纤维的食物最佳，如时令水果及蔬菜、粗粮类、坚果类等。多食用能从中摄取丰富的植物化学物质，可防老化，蔬果的膳食纤维更能缓解便秘，还可以控制体重。

◆ 定期做运动

适量的运动，可以增加肠胃蠕动能力，进而达到顺利排便的目的。多做下腹部运动，譬如游泳、骑脚踏车、慢跑、爬山等，可提升胃肠道的蠕动功能；有便秘困扰者，可尝试仰卧起坐或腹部按摩，以增加腹壁肌肉的收缩力，进而帮助顺畅排便。

最后，维护肠道健康最基本、最有效的方法，就是饮用充足的水分，摄取足够的膳食纤维，如燕麦、糙米、荚豆类、苹果、西芹、竹笋等青菜水果及不具热量的魔芋或琼脂等高纤维食物，然后再辅以规律的运动，自然能够排便顺畅，使肠道得到净化。

一周排毒计划

现代人的饮食多大鱼大肉，并且外食族居多，在饮食上普遍存在膳食纤维摄取不够的情形。在胃中消化完的废弃物，无法排出体外，累积在肠道内造成肠道老化，进而导致便秘的产生，体内的毒素因此再被肠道吸收，造成毒素累积而无法排出。排毒是利用大量膳食纤维来促进肠道蠕动，清除肠道毒素，之后宿便自然清除、新陈代谢也会因而好转，整个人也会变得神清气爽，轻盈起来了!

排毒食谱Detox recipes

排毒果菜汁

热量：79千卡／1人份

分量：1人份

材料：

白萝卜（3厘米）1段，胡萝卜1/3根，苹果1/2个，姜3克，蜂蜜1小匙，凉开水100毫升

做法

1. 材料处理干净，切成适当大小。
2. 全部材料放入果汁机中，加入水，打成略带点纤维的果汁。
3. 材料的比例可依个人喜好调整。

排毒蔬菜汤

热量：78千卡／1人份

分量：7人份

材料：

洋葱3个，西芹1根，圆白菜1/2个，大番茄3个，胡萝卜1根，青椒1个，水1.5～2升，海带5克，鱼片10克，鲜鸡粉1小匙，姜片1片，盐少许

做法

1. 将所有蔬菜切成容易入口的大小。
2. 放入大深锅中，加入1升水，以中火煮约20分钟，汤若减少再添加适量的水。
3. 煮至蔬菜变软后，加入适量盐调味，食用前再将姜片磨成泥加入即可。

排毒食谱

第1天

早餐

排毒果菜汁＋五谷杂粮馒头1个（中型，约100克）

中餐

排毒蔬菜汤＋蔬菜条300克（参考食谱：胡萝卜条、小黄瓜条、西芹条、玉米笋、甜椒等，选3～4种，每样约100克）

晚餐

排毒蔬菜汤

※自由食用

香蕉以外的所有水果（忌喝果汁），总量3～4个拳头大小

第2天

早餐

排毒果菜汁＋烤（蒸）甘薯或土豆1碗（约200克）

中餐

排毒蔬菜汤＋凉拌菇类300克（参考食谱：平菇、金针菇、美白菇、猴头菇、柳松菇等，选3～4种，每样约100克）

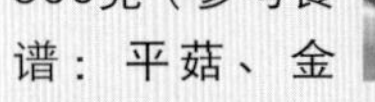

晚餐

排毒蔬菜汤

※自由食用

可吃烤（蒸）甘薯、土豆、山药等根茎类（每次1碗或2根，约200克）

第3天

早餐

排毒果菜汁＋竹笋紫米胚芽饭（竹笋20克＋紫米胚芽饭1/2碗＋白芝麻少许）＋卤海带100克

中餐

排毒蔬菜汤＋生菜沙拉（参考食谱：小黄瓜40克＋苜蓿芽5克＋番茄40克＋葡萄干5克＋低脂沙拉5克）＋鸡肉三角饭团1个（参考食谱：鸡肉丁2汤匙＋1/2碗饭）＋猕猴桃1个

晚餐

排毒蔬菜汤＋烫青菜1盘（参考食谱：甘薯叶）＋番石榴1个

※自由食用

小黄瓜吃到饱

第4天

早餐

排毒果菜汁＋海带汤泡饭（参考食谱：杂粮饭1/2碗）＋凉拌菜心1盘

中餐

排毒蔬菜汤＋茶叶蛋1个＋烫青菜1盘＋全麦高纤卷（参考食谱：全麦蛋饼皮1张＋紫甘蓝20克＋胡萝卜30克＋小豆苗5克＋香蕉1/2根）

晚餐

排毒蔬菜汤＋香蕉1根＋250毫升低脂鲜奶1杯

第5天

早餐

排毒果菜汁＋杂粮馒头1个（约50克）

中餐

排毒蔬菜汤＋和风鸡肉意大利面（意大利面40克＋鸡里脊肉50克＋番茄50克＋洋葱20克＋甜椒30克＋和风酱20毫升）

晚餐

排毒蔬菜汤＋番茄沙拉（参考食谱：番茄50克＋西蓝花50克＋西芹50克＋猪里脊肉60克）

※注意

如果要用油，也尽量使用橄榄油；1天要喝1.5升以上的水

第6天

早餐

排毒果菜汁＋烤饭团（参考食谱：紫米30克＋枸杞子5克）

中餐

排毒蔬菜汤＋牛肉烩饭（参考食谱：糙米40克＋牛腱45克＋小油菜50克＋玉米笋50克＋胡萝卜20克＋葱＋甘薯粉）

晚餐

排毒蔬菜汤＋蔬果沙拉（参考食谱：苹果155克＋苜宿芽20克＋莴笋50克＋甘蓝菜30克＋牛腱50克＋水果醋）

※注意

牛肉的烹调方法不限

第7天

早餐

排毒果菜汁＋海苔糙米三角饭团（参考食谱：糙米饭1/2碗＋海苔3片）

中餐

排毒蔬菜汤＋糙米饭1/2碗＋高纤牛蒡丝（参考食谱：牛蒡50克＋白芝麻1汤匙＋瘦肉丝35克）

晚餐

排毒蔬菜汤＋双色沙拉（参考食谱：大番茄1个＋绿豆苗50克＋山药55克）

Point

■ 所选用的食材均是当季当地盛产，并确保新鲜，无虫害腐烂。

■ 处理食材时要用大量清水冲洗，且切除易累积毒素的根茎部位，以浸泡方式溶解毒素，但浸泡时间不宜过久。制作时皆以氽烫、水煮、炖、蒸或生食等避免高温的烹调方式处理，能保留食物最原始的美味与营养，不仅吃得健康，烹调的过程也能免于油烟之害。

营养师时间

Q1 进行一周排毒计划时，在饮食或生活习惯上需要注意什么地方？

A1

1. 若有不适情形（如腹痛、拉肚子或全身无力），应立即停止。
2. 配合运动效果更佳。
3. 适度地泡温泉或实行半身浴，更有助于体内毒素的排出。
4. 充足的睡眠。

Q2 真的受不了时，可推荐不会胖的零食嚼嚼吗？

A2

1. 魔芋条。
2. 不含糖的口香糖。

Q3 蔬菜汁和蔬菜汤为什么具有排毒效果？

A3

排毒果菜汁及蔬菜汤皆是以蔬菜、水果为主的饮食，可以弥补一般人平常缺乏的膳食纤维，借由果菜汁及蔬菜汤所提供的大量膳食纤维，来促进肠道蠕动，使排便顺畅，顺利排出体内毒素，再搭配七日饮食控制的菜单，相信一定可以顺利达到排毒纤体的目标。

Q4 是不是只要按着计划饮食，在健康方面就能得到明显的改变呢？

A4

现代人往往因为饮食习惯不良及缺乏运动，常有便秘或细胞老化等问题，这些通常都是造成癌症的原因之一。而排毒餐因含丰富的膳食纤维，能使肠道蠕动正常，因此有助于排便顺畅；另外也因为排毒餐中多含抗氧化的维生素及矿物质，因此也能使细胞氧化的速度减缓，让精神较好，所以食用者身体状况会有很大改善。

Q5 所有人都可以实行这个计划吗？

A5

其实这个七日排毒餐小至小朋友大至银发族都适合食用，因为排毒餐所使用的都是当季当地的新鲜食材，所含的农药量很少，并且排毒餐中所含的丰富膳食纤维，是现代人欠缺的营养素，因此建议儿童也开始食用排毒餐，从小就改善体质。

Q6 在实行七日排毒计划时搭配运动是否更有成效？

A6

是的。运动本来就可以帮助身体代谢，借由流汗及基础代谢的增加来加速身体毒素的排出，所以在食用排毒餐时，搭配运动，排毒的功效会加倍。

体内排毒好处多多

想要过轻松又充满活力的生活，就要从排毒做起，只要稍微留意生活中的小细节，好好地贯彻实行，你会发现原来不需要花大钱做美容、不用刻意减肥，你的身体将会告诉你什么是最完美的状态。

提高肌肤再生力使肌肤回春

以玻尿酸为例，在化妆品原料或抗老化的小型整容手术中，常可看见玻尿酸的成分。玻尿酸存在于肌肤的真皮层中，具有保持肌肤弹性与光泽的作用，玻尿酸必须依赖人体内不断地生成供给，然而汞却会破坏玻尿酸的生成，若是以体内排毒的方式将汞排出体外，那么玻尿酸的生成量当然就会逐渐恢复，肌肤也就变得水润啦!

健康减重

排出毒素后，体内的循环系统作用会开始活化，新陈代谢功能也会异常良好。代谢良好的话，就会增加基础代谢率，体重自然就下降了。而毒素通常是堆积在脂肪上，因此排毒本身就具有一定的减重效果，可谓是一石二鸟!

改善肩膀酸痛、手脚冰冷等慢性症状

身体的不适症状，是体内毒素逐渐累积到身体快要不能忍受的极限时，所发出来的生理警告。此时若能进行排毒的工作，就能立即有效地改善这些症状。原本带着毒物的血液、体液在经过体内排毒后也会变得清澈干净，体内的流动循环也会变得顺畅，连水肿等症状也会随之一扫而空，整个人变得清爽有活力!

肠胃净空，提高免疫力

肠的作用不只是排出体内毒素，同时也是具有免疫功能的器官之一。因为肠内环境的好坏，会直接地影响到身体自然净化系统的机制。因此进行体内排毒使肠道活化，增加肠内益生菌的生长，抑制坏菌，不仅能告别便秘烦恼，还能提升身体的免疫能力。

头脑清醒，心情安适稳定

身体健康，心情当然也会很好。焦躁不安以及郁闷等负面情绪和体内毒素累积有一定的关系，这可以从许多研究数据上得以证明。排出体内毒素后，脑内所需的养分便可顺畅运作，有助于调整自律神经的平衡。

第三章 | 全方位排毒

让排毒成为生活方式

不把排毒看作一件苦差事，而是把它融入生活中，成为生活习惯，将会过得更快乐也更健康。

如何饮食最安全

蔬菜 选择蔬菜时，尽量选择新鲜、无病虫害等的蔬菜。另外，市面上有许多天然的蔬果清洁剂，可有效去除农药。

水果 当季的水果农药使用量较低，而本身需要去皮的水果，更可放心，因为一旦削皮后，就不会吃到农药。

海鲜 许多贝类及鱼类都测出有重金属成分，所以在选择时要特别注意。尽量到正规市场购买。

肉类 高温烧烤会产生多环芳香碳氢化合物，如果吃了烤肉，可以多摄取富含维生素C的蔬果来防止这些物质转变成有毒的致癌物。常用的“硼砂”或“双氧水”，会使用在鱼丸、虾仁、贡丸、脆丸中，所以选择上必须注意避免颜色太白的产品。

蛋 吃蛋时需要将蛋煮至全熟，以避免吃到沙门氏菌，尤其老年人和幼儿特别需要注意，以避免食物中毒。

水 为了杀菌，自来水厂会在自来水中加入氯气消毒。为了使水中的氯能挥散，食用水在煮沸后，掀开盖子，再煮3～5分钟，可使残存的氯气完全挥发。如果煮之前能加上活性炭过滤器，就可以先将有害物质完全吸附。

零食 炸薯条等油炸淀粉类的零食，会产生大量有毒的丙烯酰胺，很容易超过世界卫生组织制定的安全上限，所以必须减少此类食物的摄取。

居家生活怎样才能最安全

热水澡 由于水中有氯，经由加热挥发，在洗热水澡时，容易吸入过量的氯。摄氏45℃所释放的氯为35℃的2倍左右，所以洗澡时，窗户不要完全紧闭，热水温度也不要太高，洗澡时间也不宜太久。

杀虫剂 过去的DDT杀虫剂已经不能使用，目前常见的除虫菊精可分为两类：一为天然除虫菊花萃取物；二为人工合成的除虫菊精，主要是由羧酸跟醇类化合而成。除虫菊类农药拥有低毒性、药效迅速、残留低等特点，所以对人体和环境不易造成危害。

电磁波 家中的电器通常都会有电磁波，最常见的就是微波炉、吹风机。还有使用频繁的手机，使得直接接触电磁波的概率大增，所以可以选择低电磁波的手机，并且尽量减少使用频率以及时间。

染发 经常暴露于含致突变与致癌物质的产品，例如烫发液、染发剂等，尤其是染发剂中的芳香族胺，会经由皮肤吸收至体内，引起癌症，所以平日尽量不要染发，且染发时间不要超过20年。使用染发剂时，尽量少使用深色且不褪色的染发剂，使用后多用清水冲洗几次。

微波保鲜膜 保鲜膜多半是用PVC（聚氯乙烯）、PVDC（聚偏二氯乙烯）及聚乙烯（PE）三种成分组成。前两种可耐热达130℃，但PE在130℃时就会熔解，为了避免保鲜膜经由微波炉加热释出有毒物质，要慎选微波炉使用的保鲜膜产品。

精神也排毒，享受从未有过的轻松舒适

静坐 静坐时可快速使身心平静下来，使身体立刻获得休息，也可减缓因生活压力带来的焦虑，因而使身、心、精神得到平衡。

SPA 近来风行的SPA，让繁忙的上班族通过精油和按摩来完全放松心情、缓解压力，还能帮助皮肤代谢和缓解肌肉的紧张，再加上淋巴排毒，更能加速有毒物质的排出。

乐在工作 用愉悦的心情工作，即使工作非常忙碌，也能从容应对，心情一旦愉快，身体的内分泌系统就不会受到干扰。

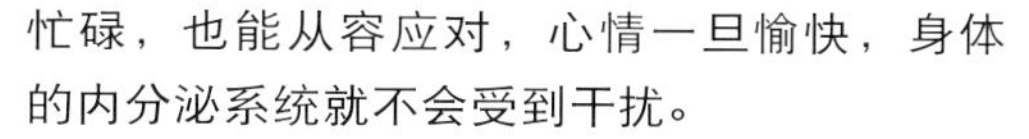

泡澡 通过热水的浸泡，可以加速血液循环，进而大量出汗，使毛孔内的脏污趁机出清，所以常常泡澡和泡温泉，可以使身体保持良好的新陈代谢。

大笑 大笑可增加体内的内啡呔以及其他使人开心和放松的激素，并且减少压力激素的产生。因此，有机会想想愉快的事和大笑，能加强免疫力并达到减压的作用。

Tips 落实生活排毒，健康一生相随

常检查

每日检查自己是否有胀气、便秘、口臭、排气等问题，如果有以上这些问题，表示身体排毒解毒功能不佳，需要重新调整饮食和生活习惯。

常变化

一天中的饮食必须维持至少20种食物，同样的蔬果不要连续吃超过3天，尽量保持食物的均衡和多元化。

常调整

生活中的压力、睡眠不足、饮食不正常等，都容易使身体累积许多毒素，因此当身体已经发出警告，就应该立即调整，以免身体器官运作受影响。

常见病的排毒方法

现代人生活忙碌，压力大，加上不当的饮食习惯及生活方式，别说是成年人的身体受不了，就连小孩子都有可能受这些病痛所苦。不论是便秘、疲劳还是肥胖，都可以通过各式排毒的方法找回健康!

• 慢性疲劳

引起原因

新闻报道过劳死案例层出不穷，“好累！”已成为现代人最常挂在嘴边的口头禅。暂时性的疲劳属于正常生理反应，但如果疲劳持续累积，即使休息也无法缓解，经常觉得疲倦、喉咙痛、头痛、发烧，失眠、全身酸痛、注意力无法集中，影响工作效率，且出现找不出病因的症状，很有可能是慢性疲劳症候群找上门了。

排毒线上

若营养素无法有效吸收利用，该排除的废物无法代谢，使身体毒素不断累积，造成身体器官的负担，导致免疫系统功能降低，体力开始下降，就容易出现疲劳的现象。

生活排毒

1. 适当运动：运动是最佳的抗压法宝，渐进持之以恒的运动——“运动333”，即每周运动至少达3次，每次运动30分钟，运动心跳达每分钟130次，可有效缓解疲劳感，借由血液循环带出组织深藏的毒素，且有轻微流汗状态，才能真正达到运动的效果。

2. 规律作息：充分休息才有利于身体进行改变与修复受损的细胞与组织，经常熬夜会导致睡眠不足，不佳的睡眠质与量会使免疫细胞中的T细胞数量减少，造成免疫力下降，因此顺应人体生理时钟，以及足够的睡眠和作息，才能提升免疫力、减少毒素的产生。
3. 愉快心情：保持乐观及愉悦的心情可使大脑自然分泌内啡肽，提升正面能量，借由内在的快乐方程式来对抗紧张的工作压力与疾病入侵，不让今天的疲劳成为明日的负担。
4. 瑜伽静坐：让身体放松、心灵沉淀，适时放慢生活步调，才是身心健康之道。
5. 按摩：使肌肉放松，减少压力的产生，避免造成免疫系统的伤害。

饮食排毒

1. 多喝水：充足水分可促进体内新陈代谢，把病毒和产生的毒素排出，此外，也可保持身体黏膜湿润，成为抵抗细菌的防线。成人每天必须摄取2～2.5升的水，所以养成多喝水的习惯有益健康。
2. 多吃抗氧化食物：许多食物具有多种天然抗氧化物，如β-胡萝卜素、茄红素、儿茶素、异黄酮素、含硫化合物等，皆可帮助体内清除或中和自由基，减少自由基对身体细胞组织的伤害。
3. 少吃油脂：太多的脂肪会抑制免疫系统功

能，使免疫细胞无法发挥正常功能，过量的脂肪及热量则会使大脑产生血清素，让人感到昏昏欲睡，因此建议减少油炸食物及肥肉的摄取。

排毒食材

菜花、圆白菜、白菜、白萝卜、油菜、胡萝卜、菠菜、茼蒿、绿芦笋、南瓜、秋葵、芹菜、青椒、番茄、菇类、红酒、糙米、薏米、蓝莓、蔓越莓、芒果、樱桃、苹果、草莓、柠檬、猕猴桃、番石榴、橙子等

•肥胖

引起原因

肥胖症是现今社会最常见的疾病之一，当一个人进食的热量多于人体消耗量，无法消耗掉的热量就会以脂肪形式存在体内。体重指数（BMI）27为肥胖临界值，肥胖者因身体器官负担加重，因此增加罹患糖尿病、高血压、胆结石、痛风、心血管疾病、关节炎、骨骼疾病、呼吸功能障碍与某些癌症等疾病的风险。

注：BMI=体重（千克）÷〔身高（米）×身高（米）〕

排毒线上

当体内的毒素过多时，会影响正常的排泄与代谢功能，造成脂肪的过度堆积，导致肥胖。人随着年龄增加，脂肪代谢率会慢慢变差，身材开始发福走样，这正是开始老化的一种警告。当人体开始快速堆积脂肪，加上抗氧化能力变差，脂肪受到自由基的攻击，久而久之就会产生致癌的毒素，故减肥维持理想体重不只是追求外表美观，更是拥有身体健康长寿的首要条件。

生活排毒

1. 恒久适度运动：走路、慢跑、游泳、有氧舞蹈、跳绳、爬山、骑自行车、球类运动等都是很好的有氧运动。
2. 泡澡：泡澡能促进血液循环及新陈代谢，有助于充分发汗，代谢体内有毒废物和消耗热量。
3. 精油按摩：按摩可推动血液、加速血液流通，活络气血促进新陈代谢，轻松甩掉多余热量与肥肉。

饮食排毒

1. 均衡饮食：低热量、营养均衡的饮食方式，可减少脂肪、糖类的摄取量，以降低总热量，而不减少蛋白质、矿物质、维生素的摄取。
2. 改变进餐顺序：先喝汤，尤其是热汤能抑制胃的饥饿感，但避免高热量的浓汤，再选择热量低、体积大、纤维多的蔬菜，最后吃肉类和饭，细嚼慢咽，一小口一小口地延长进餐时间，才会有饱腹感。
3. 减重不宜太快：一周以0.5～1千克为宜，每天减少500千卡的热量摄取。许多减重饮食在最初一到两个星期都能快速减轻体重，但主要是排出水分，也就是细胞内外液的流失。减重时尤其需注意要摄取足够量的蛋白质，以维持身体氮平衡，避免瘦体组织（即肌肉组织）的分解与耗损，造成身体不可恢复的伤害。
4. 定时定量：饮食正常，不暴饮暴食、养成良好的饮食习惯，晚餐尤其不可过量，便可以减少脂肪的堆积。晚上是休息的时间，宵夜更吃不得。
5. 食物的挑选：在控制总热量的情况下，重要的是食物的品质，因血糖上升会促使胰岛素的分泌量剧增，大量胰岛素的分泌会促使脂肪大量形成，造成的饥饿感会使食量增加、血脂浓度偏高等，选择低GI（升糖指数）的食物，会使血糖上升速度较慢，但是摄取低GI的

食物群只是提高体重控制的成功率，并非减肥的万灵丹。

6.忌食甜腻、油炸食物：含高脂肪、高热量及热量浓缩型的食物（如肥肉、糕点、坚果、汽水、可乐等），改变烹调方式，以蒸、煮、烤、凉拌方式来降低油脂的摄取量。

排毒食材

糙米饭、胚芽米、全麦制品、瘦肉、魔芋、牛奶、酸奶、蛋、豆类、毛豆、四季豆、芹菜、笋、胡萝卜、深色蔬菜、海藻、牛蒡、苹果、番茄、番石榴、百香果、梨、仙草、银耳

• 失眠

引起原因

引起失眠的原因很多，有人因时差日夜颠倒而乱了生理时钟、有人因巨大工作压力而导致失眠，原因各异，长期睡眠品质不佳对健康的影响不容小觑。

排毒线上

良好的睡眠是排毒最佳秘方，肝是人体代谢解毒的器官，套句广告用语：“肝好，人生是彩色的；肝不好，人生是黑白的。”肝功能不好与失眠互为因果。睡眠时间也是身体排毒的时间，失眠会影响肝脏代谢，若未能好好休息代谢身体所累积的毒素，会造成身体的负担；肝功能不佳也可能影响睡眠品质，所以一夜好眠是健全身、心、精神的不二法门。

生活排毒

1.规律生活：养成定时就寝、定时起床的好习惯，进而建立自己的生物钟。

2.适度运动：睡前做些柔软操能帮助入眠，也可借此使身体各器官得到运动，有效缓解压力和放松过度紧绷的身体。

3.睡前放松心情：睡前半小时内避免从事过分劳心或劳力的工作，减少压力、缓解焦躁不安的心情，对于进入睡眠有很好的安抚作用。

4.芳香疗法：薰衣草含有镇定作用的成分，可松弛神经、舒适安眠、提高睡眠品质。洋甘菊对平滑肌有镇定作用，可放松过度紧张的肌肉，具有温和抗忧作用，有助于减轻压力、忧郁和易怒等情绪。可稳定情绪，预防失眠。圣约翰草帮助神经系统放松，能减轻焦虑、不安与压力，具有安眠作用，不管泡成花茶或是按摩泡澡都是不错的选择。

饮食排毒

1.维生素B_6：脑细胞所需的相关胺化合物合成，均需维生素B_6。维生素B_6可稳定脑细胞，帮助制造具有催眠、安定精神作用的神经传导物质血胺素，而血胺素又可合成褪黑激素。要让亢奋的脑细胞好好休息，除了褪黑激素外，还得加上维生素B_6才能发挥良好功能。

2.维生素B_{12}：维生素B_6、维生素B_{12}和其他B族维生素可帮助体内多种能源代谢的相关酶运作，并提供能量。维生素B_{12}可保护神经组织

细胞，对安定神经、舒缓焦虑也有帮助，能改善失眠与经前症候群。此外，维生素B_1、泛酸等也都参与神经作用。

3.钙、镁：钙具有保持脑或神经适度兴奋及稳定精神的功用；镁除了参与能量代谢作用外，也有安定神经系统的效果。适当补充钙、镁，可以帮助肌肉舒缓压力和安定神经。

4.锌：锌是身体内酶的重要组成成分，具有稳定情绪、减轻疲劳的作用，是抗氧化、提高免疫力的重大功臣之一。

排毒食材

酵母粉、米糠、全谷类、瘦肉、鲣鱼、秋刀鱼、牡蛎、鲑鱼、蛤蜊、牛肉、牛奶、虾米、蛋、小鱼干、酸奶、豆腐、大蒜、胡萝卜、深色蔬菜、菠菜、甘薯、豌豆、黄豆

•习惯性便秘

引起原因

现代人快速的生活步调，每天不能按时排便已成为有苦难言的隐忧之一。习惯性便秘为疾病以外原因造成，多半是生活习惯紊乱或心情紧张、不安使自律神经无法发挥正常作用而引起的，一旦便秘成为习惯，大肠内产生大量毒素蓄积，使肠中有益菌和有害菌分布改变，破坏共生平衡，粪便、废物不断积存，日积月累下即会成为癌症温床。

排毒线上

便秘乃粪便在大肠内停留时间过长，如果持续地每周排便次数小于3次，则可称之为便秘。肠道里约有100种肠内细菌栖息，大致可分为有益菌和有害菌。当肠道中菌群异常产生毒素时，会使肠道老化，甚至引起大肠癌、溃疡性结肠炎及各种疾病。

生活排毒

1.纾解压力：生活压力是引起便秘的原因之一，改变生活习惯使精神有效地放松，有助于改善便秘。如果解便时仍担心着其他的事，或者是处于一种紧张的状态，会使自律神经无法正常发挥作用，大肠因紧张而使蠕动缓慢而迟钝。

2.规律作息：养成固定时间如厕的习惯，一旦忍耐便意，就容易导致习惯性便秘。

3.精油按摩或沐浴：减缓肠胃不适，促进排便顺畅，加强新陈代谢。

4.腹肌运动：腹肌力量会随着年龄增长渐渐衰退，每天做些腹肌运动增强腹肌力量，可提高排便的力量。

饮食排毒

1.膳食纤维：膳食纤维吸附水分后会使肠内实体物增加，稀释肠内有毒物质，并可诱导有益菌群的大量繁殖，保持肠道黏膜完整，防止有毒物质再释放，缩短有毒物质对肠道的毒害时间，因而减少对身体的伤害。

2.水：粪便的2/3是由水分构成的，起床后喝杯温开水可刺激肠道蠕动。平日摄取充足的水分可用来软化粪便，当水分不足时，粪便会变得干硬而难以排出。

3.乳酸菌：乳酸菌能分解牛奶中的乳糖成为乳酸。乳酸除了帮助钙质吸收外，还能减少胃酸分泌、抑制有害菌的增生。乳酸菌本身还会利用氨基酸合成各种有益成分，有效中

和有毒物质，减少毒素的吸收。

4.脂肪：少量脂肪能润滑肠道，刺激大肠蠕动而顺利排便。

5.寡糖：肠内的有害菌会使肠内胺类腐败，制造出有害毒素或致癌物质。寡糖为益生菌的食物，可调整肠道菌群生态、改善肠内环境、抑制有害菌的生长繁殖。

排毒食材

土豆、糙米、杂粮、甘薯、芋头、山药、燕麦片、黄豆、绿豆、大豆、酸奶、秋葵、洋葱、芦笋、牛蒡、扁豆、香菇、草菇、海带、海带芽、紫菜、石花菜、木耳、苹果、木瓜、香蕉等

• 肌肤干燥老化

引起原因

在忙碌的工作与生活压力下，容易出现睡眠不足、贫血、脸色苍白或暗淡无光泽等现象，加上室外强烈的紫外线照射，若未能及时调理呵护，皮肤问题便会随时出现，肌肤干燥更是老化的先兆，脸上的细纹也可能提早报到。

排毒线上

由于皮肤是排泄毒素的重要出口，毒素累积过多后，就会造成皮肤问题，皮肤若是出现了什么症状，表示肝脏与肾脏的负荷也出现了问题，这会直接反映在皮肤的稳定性上。

生活排毒

1.泡澡：热水澡可暖化冰冷的手脚，加速排出体内堆积的毒素，泡澡后新陈代谢作用旺盛，具有养颜美容及延年益寿的作用。

2.精油按摩：活络气血、促进良好的血液循环，不但拥有好气色，更能达到保养调理、增强体质的效果。

饮食排毒

1.维生素A：能提高皮肤对细菌的抵抗力，阻止皮肤问题的发生，还可促进皮肤的新陈代谢、防止老化，维护皮肤的健康。若维生素A摄取不足易造成表皮角质化、皮肤干燥，进而导致皮肤粗糙与皲裂。

2.维生素B_2：调理皮脂分泌，保护肌肤健康。

3.维生素C：是胶原蛋白生成的原料。胶原蛋白的合成能赋予肌肤弹性，还能抑制黑色素（melanin）的沉淀、防止皮肤变黑，并能提高对细菌、压力的抵抗力。

4.维生素E：加速皮肤代谢，并能扩张微血管让血液畅通，增加细胞活力，使皮肤光滑并富有弹性，预防皮肤老化。

5.维生素B_{12}：抗恶性贫血因子，能预防贫血，让脸色红润，保持好气色。

6.烟酸：可预防皮肤炎或肌肤干裂。

排毒食材

肝脏、鸡蛋、牡蛎、蛤蜊、鲣鱼、秋刀鱼、牛奶、鱼肝油、鳗鱼、花生、胚芽、全谷类、坚果类、芹菜、茼蒿、菠菜、韭菜、油菜、胡萝卜、红椒、南瓜、芒果、樱桃、番石榴、猕猴桃、杏仁、绿藻

经前症候群

引起原因

经前症候群，是一种生理与心理的综合性症状，通常在月经前10～14天开始出现，直到月经来时才会好转。因为激素水平的变化，在生理方面会导致身体水肿、长痘痘、腹泻、便秘等症状；心理方面会出现紧张易怒、忧郁焦虑与意志消沉等症状。

排毒线上

中医瘀血，泛指全身血液运行不畅或局部血液停滞于经脉，或溢出经脉外而积存于体内者。寒冷、暴饮暴食或生活压力过大时，容易造成血液循环不良，所需的营养无法送达组织细胞，废物毒素积存在细胞内，细胞无法发挥作用，免疫力降低，于是成为各种疾病的根源。其中尤以女性，会以痛经或月经不调等妇科疾病形态出现，是不可忽视的身体警告。

生活排毒

1.运动疗法：有氧运动有助于促进血液循环、放松肌肉并排出水分，也能促进大脑释放内啡肽，使全身舒畅。

2.身心放松法：强调压力管理技巧，如冥想吐纳、肌肉放松法、意象引导法或生理回馈训练等。

3.指压按摩：中医谓“痛则不通，不通则痛”，经由经络按摩促进淋巴循环，刺激经络穴道，使经络之中的气恢复正常运行，可减低身体的不适。

4.针灸：针灸的基本原理也是利用针刺激经络穴道、通经活络、促进血液循环。

饮食排毒

1.维生素B_6：B族维生素可稳定神经、缓和子宫收缩，此外，维生素B_6可帮助促卵泡激素代谢，减轻不舒适的症状。

2.维生素C：可缓和情绪紧张，并可防止月经前的过敏症。

3.维生素E：可缓和乳房疼痛、焦虑沮丧。

4.钙、镁：钙有消除焦虑、稳定神经的作用；镁可有效预防经前的水肿。钙与镁摄取的比例很重要，以2：1到4：1最为理想。

5.降低盐的用量：最好采取低钠饮食，以防止水分滞留在体内。

6.少量多餐：高脂肪、高糖分食物会加重痛经情况，采用低糖饮食，不吃或少吃甜食。

7.减少含酒精、咖啡因饮料的摄取：这类饮料会阻碍矿物质、维生素的吸收，导致月经症候群的恶化。

排毒食材

肝脏、猪肉、鸡肉、鲣鱼、土豆、糙米、燕麦、胚芽、全谷类、坚果类、绿色蔬菜、海带丝、虾米、奶酪、小鱼干、樱桃、番石榴、猕猴桃、橙子、梨、草莓

排毒食品排行榜

甘薯叶 Yam Bean Leaves

甘薯叶是营养丰富的蔬菜，含有大量的维生素A、维生素C、钾、钙及膳食纤维，另含有特殊的多酚类。多酚类具有极佳的抗氧化能力，可以与维生素C及维生素E一起作用，使体内抗氧化酶的活性增加，清除体内不好的自由基，使得脂肪过氧化物减少，同时避免坏的胆固醇氧化，能有效预防动脉粥样硬化。因为甘薯叶的纤维质易入口，大量的纤维能刺激肠胃蠕动，有效帮助排便，将肠道的毒素带出体外。甘薯叶能净化血液及肠道，是目前很受重视的蔬菜之一。

燕麦 Oat

燕麦的膳食纤维是所有谷类中含量数一数二的，包括纤维素及植物胶，摄取充足的纤维可以促进肠道蠕动，缩短粪便通过肠道的时间，减少肠道与有害毒物接触的时间。膳食纤维有利于体内益生菌发酵生长，发酵时产生的有机酸、如丁酸，能使肠道维持pH＝5.5的酸性环境，有效减少有害菌的生长，平衡肠道菌群，具有增强免疫力的效果。燕麦中还含大量的B族维生素，能加强体内新陈代谢。

山药 Mountain Yam

山药是中国自古以来养生滋补的食材，因为山药所含的山药多糖，能改善肠胃道功能，增强人体的免疫力，保护人体不受外来病原的侵害。山药也富含膳食纤维，有助于预防便秘。山药固醇有促进体内激素形成的作用，食用山药能降低血浆不好的总胆固醇（TC）、低密度脂蛋白胆固醇（LDL-C，坏的胆固醇）含量，并且增加高密度脂蛋白胆固醇（HDL-C，好的胆固醇）含量。山药属于补肾药，研究指出食用山药对于预防肾损害有明显的作用。因此，山药非常适合身体较虚弱的人食用，帮助健体强身。

菠菜 Spinach

菠菜含有叶黄素及β-胡萝卜素，两者都属于类胡萝卜素，含量仅次于胡萝卜，由于含有丰富的铁离子，使得菠菜成为素食者最佳的蔬菜。铁离子能维持血液的良好状态，帮助氧气的循环及代谢体内过多的二氧化碳，免疫细胞成长过程中也需要铁离子作为辅助因子，因此能间接预防感冒。而类胡萝卜素会在体内转变成维生素A，维生素A拥有强大的抗氧化能力，能维持皮肤、消化道、呼吸道、泌尿道、生殖道等上皮组织的正常功能，阻挡外来的有毒物质，研究显示能降低肝癌、肺癌及皮肤癌发生的概率。

菜花（西蓝花） Cauliflower Broccoli

十字花科类蔬菜是最具防癌及抗氧化作用的蔬菜，因其含有特殊的萝卜硫素及微量矿物质硒。萝卜硫素能促进肝脏解毒酶的活性，活化解毒系统，将外来毒素中和成无毒物质，再借由肾排出体外；而硒能强化称为谷胱甘肽过氧化酶的抗氧化酶，清除血液中的自由基，延缓因为自由基造成的伤害。此外，蔬菜中维生素C含量最丰富的就是菜花，维生素C能增强免疫细胞，预防感冒病毒侵袭。

大蒜 Garlic

生吃大蒜有股呛鼻味直冲脑门，这就是蒜素释放出来的味道，蒜素是一种硫磺类物质，具有杀菌解毒作用，能清除肠道的有害菌、驱除寄生虫与细菌。大蒜中还含有微量矿物质硒，能强化抗氧化酶活性，加上蒜素本身具有的抗氧化作用，吃生的或熟的大蒜都能减少体内自由基，预防消化道肿瘤，如大肠、胃或肝肿瘤等。但是食用生大蒜时，每次1～2片即可，因为一次摄取过多，会造成胃肠道的不适。

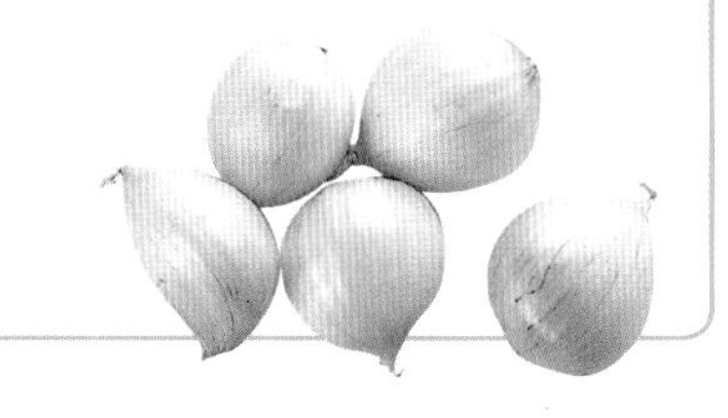

豆腐 Tofu

根据调查，亚洲人比西方人罹患心血管疾病及乳房肿瘤的概率低，主要是因为饮食中含有许多豆制品。大豆中含有九种人体必需的氨基酸，属于高生理价蛋白质，是素食者主要的蛋白质来源，而豆腐是传统的大豆制品。研究发现，食用萃取的大豆蛋白能降低血浆总胆固醇、坏胆固醇及甘油三酯，能帮助血脂代谢，达到血液净化的效果。同时豆腐中丰富的异黄酮素，有助于妇女预防乳房及子宫颈肿瘤，同时异黄酮素含有极佳的抗氧化能力，能减少细胞的氧化伤害。

金枪鱼 Tuna

金枪鱼、鲑鱼、鲭鱼、秋刀鱼等深海鱼，富含能促进脑部功能及防止血栓形成的鱼油，主要成分有两种，为二十二碳六烯酸（DHA）及二十碳五烯酸（EPA），其中更以对心血管系统的保健功效最为显著。就目前所知，DHA含量最高的食物为金枪鱼。DHA有助降低血浆甘油三酯，增加粪便胆固醇的排泄，进而降低血胆固醇，具有帮助血脂代谢的功能。鱼油能降低过度的发炎反应，避免发炎期产生的自由基破坏动脉或关节，可以延缓关节炎的症状。EPA能抑制血小板凝集反应，减少血栓的形成及降低心血管疾病的罹患率。

牡蛎 Oyster

牡蛎中富含特殊的牛磺酸，是氨基酸的一种，在维持脑部运作及发展方面扮演重要的角色，能保护脑部避免氧化伤害。由于牛磺酸抗氧化能力强，能帮助解除细菌毒素，对于改善肝脏功能、预防肝病，帮助肝脏分解体内有害废物等，具有一定的效果。牡蛎还含有丰富的锌及铁质，锌的生理功能包括维持内皮细胞的完整性，可以减缓发炎反应，同时能促进激素的代谢，是一种壮阳的矿物质，和锌同时存在，牛磺酸的解毒作用较佳。

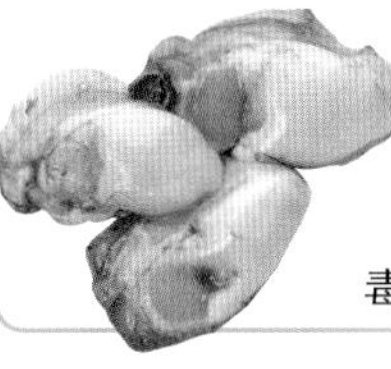

苹果 Apple

苹果中富含的果胶属于水溶性膳食纤维，存在于未成熟的水果中，用来维持水果的硬度，苹果成熟后会被果胶酶分解而使苹果变软。果胶具有强凝胶能力，保水性极强，对于柔软粪便效果极佳，能增加粪便体积，降低致癌因子的浓度，同时可以保护肠壁，拥有预防便秘及腹泻双重功能。而果胶与肠道中的胆酸结合后会一同排出体外，可减少肠道内脂肪与胆固醇的吸收，促进过多脂肪排出，帮助代谢。

排毒不可不知的五个问题

饮食排毒为时势所趋，当你以饮食作为排毒方法时，会遇到什么样的问题，又有什么似是而非的观念要改正呢？

问题一 不良的饮食习惯 外食族注意了！

外食族可别以为在高油、高盐、少纤维的饮食后，来罐“去油茶”就能永葆健康与美丽！

“老外、老外、三餐老是在外”，这句话反映出现在社会越来越多的外食族饮食情况。忙碌的上班族容易三餐不定时，或是随便吃，很容易产生营养不均衡的问题；此外，外食族若不慎选食物、不注意营养均衡及卫生，而且长期食用高油、高热量、重口味，加上蔬菜、水果摄取不足，就可能造成肥胖、便秘、高血压、高血脂等症状。

虽然知道常常外食不好，但是外食对许多人来说却是不得已的选择。其中以独居在外的单身族，或是上班族及学生的比例所占最大，一天中的早餐和中餐甚至晚餐都在外头解决。当你不得不外食时，可以试着把握某些原则，

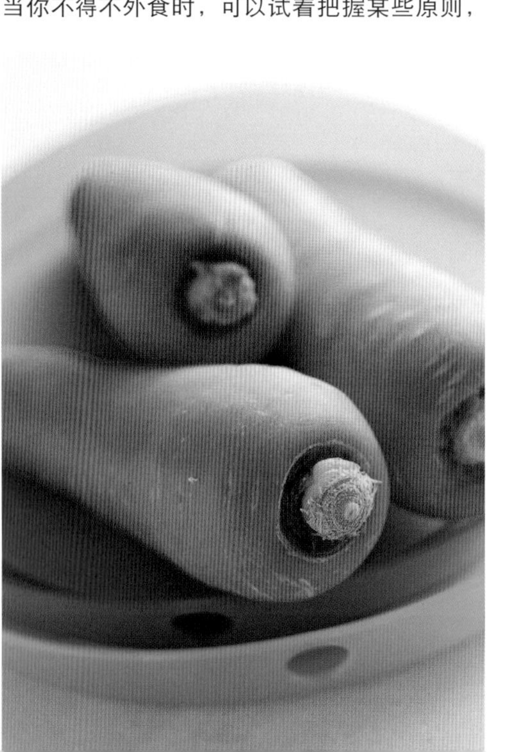

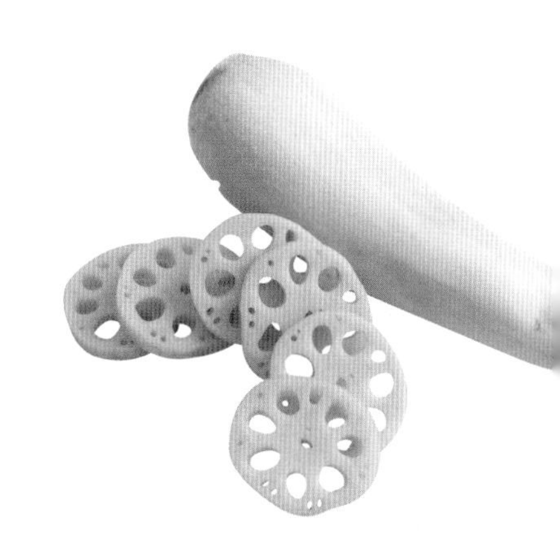

降低外食对健康的不好影响。首先，当你在选择外食时，你的考虑是什么？营养？卫生？经济？还是美味？不管你考虑的是什么，都要把“营养”这一项考虑进去。它关系着健康，也关系着是不是可以保持最佳状态面对每日的挑战。建议少吃一点油炸肉类，多选一些青菜及黄豆制品，如果食物中盐、油、味精放得太多，应先在开水里过一下再吃。外食族所要把持的原则是食物选择多样化、尽量多变化，如此一来，绝对可以吃得营养又健康。

问题二 保健食品 多多益善？

市面上保健食品成千上万种，消费者究竟要如何选择呢？同时服用多种保健食品会不会互相干扰呢？保健食品是不是多多益善，有病治病、没病能强身？

“保健食品”系指表明具有特定保健功能的食品，即适宜给特定人群食用，具有调节机体功能，不以治疗疾病为目的的食品。因此，保健食品与药品有着本质的区别。

◎保健食品：保健食品不能以治疗为目的，但可以声称有保健功能，不能有任何毒性，可以长期使用。

◎药品：药品应当有明确的治疗目的，并有确定的适应证和功能主治，可以有不良反应，并且有规定的使用期限。

◎健康食品：提供特殊营养素或具有特定之保健功效，特别加以标示或广告，而非以治疗、矫正人类疾病为目的之食品，与保健食品相同。在美国主要指膳食补充品；在日本称为特定保健用食品；在中国称为保健食品。

关于健康的饮食说起来似乎不难，但现实生活中有太多的原因造成饮食不均衡，所以有些人转而寻求一些“保健食品”的快速方法，这其中包括了“健康食品”或“保健食品”。

有些人对于保健食品和健康食品的认识仍处在模糊不清的状态，把“保健食品”当成“仙丹”看待，可以有病治病，无病强身，甚至认为只要吃保健食品，对任何疾病都可以获得改善。实际上，保健食品只能作为辅助食品，绝不能当成正常饮食的替代品。而补充保健食品的原则则是以缺什么，补什么；缺多少，补多少；食补为主，药补为辅才是上策。至于同时服用多种保健食品会不会互相干扰呢？一般建议最好错开摄取的时间避免影响吸收，如钙与铁在体内会互相影响吸收。为了避免互相影响，最好错开摄取的时间，不妨利用早餐、餐间点心、睡前来摄取所需要的保健食品。

可以选择自制新鲜蔬果汁来作为天然的保健食品，因为蔬果汁含有丰富维生素、矿物质及特殊的植物化学成分，它们可协助人体的正常代谢运作、细胞抗氧化及修护功能，如β-胡萝卜素、维生素C、维生素E、微量矿物质（铜、铬、碘等）及生物活素，都能提升人体免疫力，让你集健康、美丽于一身。

问题三 植物性油脂真的比动物性油脂健康吗？

植物油富含不饱和脂肪酸，深受具健康意识的消费者所喜爱，而动物性脂肪如猪油、牛油及鸡油等摄取太多，易引起心血管疾病也是众所皆知，但是消费者对于植物性氢化油（反式脂肪）的认识可能只知其一不知其二。

什么是反式脂肪呢？

植物油的成分中，含有较多的不饱和脂肪酸，经高温油炸，容易氧化酸败，因此不耐久炸。为了改善此缺点，许多工厂便在制造植物油的加工过程中，利用“氢化”的生产技术，氢化后的油脂，会产生反式脂肪酸，因此这些氢化过的油脂，也称为反式脂肪。反式脂肪可以更耐高温、不易变质、存放更久，且增加烤酥性，甚至改变了油脂的“型态”，以便于多元使用。目前市面上常见含有反式脂肪酸的人工制造食品，像人造奶油、油炸速食面、炸薯条、炸鸡块、饼干、糕饼及一些油脂含量高的加工食品，或是固体的炒菜油等，在日常生活中随处可见。

反式脂肪对人体会造成什么影响呢？

临床研究显示，如果每天摄入5克的反式脂肪，将会增加约25%的心脏病发病概率，因此，摄取过多的反式脂肪也会增加罹患心血管疾病（如动脉粥样硬化）的风险。

由于缺点甚多，对于人体健康的影响重大，因此世界各国政府强制规定食品包装一定要标示出反式脂肪的含量，借以加强消费者的警戒心、维护人们的健康。但是如果因此害怕而改吃天然的牛油或猪油，那么引发心血管疾病的机会反而更大，因为天然脂肪内过多的饱和脂肪酸，也很容易引发心血管疾病。

如何判断食品标识上的不良油脂呢？

建议选购食品时应详阅标识，凡包装上的油脂成分标识有“氢化”、“半氢化”、“硬化”、“精制植物油”、“转化油”、“烤酥油”或英文“Hydrogenated”等字样者，表示该食品使用了经氢化处理的油脂，应减少食用。此外，养成健康的饮食习惯，包括均衡饮食，遵守四少二多的饮食原则，即少油炸、少肥肉、少精致、少酱料、多蔬果、多原味。烹调方式也尽量以清蒸、水煮来代替油炸、煎炒，如此可吃得健康又安心。

问题四 减肥只吃蔬果不吃淀粉及脂肪？

对大多数急于瘦身的爱美人士而言，不可否认，多吃蔬菜水果等富含纤维的食物，的确

对减肥很有帮助。但是经常光吃蔬菜水果、不吃米饭及脂肪，不仅减肥目的不易达成，还会造成营养不均衡，严重的话，还可能对身体造成无法弥补的伤害。

时下不少人谈“脂”色变，甚至把脂肪当成造成身体疾病的祸源，爱美的女性们更是唯恐脂肪造成体态臃肿、行动笨拙，生怕肥胖损害体型的曲线美，有些已经够苗条的女性，也拒绝进食脂类食物，结果却失去了皮肤的光泽与弹性。其实，脂肪在人体营养需求中有着极其重要的功效，它不但是人体代谢的主要能源，而且是人体生长发育与健康所必需的物质。体内脂肪不足会影响生理活动，导致内分泌紊乱，对少女来说，体内的脂肪量占体重17%以上才属正常，若脂肪量太低，在月经初潮来临就会受到影响，可能就无法保持往后规律的月经周期。值得一提的是，脂肪本身对保持女性的曲线美具有特殊的作用，例如，脂肪能使皮肤富于弹性而不松弛，能增加皮肤的光泽润滑而不至于干燥粗糙，更能使身体均匀而富于曲线美。

同理，淀粉也是怕胖者的拒绝食物，但是淀粉类（米饭、面食类）等碳水化合物，进入人体后，在各种酶的催化作用下分解成葡萄糖，被小肠吸收后进入血液，再运送到各组织器官，进一步分解后供给能量，是身体首要能量来源，若摄取不足，将影响身体正常运作；而当肉类或蛋白质摄取不足时，人体内的蛋白质、碳水化合物、脂肪也会失衡，免疫力下降、记忆力下降、贫血、消化不良就会接踵而来。因此，想如愿减肥成功，并不在于吃什么食物或不吃什么食物，而是取决于热能的总摄取量与消耗量之间的平衡关系！一般正常女性所需热量1400～1600千卡／天，男性需1800～2000千卡／天；减重者可每天减少500千卡加上至少30分钟／天的有氧运动，即可瘦身有成！想要瘦身瘦得健康又不容易复胖的朋友，如何掌握规律的运动及均衡的营养才是最重要的课题。

问题五　酸奶当开水，越喝越强壮？

酸奶是许多人日常生活中必不可少的营养佳品，如此是不是意味着可以当开水喝，会越喝越强壮呢？

这几年来国内酸奶市场发展蓬勃，产品竞争已经进入了“细菌大战”时代，琳琅满目的菌种加起来不下10种，有“AB菌”等，有些酸奶不仅标明菌类名称，还标明了菌群数量，如“每1升含100亿个活性益生菌”等，且号称是从国外进口的菌群，菌株纯正、活力强，大力宣传各菌种能帮助消化以及不同的保健功能。事实上菌群过多会影响消化功能，尽管添加有益生菌群的酸奶一般比普通酸奶价格高，但仍有多数人还是愿意选择这类产品。让我们先了解一下酸奶的常识。

1. 酸奶中的菌种多为国外引进，由于各国饮食文化习惯的不同，肠道生态环境也会有差别，适合外国人的乳酸菌未必能适合中国人。
2. 由于菌群需在低温冷藏条件下才能存活，所以包装上标明的活菌群的数量与饮用时的数量是不一致的。
3. 酸奶为了口感等因素，往往添加好几种菌株，但目前尚无数据来正确评估各家产品的生物利用率。并非菌数含量越高就越好，但可以肯定的是有效菌越多越好，只是提醒大家在购买酸奶时需注意“死菌”的问题，而且超市的销售环境无法保障强低温，也会致使活性益生菌在存放过程中大量死亡。
4. 酸奶在体内“落地生根”是件困难的事，因为固有的肠内菌群排他性强，对外来菌具有阻抗力，所以外来菌若能暂驻几天就算好菌种了。

虽然酸奶富含营养价值，但是除了热量高，每份约150千卡之外，摄取过多的蛋白质会影响钙质的吸收，所以还是不可以当开水喝！酸奶的食用量需视情况而异，正常人每天饮用1～2杯（240～480毫升）；对于青少年来说，早晚各一杯酸奶，或早上一杯牛奶，晚上一杯酸奶是最为理想的方式。

总括来说，酸奶可以在任何时候饮用，为人体补充营养，但并非老少咸宜，如婴幼儿、免疫力差或糖尿病患者（因酸奶含糖量高）等，最好能敬而远之，爱美人士更别想只喝它来减肥。

膳食营养素参考摄取量

年龄	身高		体重		热量(2)		RDA AI 蛋白质(4)		AI 钙	RDA 磷	* 镁		RDA 碘	AI * 铁(5)		* 氟	硒	R 维
	厘米(cm)		千克(kg)		千卡(kcal)		克(g)		毫克(mg)		微克(μg)			毫克(mg)			微克(μg)	微
0月~	57		5.1		110-120/千克		2.4/千克		200	150	30		AI=110	7		0.1	AI=15	A
3月~	64.5		7		110-120/千克		2.2/千克		300	200	30		AI=110	7		0.3	AI=15	A
6月~	70		8.5		100/千克		2.0/千克		400	300	75		AI=130	10		0.4	AI=20	A
9月~	73		9		100/千克		1.7/千克		400	300	75		AI=130	10		0.5	AI=20	A
1岁~	90		12.3				20		500	400	80		65	10		0.7	20	4
(稍低)					1050													
(适度)					1200													
	男	女	男	女	男	女	男	女			男	女		男	女			男
4岁~	110		19				30	30	600	500	120		90	10		1	25	4
(稍低)					1450	1300												
(适度)					1650	1450												
7岁~	129		26.4				40	40	800	600	165		100	10		1.5	30	4
(稍低)					1800	1550												
(适度)					2050	1750												
10岁~	146	150	37	40			50	50	1000	800	230	240	110	15		2	40	5
(稍低)					1950	1950												
(适度)					2200	2250												
13岁~	166	158	51	49			65	60	1200	1000	325	315	120	15		2	50	6
(稍低)					2250	2050												
(适度)					2500	2300												
16岁~	171	161	60	51			70	55	1200	1000	380	315	130	15		3	50	7
(低)					2050	1650												
(稍低)					2400	1900												
(适度)					2700	2150												
(高)					3050	2400												
19岁~	169	157	62	51			60	50	1000	800	360	315	140	10	15	3	50	6
(低)					1950	1600												
(稍低)					2250	1800												
(适度)					2550	2050												
(高)					2850	2300												
31岁~	168	156	62	53			56	48	1000	800	360	315	140	10	15	3	50	6
(低)					1850	1550												
(稍低)					2150	1800												
(适度)					2450	2050												
(高)					2750	2300												
51岁~	165	153	60	52			54	47	1000	800	360	315	140	10		3	50	6
(低)					1750	1500												
(稍低)					2050	1800												
(适度)					2300	2050												
(高)					2550	2300												
71岁~	163	150	58	50			58	50	1000	800	360	315	140	10		3	50	6
(低)					1650	1450												
(稍低)					1900	1650												
(适度)					2150	1900												
怀孕 第一期					+0		+0		+0	+0	+35		+60	+0		+0	+10	
第二期					+300		+10		+0	+0	+35		+60	+0		+0	+10	
第三期					+300		+10		+0	+0	+35		+60	+30		+0	+10	
哺乳期					+500		+15		+0	+0	+0		+110	+30		+0	+20	

未标明AI（足够摄取量Adequate Intakes）值者，即为RDA（建议量Recommended Dietary allowance）值

1. 年龄系以足岁计算。
2. 1千卡（kcal）=4.184千焦耳（kj）；油脂热量以不超过总热量的30%为宜。
3. “低、稍低、适度、高”表示生活活动强度之程度。
4. 动物性蛋白在总蛋白质中的比例，1岁以下的婴儿以占2/3以上为宜。
5. 日常膳食中铁的摄取量，不足以弥补妇女怀孕、分娩失血及喂奶时之损失，建议自怀孕第三期至分娩后两个月内每日另以铁盐供给30毫克的铁元素。

AI 维生素D(7)	＊ 维生素E(8)	RDA 维生素B_1		＊ 维生素B_2		RDA 维生素B_6	＊ 维生素B_{12}	RDA AI 烟酸(9)		AI 叶酸	泛酸	AI 生物素	胆素	
微克(μg)	(mgα-TE)	毫克(mg)					微克(μg)	(mgNE)		微克(μg)	毫克(mg)	微克(μg)	毫克(mg)	
10	3	AI=0.2		AI=0.3		AI=0.1	AI=0.3	AI=2mg		AI=65	1.8	5	130	
10	3	AI=0.2		AI=0.3		AI=0.1	AI=0.4	AI=3mg		AI=70	1.8	5	130	
10	4	AI=0.3		AI=0.4		AI=0.3	AI=0.5	AI=4		AI=75	1.9	6.5	150	
10	4	AI=0.3		AI=0.4		AI=0.3	AI=0.6	AI=5		AI=80	2	7	160	
5	5					0.5	0.9			150	2	8.5	170	
		0.5		0.6				7						
		0.6		0.7				8						
		男	女	男	女	男 女	男 女	男	女				男	女
5	6					0.7	1.2			200	2.5	12	210	
		0.7	0.7	0.8	0.7			10	9					
		0.8	0.7	0.9	0.8			11	10					
5	8						1.5			250	3	15	270	
		0.9	0.8	1	0.9			12	10					
		1	0.9	1.1	1			13	11					
5	10					0.9	2			300	4	20	350	350
		1	1	1.1	1.1			13	13					
		1.1	1.1	1.2	1.2			14	14					
5	12					1.1	2.4			400	4.5	25	450	350
		1.1	1	1.2	1.1			15	13					
		1.2	1.1	1.4	1.3			16	15					
5	12					1.3	2.4			400	5	30	450	360
		1	0.8	1.1	0.9			13	11					
		1.2	1	1.3	1			16	12					
		1.3	1.1	1.5	1.2			17	14					
		1.5	1.2	1.7	1.3			20	16					
5	12					1.4	2.4			400	5	30	450	360
		1	0.8	1.1	0.9			13	11					
		1.1	0.9	1.2	1			15	12					
		1.3	1	1.4	1.1			17	13					
		1.4	1.1	1.6	1.3			18	15					
5	12					1.5	2.4			400	5	30	450	360
		0.9	0.8	1	0.9			12	10					
		1.1	0.9	1.2	1			14	12					
		1.2	1	1.3	1.1			16	13					
		1.4	1.1	1.5	1.3			18	15					
10	12					1.5	2.4			400	5	30	450	360
		0.9	0.8	1	0.8			12	10					
		1	0.9	1.2	1			13	12					
		1.1	1	1.3	1.1			15	13					
		1.3	1.1	1.4	1.3			17	15					
10	12					1.6	2.4			400	5	30	450	360
		0.8	0.7	0.9	0.8			11	10					
		1	0.8	1	0.9			12	11					
		1.1	1	1.2	1			14	12					
+5	+2	+0				+0.4	+0.2	+0		+200	+1	+0	+20	
+5	+2	+0.2				+0.4	+0.2	+2		+200	+1	+0	+20	
+5	+2	+0.2				+0.4	+0.2	+2		+200	+1	+0	+20	
+5	+3	+0.3				+0.4	+0.4	+4		+100	+2	+5	+140	

6. R.E.(Retinol Equivalent)即视黄醇当量。 1μg R.E.=1μg视黄醇(Retinol)=6μg β-胡萝卜素(β-Carotene)
7. 维生素D系以维生素D3(Cholecalciferol)为计量标准。 1μg=40 I.U.维生素D3
8. α-TE.(α-Tocopherol Equivalent)即α-生育酚当量。
9. N.E.(Niacin Equivalent)即烟酸当量。

第二篇

全食物排毒

解读食物中的健康密码

以食材入门，全面掌握食物的基本资料及其排毒效果，5大类别、76种排毒食材，为您的健康加油打气!

第一章 食材处理

烹调前的处理

我们每天都要吃进许多食物，在准备排毒饮食之前，首先是食材的挑选，排毒效果最好、对身体不会造成负担的便是首选食材。此外，食材前期的处理也是不容忽视的工作。

常见排毒食材处理流程

蔬菜类

◆菠菜

清洗

将菠菜整株放在清水中冲洗，然后洗去附在根部的泥土。

汆烫

滚水中加入盐，放入菠菜汆烫约30秒钟，立即捞出再泡入干净清水，可保持颜色鲜绿。

◆番茄

去皮

先用小尖刀挖除蒂头，再于底部划十字，放进沸水煮约20秒，立刻泡入冷水，果皮会自然翻出，就可轻松撕下。

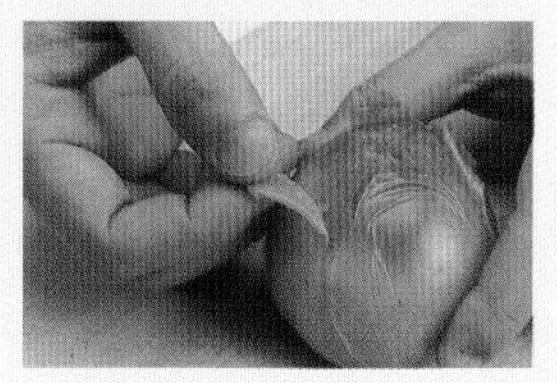

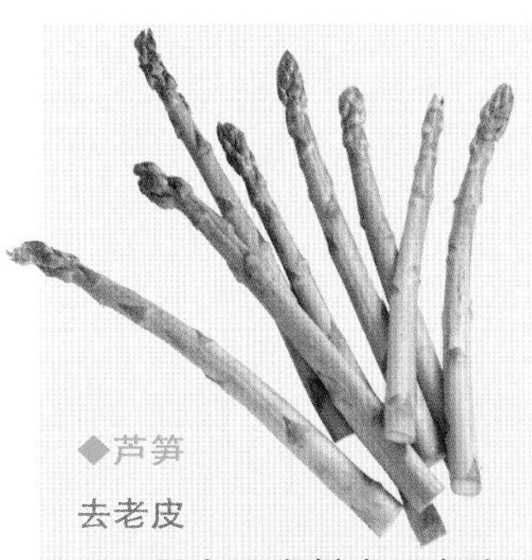

◆芦笋

去老皮

用小刀或削皮刀去除芦笋根部硬皮。

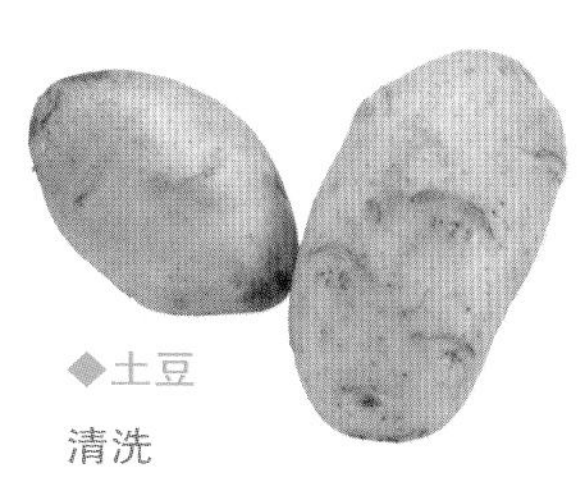

◆土豆

清洗

用清水洗净，并用削皮刀削去表皮。若凹眼处有隐芽时，则需用小刀挖去芽眼。

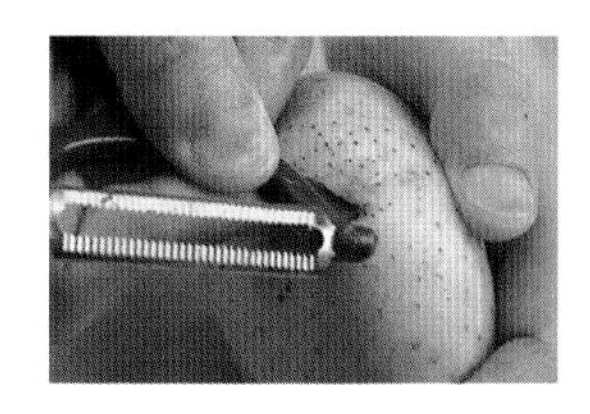

◆彩椒

去籽

1. 彩椒洗净，去除蒂头后，直剖成两半。

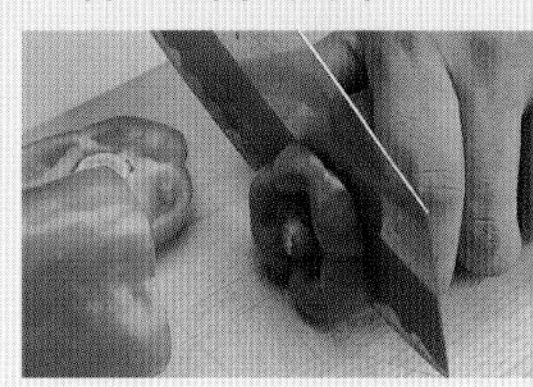

2. 挖去中间的籽，同时将内部的棉状白筋切除。

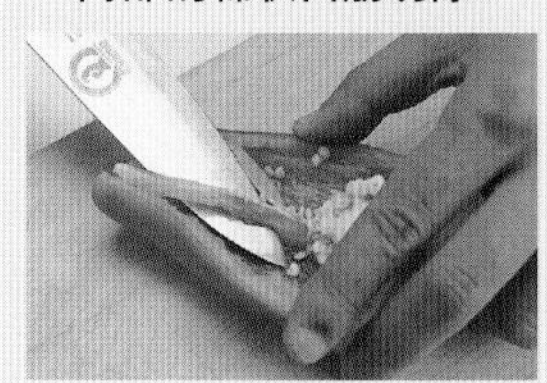

◆豆荚类

去筋

1. 以清水洗净后，把蒂头折下，一并撕去老筋。

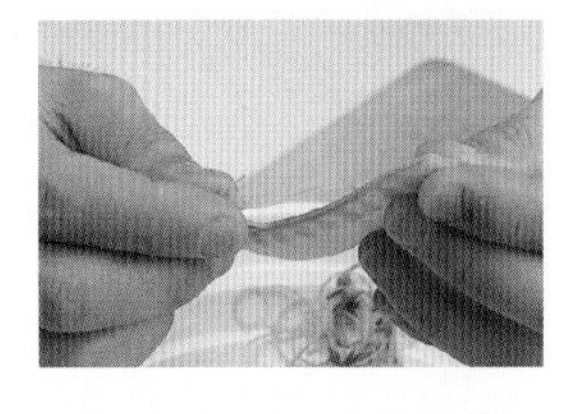

2. 再将尖端折下，撕去另一边的老筋。

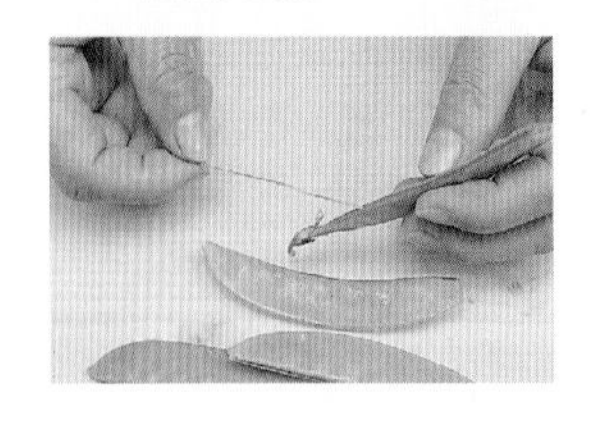

◆芋头

清洗

用刷子去除泥土，在流水下洗净，以免在削皮时沾上。

削皮

切芋头前可在手上撒些小苏打粉，用刀子或削皮刀将表皮去除。皮可以削厚些，外皮纤维削去，口感更好。

◆牛蒡

去皮

洗净后，以刀背轻轻地刮去表皮。牛蒡靠近表皮处最为营养甘甜，因此最好不要使用削皮刀去除表皮。

泡水

牛蒡切割后，应立即泡入加了少许醋的冷水中，以免变黑。

◆圆白菜

切块

1. 叶片分别剥开，切去硬梗后，用清水冲洗干净。

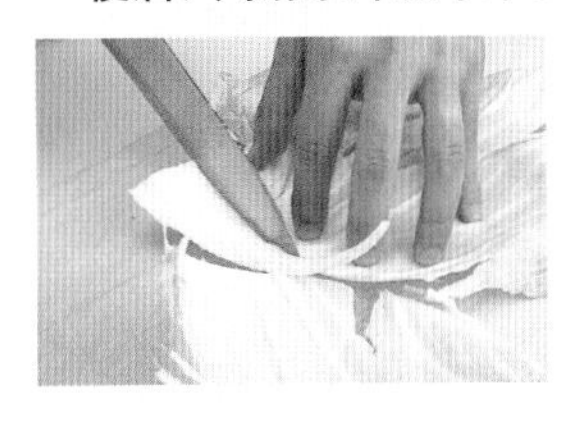

2.重叠起来切成块状。

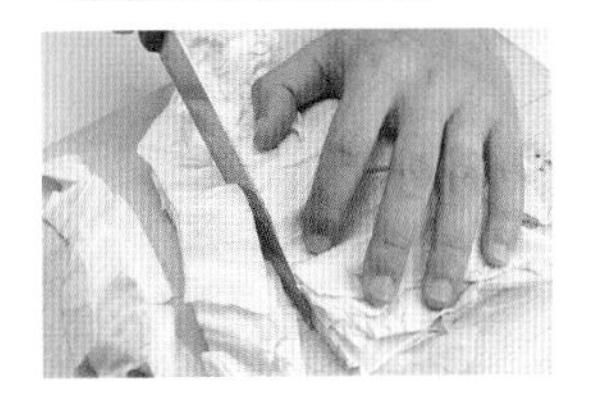

切丝、切末

1. 用刀子挖除圆白菜中间的硬梗。

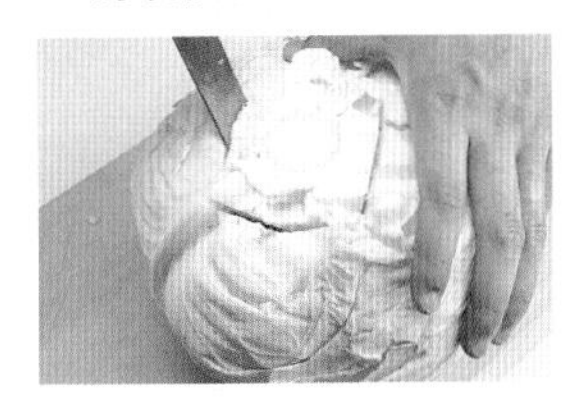

2. 剥下叶片。

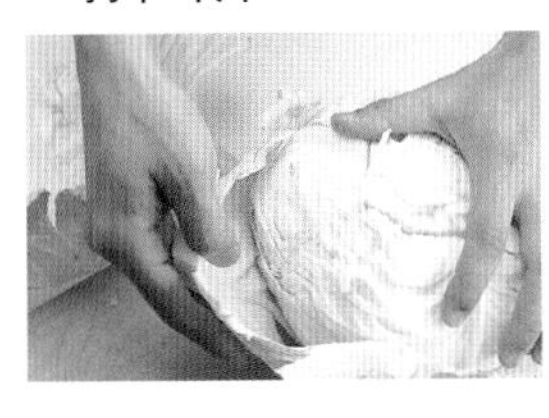

3. 将叶片卷起，直刀切成丝状，用水清洗干净。可做生菜沙拉。

◆洋葱

剥皮

先切除头尾，再剥去表面黄褐色的表皮。

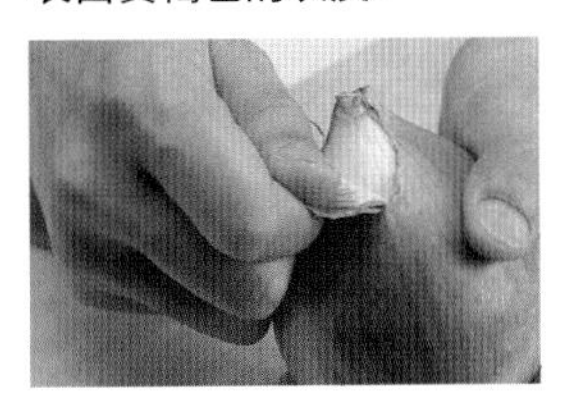

切丝

洋葱切成两半，剖面朝下，以0.2厘米的间距直切。

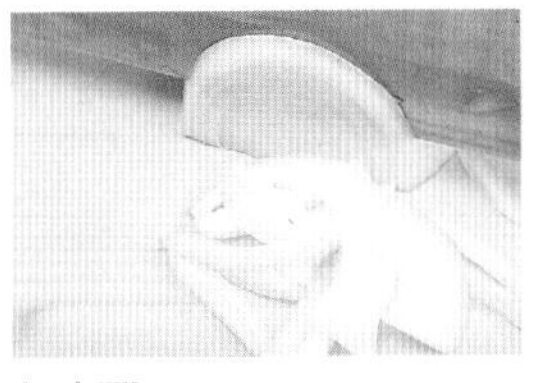

切小丁

1. 洋葱切成两半，剖面朝下，然后以0.2厘米的间距直切。

2. 再将洋葱转90度，以直刀切成宽0.2厘米的小丁。

◆甘薯

清洗、去皮

在清水下，用刷子去除泥土，再用削皮刀去除表皮。

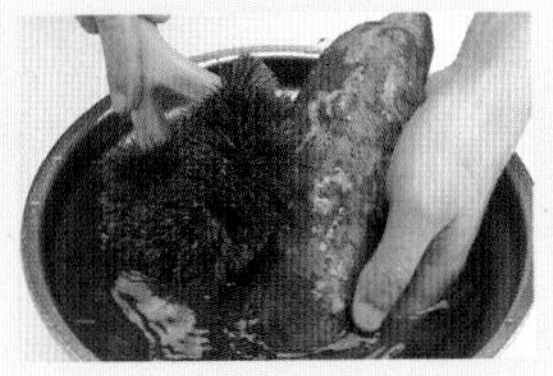

◆茄子

清洗

先去除蒂头，再用水洗净即可。

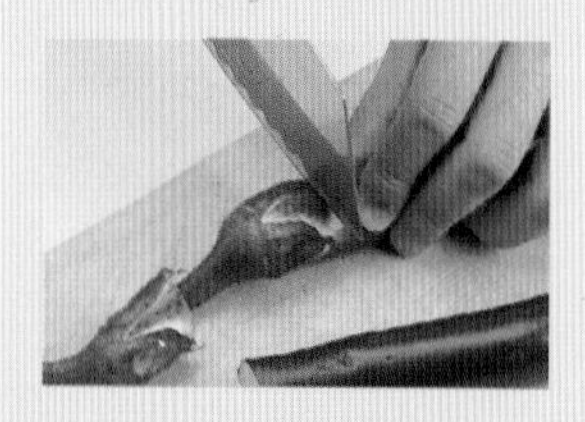

泡水

茄子切割后，需立刻浸泡在盐水中，避免变色。

过油

茄子处理完毕之后，先投入油锅过油，待炸至软嫩，捞出，再行烹调。

◆芹菜

清洗

1. 去除芹菜叶。

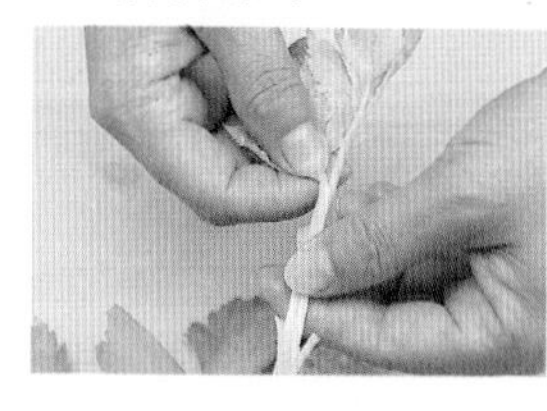

2. 将茎部一片片分开，置于清水下冲洗。

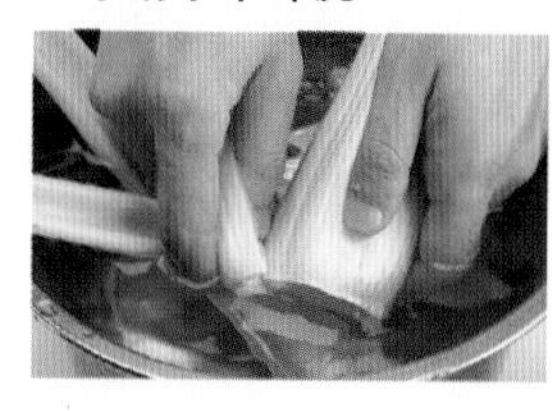

去筋

用小刀从接近根部处拉出老筋，口感会较脆。

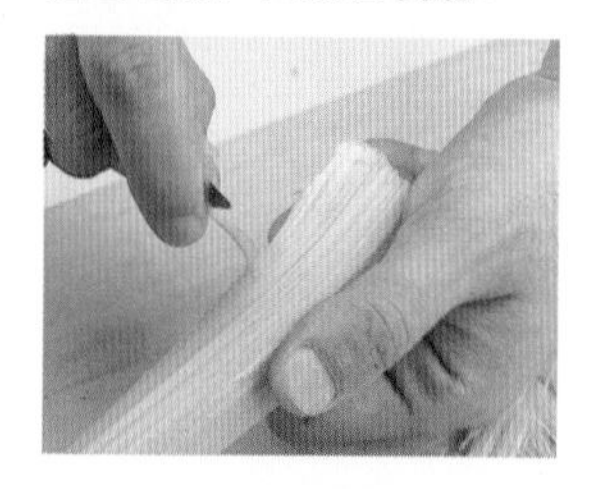

◆菜花（西蓝花）

清洗

抓住西蓝花茎部，放在流水下冲洗干净。

切小朵

用小刀将西蓝花分成小朵，若分出的花朵较大，则对切一半；再用刀剥除花朵的老皮即可。

茎部切法

先削除茎部硬皮，再切成小块。

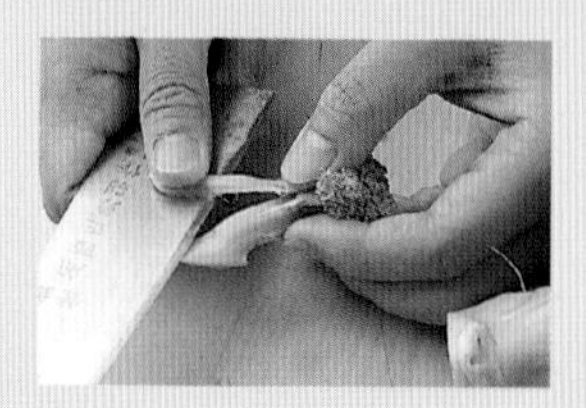

◆金针菇、平菇、蟹味菇

切除根部

切除菇类根部较硬而不干净的地方，再冲洗干净。

分小株

将已切去根部的金针菇、平菇和蟹味菇用手撕开，以便清洗和烹调。

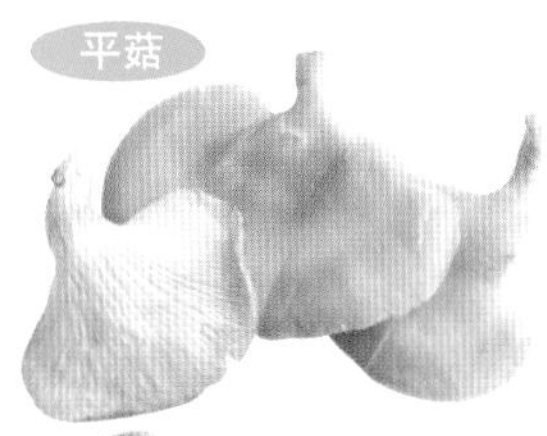

◆香菇

泡水

干香菇烹调前，应先用清水洗干净，并且在热水中浸泡。

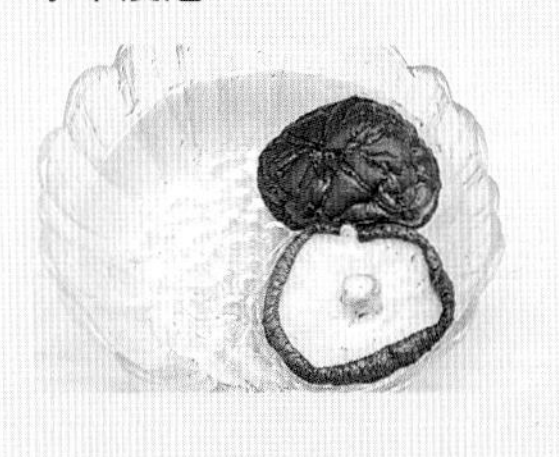

去梗

切去香菇粗硬的部分。

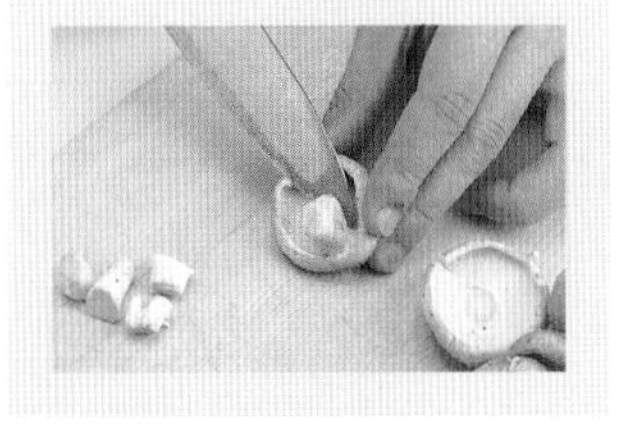

◆胡萝卜

清洗

用清水洗净，用削皮刀削去表皮。

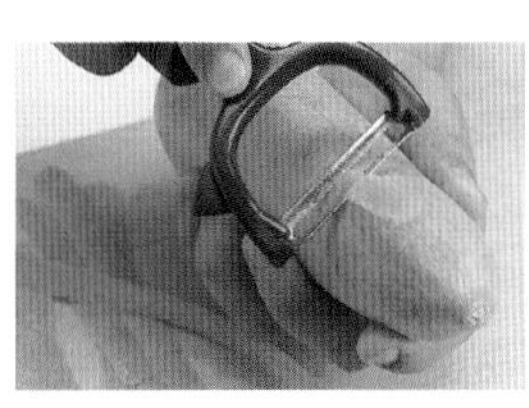

切条

胡萝卜切成1厘米的厚片，再切成宽1厘米的长条。

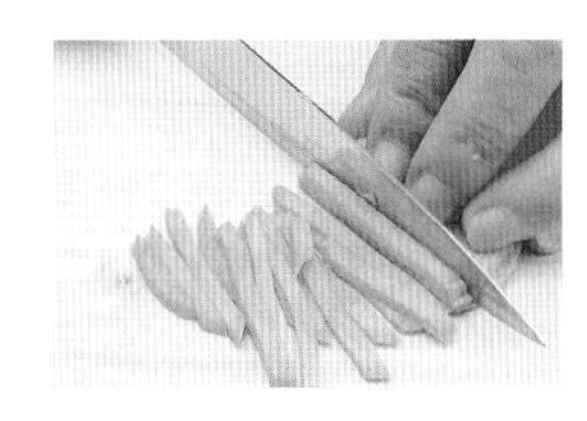

切丁

将长条并排，切成宽1厘米的小丁。

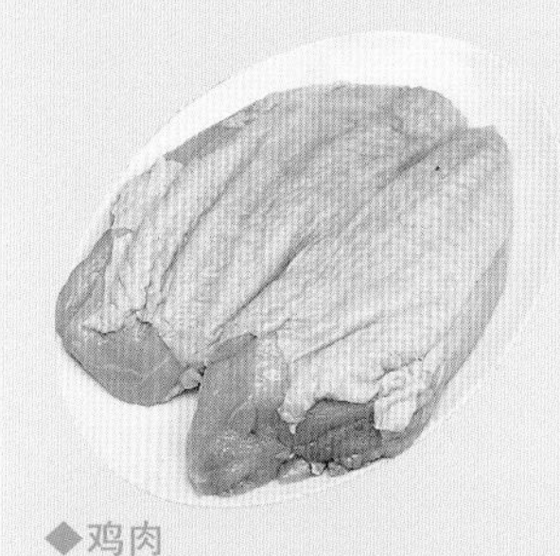

◆鸡肉

切丁

鸡胸肉先顺着纹路直切1～1.5厘米宽，再逆纹切断，即可切成丁状。

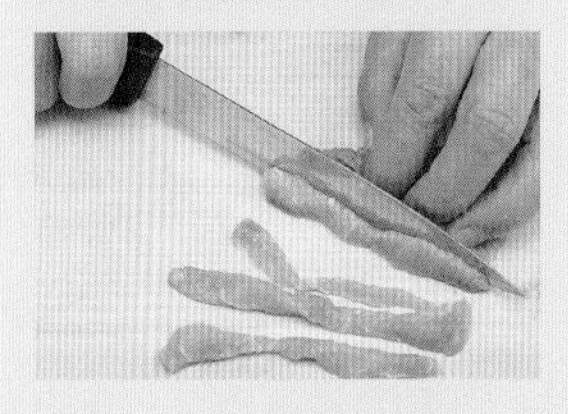

剥丝

鸡胸肉与少许葱、姜一起在水中汆烫至熟，冷却后剥成丝状即可。

去筋

鸡柳筋朝下抓紧，以菜刀压住后拉出。

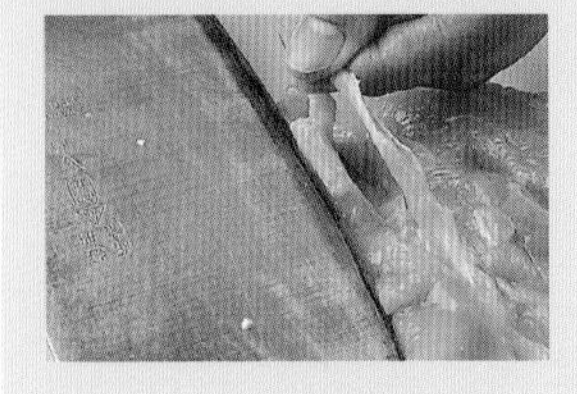

鸡腿去骨

1. 剁下鸡腿旁的腿骨，再以刀背敲断胫骨。

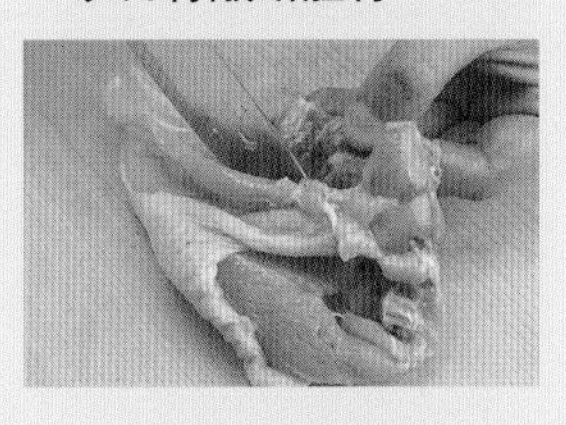

2. 一手轻压着鸡腿，另一手则持刀，再利用刀尖的部分从足根处切开鸡皮，再割出一道切痕。

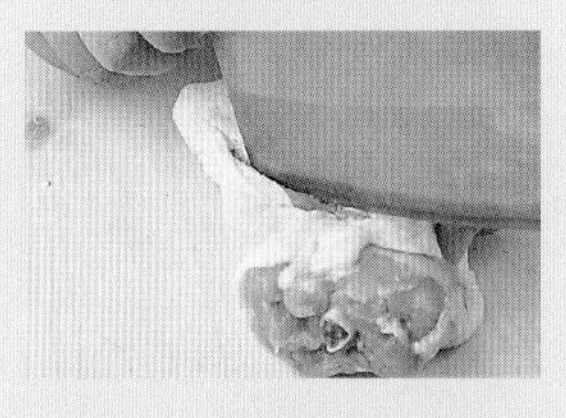

3. 刀尖紧贴着鸡骨，从骨头的两侧下刀切开来，使骨头露出，切断关节的筋，沿鸡骨将鸡肉刮下。

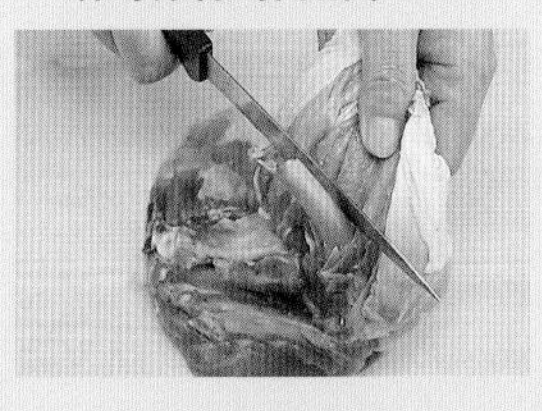

4. 在去骨的鸡腿肉上，用刀尖部分划几刀，切断纹路，如此鸡肉才不会在烹调时收缩变形。

◆牛肉

切片

1. 牛里脊稍微冲洗一下，再用纸巾将血水擦干。

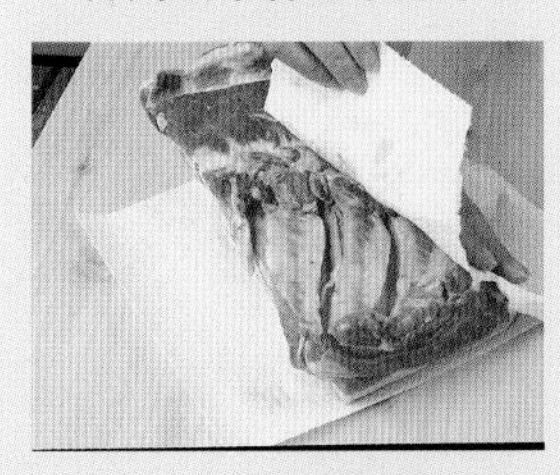

2. 逆纹切片将牛肉切成0.3～0.5厘米的薄片。

切丝

先将牛里脊片数片重叠在一起，再直切成0.4～0.6厘米的宽度。

切牛柳条

牛肉逆纹切成约0.5厘米的薄片，再切成1厘米宽的肉丝。

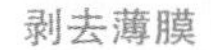

◆鱿鱼

拔除足部、内脏

先将手伸入背部，压断足根，之后将足部拉出，同时抽出内脏。

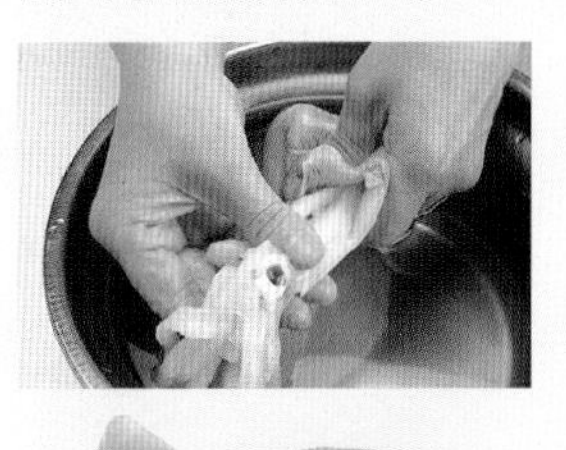

剥去薄膜

先将三角形的鳍部拔起，再由上往下剥。紧握住翻卷的外皮往下拉，即可轻易剥除。水发鱿鱼也需先剥除薄膜再处理。

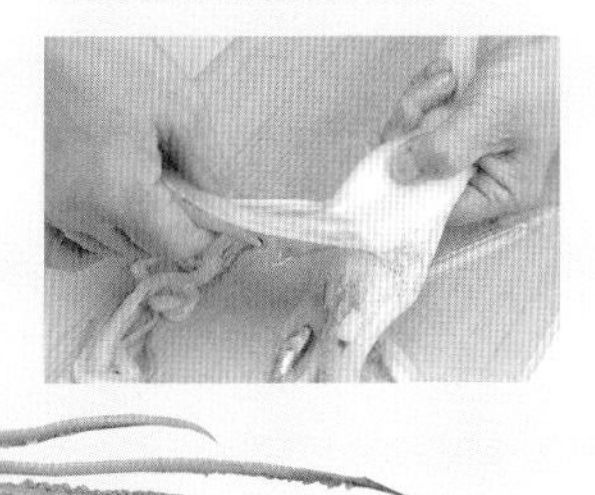

◆海参

清洗

在流水下，用汤匙或刀挖除海参的内脏，并冲洗干净，以免产生腥味。

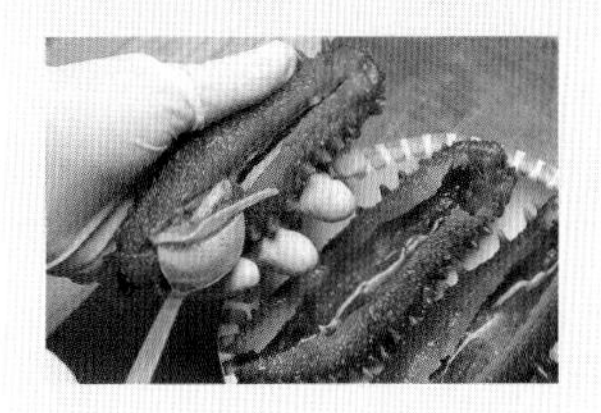

切段

切成2～4厘米长的直段或者斜段。

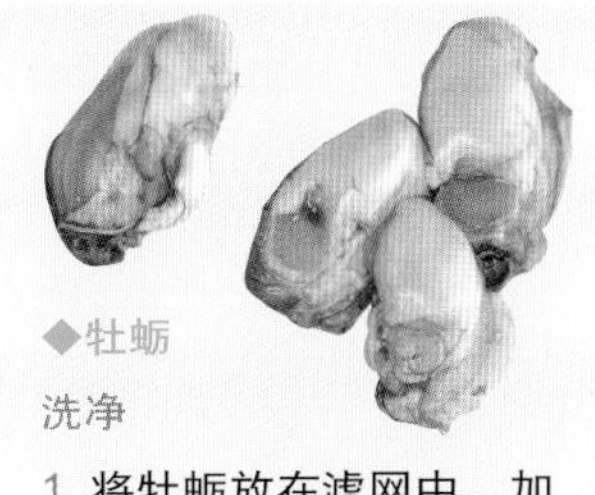

◆牡蛎

洗净

1. 将牡蛎放在滤网中，加入少许盐轻轻抓拌，让污物流出。

2. 把滤网放在水龙头下，以小流量的流水冲洗去除杂质。

常见食材冷冻解冻一览表

食品名称	冷冻方法	解冻与烹调方法
南瓜	切成薄片煮软（或者蒸软），碾碎后摊平在铺好保鲜膜的铝盘上，分成数等份后冷冻	将所需分量用微波炉解冻后，过滤一下，烹制成南瓜汤或南瓜派
芋头	剥皮后略微滚煮，以水洗净去除黏液，拭干水分后装进冷冻专用袋内冷冻	不用解冻，直接烹制成炖煮菜肴
洋葱	切碎或者切成薄片，充分炒熟，等完全冷却以后，分成数等份，用保鲜膜包成扁平状，装进冷冻专用袋内，压出空气后冷冻	利用微波炉加热或者自然解冻后烹制
红辣椒	干燥红辣椒可直接装进冷冻专用袋内冷冻	直接切碎使用
玉米	用蒸锅充分蒸熟之后装进冷冻专用袋，逸出空气后冷冻	冷冻玉米粒可直接煮汤或炒菜，不需要解冻
山药	剥皮、浸泡于醋水后沥干水分，用擦菜板磨成山药泥，将1人份的山药泥分别装进冷冻专用袋内，压出空气后，封上袋口，推成扁平状后冷冻	自然解冻或流水解冻，解冻之后，放入研钵内调味
茄子	蒸熟后冷却，彻底拭干水分，装进冷冻专用袋内冷冻	不用解冻，直接烹制成焖菜等，烹调过的茄子可以用微波炉解冻
葱	切成3～4厘米的段，装进冷冻专用袋内冷冻	不用解冻，直接烹制浓汤、火锅等菜肴
青椒	切成小块，装进冷冻专用袋内冷冻	不用解冻，可直接炒菜
土豆	土豆洗净后，切成适当大小蒸熟，趁热剥皮、捣碎，放凉，在铺好保鲜膜的铝盘上，铺上土豆泥摊平成薄薄一层，分割成数等份，放入冰箱冷冻	置于室温下自然解冻后再烹调，或利用微波炉解冻
番茄	用热水烫过，再浸泡冰水，快速降温后轻轻撕去外皮，切成几大块，装进塑料袋，压成扁平状封起来，放在铝盘上，即可放入冰箱冷冻	在冷冻的状态下，直接加热烹调
豌豆仁	从豆荚中取出豌豆仁，撒上盐，煮至八分熟，浸入冷水中待凉捞出，再彻底吸干水分，以保持颜色鲜绿，放在铺好保鲜膜的铝盘上冷冻	不用解冻，可直接烹调，若要做装饰用撒在配料上时，煮熟2分钟后，放在水中待其冷却
香菇	彻底洗净后，浸泡在加入少许砂糖的水中泡软，泡软的香菇与汁液分别装进冷冻专用袋内冷冻保存	温水浸泡解冻后使用

第二章 蔬菜排毒

蔬菜排毒三大作用

蔬菜的排毒作用可分为三大方式——**提高体内解毒能力，包覆毒素并排出体外，代谢体内毒素**

用蔬菜来进行体内环保工作，即利用蔬菜的三种排毒作用，轻松享受健康生活。

蔬菜的三种排毒效果

每种蔬菜的营养价值各不相同，效果也分为很多种。能够将体内毒素包覆住的，是洋葱、菠菜等含丰富槲黄素的蔬菜，以及韭菜中的营养素——硫化丙烯，这些物质能够包覆体内毒素，协助身体排出体外。另一种则是具有提高解毒效果的物质锌与硒，番茄、菜花等蔬菜中都含有这类营养物质。第三种则是利用“膳食纤维”促进身体代谢将毒素排出体外，如莲藕、牛蒡、竹笋等。

每日均衡摄取蔬菜的人，通常身体都能够自然地将毒素排出。然而，现代人大多生活作息、饮食不正常，造成身体状况非常不好。如果你也这样，最好从现在开始进行排毒生活。从了解蔬菜所拥有的排毒效用下手，接着再学习如何有效地利用这些食材，将毒素更有效地排出体外。

提高体内解毒能力

提高体内解毒能力所必需的物质是锌与硒。锌为体内抗氧化酶的重要成分，具有抗氧化及活化免疫细胞的功能。硒为体内一种抗氧化酶谷胱甘肽过氧化酶的成分，具有抗氧化、活化免疫细胞、修复细胞的功能。锌与硒都是排毒作用中不可或缺的成分。只要好好利用这两种物质，就能提高体内解毒能力，维持身体健康。

包覆毒素并排出体外

摄取槲黄素与硫化丙烯等物质，就能得到将毒素包覆起来的效果，如洋葱、韭菜、菠菜等。洋葱、菠菜等含有的营养物质槲黄素，具有抗氧化作用，能够抑制自由基，预防肌肤老化。韭菜所含有的物质硫化丙烯，则是能带动体内消化分泌作用，促进消化代谢的进行。

代谢体内毒素

将体内毒素代谢出体外的代表性成分是膳食纤维。膳食纤维能够有效地促进胃肠蠕动。牛蒡、莲藕、竹笋等食材皆含有丰富的膳食纤维，能够将体内堆积的毒素代谢出体外，不仅能够促进有毒物质的排泄，还能增加胆汁酸的排出，降低血液中胆固醇的含量，进而预防动脉粥样硬化。另外，膳食纤维还可增加肠内益生菌的数量，达到整肠作用、减少宿便的发生。

叶菜类

- 英文名 Amaranth
- 别名 荇菜、杏菜、茵菜
- 热量 18千卡／100克
- 采购要点 要选择株棵完整，叶片茂密、坚挺，富有水分，没有枯叶，茎部细嫩，容易折断者
- 营养提示 β-胡萝卜素含量的亚军
- 适用者 一般人
- 不适用者 肾脏疾病患者

苋菜

Amaranth

保健功效

改善贫血 缓解疲劳 强壮骨骼

预防癌症 降低血压

营养成分

苋菜分为白苋菜、青苋菜和红苋菜三种，含有蛋白质、糖类、维生素A、维生素C、钾、钙、铁等。它的钙含量相当丰富，较鲜奶高；铁比菠菜含量高，又不像菠菜含有草酸，更容易被人体吸收。

保健养生

苋菜中所含的铁是制造血红素和肌血球素的主要物质，其可以改善缺铁性贫血，增强抵抗力，以达到补血益气的效果。所含的钾，有助于降低血压，改善高血压症状。钙是维持骨骼和牙齿健康的重要元素；铜有助于促进人体对铁质的吸收。

处理保存

将苋菜根部切除后，浸泡在水中5分钟，再用流水清洗。保存时用纸包起后，根部朝下放置在冰箱的蔬菜室中，可放置3～5天。

排毒功能

苋菜具有清热解毒的作用，有助于消除扁桃腺炎、咽喉炎等燥热症状。夏天食欲不振时，吃苋菜可以提振食欲。丰富的β-胡萝卜素和维生素C合起来可发挥相辅相成的作用，预防癌症；另外，β-胡萝卜素还可以预防动脉粥样硬化，维持皮肤、头发和牙齿的健康。

营养面面观

主要营养成分	营养价值	100g中的含量
维生素A	■■■■■■■■■■	352μgRE
钾	■■■■■■■□□□	380mg
钙	■■■■■■■■□□	191mg
磷	■■■■■■■■□□	53mg
铁	■■■■■■■■■■	12mg

速配MENU

烹调苋菜时，可搭配含铜量丰富的虾仁、豆腐等豆类食材，以增加苋菜的铁质吸收率。

功效：清热镇静，提振精神
热量：43.2千卡 / 1人份

苋菜豆腐羹

材料

嫩豆腐1/2盒，苋菜200克，火腿20克，蛋清1个

调味料

A料：盐1大匙，鲜鸡粉1小匙，香油1/2大匙
B料：水淀粉1/2大匙

做法

1. 苋菜洗净，切去根部，放入滚水中汆烫，捞出沥干，剁碎；火腿洗净，切丁；嫩豆腐切小块备用。
2. 锅中倒入5杯水煮滚，放入除蛋清之外的全部材料煮开，加入A料拌匀，打入蛋清轻轻拌开，再以B料勾芡，即可盛出。

排毒小帮手

豆腐及苋菜都属于较为寒凉的食材，有清热镇静及提振精神的好处。同时苋菜和豆腐都是植物性的高钙食品，搭配动物性蛋白质——蛋清，能提高钙的吸收率。

功效：预防皮肤干裂，维护眼睛健康
热量：212千卡 / 1人份

苋菜炒金银蛋

材料

苋菜200克，咸蛋、皮蛋各1个，大蒜1瓣，清水3大匙，油1大匙

调味料

A料：糖1小匙，胡椒粉1/2小匙
B料：水淀粉2小匙

做法

1. 苋菜洗净，去根部，切段；大蒜去皮，切片；咸蛋及皮蛋去壳，切大丁备用。
2. 锅中放入1大匙油，烧热，放入蒜片爆香，放入苋菜，炒至菜变软后，放入咸蛋及皮蛋炒匀，加入A料调味，最后倒入B料勾薄芡即可盛出。

排毒小帮手

苋菜和蛋黄均含有丰富的维生素A，能维护上皮细胞健康、预防异物入侵与感染，可以保护呼吸道、消化道、皮肤等，有助于保持湿润和避免眼睛干涩。蛋黄含有丰富的维生素B_2，可预防嘴唇干裂破皮。

功效：补气养血，补肾壮阳
热量：216.2千卡 / 1人份

苋菜炒羊肉

材料

苋菜200克，羊肉100克，大蒜1瓣，红辣椒1个

调味料

A料：盐1/2大匙，糖1/2大匙，米酒1/2大匙，蛋白1/2个，淀粉1/2大匙
B料：酱油1/2大匙，糖1/2大匙，胡椒粉1/2小匙

做法

1. 苋菜洗净，去根部，切段；大蒜去皮，切片；红辣椒去蒂洗净，切斜段备用。
2. 羊肉洗净，放入小碗中，加入A料腌约20分钟。
3. 锅中放入1大匙油加热，放入大蒜及辣椒爆香，放入羊肉，炒至变色后，放入苋菜炒匀，最后加入B料调味即可盛出。

排毒小帮手

苋菜含有丰富的铁，搭配含有丰富蛋白质的羊肉，有助于铁的吸收，能补血养气、改善贫血的症状。羊肉可缓解脾胃虚寒引起的反胃、身体瘦弱、畏寒和腰膝酸软等症状，还具有补肾壮阳的作用。

功效：强健骨骼，预防便秘
热量：215.8千卡 / 1人份

银鱼苋菜羹

材料

银鱼2大匙，红苋菜1把，姜10克

调味料

A料：盐1小匙，糖2小匙，米酒1大匙
B料：水淀粉1/2杯
C料：香油1/2小匙

做法

1. 银鱼先汆烫过；红苋菜取叶子部分，洗净；姜去皮，切丝，备用。
2. 锅中倒入适量的水煮滚，放入银鱼、红苋菜及姜丝等，加入A料调味，再加入B料勾芡，最后淋上少许香油，即可盛出。

排毒小帮手

苋菜含有丰富的膳食纤维，可以促进胃肠蠕动，预防和缓解便秘。此外，红苋菜含有丰富的β-胡萝卜素，可防止细胞受到有毒物质的伤害，可防癌抗衰老。银鱼含有丰富的钙质，可以防止骨质疏松。

甘薯叶

Yam

- 英文名 Yam
- 别名 番薯叶、地瓜叶、过沟菜、猪菜
- 热量 30千卡／100克
- 采购要点 应选择叶片完叶、翠绿，摸起来滋润者
- 营养提示 营养丰富的防癌蔬菜
- 适用者 一般人、糖尿病患者
- 不适用者 肾脏疾病患者

保健功效

缓解便秘	降低血压
预防心脏病	缓解疲劳

营养成分

甘薯原产于美洲，甘薯叶就是甘薯的叶子，在意识到其保健作用前，甘薯叶曾经是喂猪的饲料，但在人们注意到甘薯叶含有蛋白质、糖类、膳食纤维、维生素A、B族维生素、维生素C、磷、钙、钾、锌、铁等多种丰富的营养素之后，便升格为一种养生的蔬菜。

保健养生

甘薯叶含有丰富的镁和钙，镁可以促进心脏、血管健康，预防心脏病发作，还有促进钙的吸收和代谢，防止钙沉淀在组织、血管内，有效预防肾结石和胆结石，二者同时作用时，可以发挥安抚情绪的效果。

处理保存

甘薯叶生长快、病虫害较少，因而较少使用农药。只需在流水下冲去表面灰尘和泥土。保存时用半湿的纸包起来，放在冰箱冷藏室可保存3～5天。

排毒功能

甘薯叶中的膳食纤维，能刺激胃肠蠕动、促进排便、避免有害物质残留在体内，预防痔疮，减少胆固醇的吸收，对心血管有保护作用，被列为优质的排毒食物。此外，甘薯叶的茎含有丰富的膳食纤维，可连同叶子一起食用。甘薯叶含有丰富的维生素A，可以防止细胞受到有害物质的伤害，还能保护眼睛。

营养面面观

主要营养成分	营养价值	100g中的含量
维生素A	■■■■■■■■■■	1269.2μgRE
维生素C	■■□□□□□□□□	19mg
钾	■■■■■■■■□□	310mg
钙	■■■□□□□□□□	85mg
膳食纤维	■■■□□□□□□□	3.1g

速配MENU

甘薯叶的茎含有丰富的膳食纤维，可连同叶子一起食用。搭配猪肉等含有维生素B_1、蛋白质等的营养食材，可更有效地促进体力的恢复。

功效：保护眼睛，预防便秘
热量：88.7千卡 / 1人份

蒜香甘薯叶

材料

甘薯叶300克，大蒜4瓣，红辣椒1个，色拉油适量

调味料

酱油2大匙

做法

1. 甘薯叶摘下叶片，洗净，放入滚水中温烫一下，捞起；大蒜去皮，红辣椒洗净、去蒂，分别切末。
2. 锅中倒入色拉油烧热后，爆香蒜末及红辣椒末，加入酱油炒匀，盛出，淋在烫好的甘薯叶上搅拌均匀，即可盛盘。

排毒小帮手

色拉油富含维生素E，并与富含维生素A的甘薯叶搭配，可以降低有害物质对身体的伤害。

功效：预防癌症，强健骨骼
热量：140.7千卡 / 1人份

甘薯叶味噌汤

材料

甘薯叶60克，小鱼干10克

调味料

味噌2大匙，水2杯

做法

1. 甘薯叶洗净，并且挑除老叶；小鱼干洗净备用。
2. 味噌加水拌均匀，倒入小锅中，加入小鱼干煮3～5分钟，使味道释出，起锅前加入甘薯叶煮熟即可。

排毒小帮手

甘薯叶含有丰富的维生素A，可以防止细胞氧化病变，具有防癌的作用。小鱼干含有丰富的钙，可以强健骨骼、预防骨质疏松。味噌含有丰富的植物性雌激素，有助于减少罹患乳癌、子宫内膜癌等风险。

菠菜 Spinach

- 英文名 Spinach
- 别名 菠菱菜、飞龙菜、赤根菜
- 热量 22千卡 / 100克
- 采购要点 应选择叶片颜色呈深绿色，富有光泽和滋润感，茎较短，根部呈鲜艳的深粉红色，切口新鲜者
- 营养提示 黄绿色蔬菜的最佳代表
- 适用者 一般人、贫血者、高血压患者
- 不适用者 肾结石者

保健功效

预防动脉粥样硬化 预防便秘

降低血压 预防贫血 预防感冒

营养成分

含有丰富的维生素C、β-胡萝卜素和铁质，有助于预防感冒、贫血以及高血压、癌症等。菠菜中的β-胡萝卜素仅次于胡萝卜，可以预防动脉粥样硬化，维持皮肤、头发、牙齿的健康。维生素C可以促进铁质的吸收，铁是制造血红素和肌血球素的主要物质，而菠菜的含铁量极高。

保健养生

菠菜含胡萝卜素、维生素C、蛋白质、糖类、钙、磷、叶酸、草酸等，能帮助消化、止渴润肠。常食菠菜，可以帮助人体维护正常视力和上皮细胞的健康、防止夜盲、增强抵抗传染病的能力及促进儿童生长发育等。

处理保存

浸泡在水中5分钟后用流水冲走残留农药，不宜浸泡太久，以免营养流失；保存时用纸包起后放入多孔的塑料袋中，根部向下，放在冰箱冷藏室中，可保存5～7天。

排毒功能

菠菜含有丰富的膳食纤维和维生素B_1、维生素B_2、叶酸及钙等人体不可或缺的营养。膳食纤维具有整肠的作用，有助于改善便秘，减少疾病的发生。每天摄取100克的菠菜，就可以满足人体一天所需的维生素A、维生素C和1/3的铁。菠菜还能消除肠胃的燥热，消除糖尿病患者的口渴和排尿困难等。

营养面面观

主要营养成分	营养价值	100g中的含量
维生素A	■■■■■■■■■■	487μgRE
维生素C	■■■■■■■□□□	9mg
铁	■■■■■□□□□□	2.1mg
维生素B_1	■■■□□□□□□□	0.05mg
钙	■□□□□□□□□□	77mg

速配MENU

β-胡萝卜素是脂溶性维生素，烫菠菜时加入含有丰富维生素E的香油或杏仁片等，有助于促进β-胡萝卜素的吸收。

功效：养颜美肤，预防癌症
热量：359千卡／1人份

炒菠菜

材料

菠菜300克，大蒜3瓣，油2大匙

调味料

盐、米酒各1大匙

做法

1. 菠菜放入水中洗净，沥干；大蒜去皮，拍碎，切末。
2. 锅中倒入2大匙油烧热，放入大蒜爆香。
3. 加入菠菜以大火炒熟，加入调味料炒匀，即可盛出。

排毒小帮手

炒菠菜有助于清理人体肠胃的热毒，预防便秘，使人容光焕发。菠菜还富含酶，能刺激肠胃、胰腺的分泌，既助消化，又润肠道， 有利于顺利排便，使全身皮肤显得红润、有光泽。

功效：增强体力，预防贫血
热量：422千卡／1人份

猪肝炒菠菜

材料

猪肝200克，菠菜150克，老姜3片，香油1大匙

调味料

米酒1小匙，盐1/3小匙

做法

1. 猪肝洗净，切片；菠菜切除根部，洗净后备用。
2. 锅中倒入香油烧热，爆香姜片，放入猪肝片炒至半熟，捞出，再放入菠菜及调味料炒匀，最后加入猪肝拌炒均匀，即可盛出食用。

排毒小帮手

菠菜中含有叶酸和铁、搭配富含维生素B_6、维生素B_{12}及含铁的猪肝，可以增强人体的造血功能，迅速恢复体力；菠菜搭配含铁量最高的猪肝，可让这道菜达到补血的最佳功效。

- 英文名 Gynura
- 别名 红菜、紫背天葵、红蓊菜
- 热量 25千卡 / 100克
- 采购要点 选择叶片完整、绿色鲜艳、紫红色也十分明显者，茎梗挺直而且容易折断者为佳
- 营养提示 益气补血的长寿菜
- 适用者 一般人、高血压患者、产妇
- 不适用者 肠胃不适者、肾脏病患者

红凤菜

Gynura

保健功效

解毒	补血益气
改善贫血	降低血压

营养成分

红凤菜是一种有特殊的味道，营养十分丰富，含有蛋白质、糖类、维生素A、维生素B_2、维生素C、磷、铁、钙等的蔬菜。有自然补血剂之称的红凤菜，其中高量的铁，对发育中的女孩而言，是绝佳的食材之一，平常适量摄取，能解毒消肿、改善痛经；它的根茎还有止渴、解暑等特别的功效。

保健养生

红凤菜含高量铁，具有造血作用，能有效改善贫血和虚冷的症状，因此产后坐月子时多吃红凤菜，可以补血益气，改善产后腹痛现象。红凤菜富含维生素A，可以增加身体的抵抗力，抑制活性氧的产生。

处理保存

浸泡在水中5分钟后，用流水冲洗。最好在清洗后再将叶片摘下，以免营养流失。保存时可用半湿的纸包起，放在冰箱的冷藏室中，可以保鲜3～5天。

排毒功能

红凤菜含有高量的钾，可以促进体内水分的代谢，将多余水分排出体外，缓解水肿，还可以降低血压，是高血压患者可以经常摄取的蔬菜之一。用香油炒红凤菜，不仅增加香味，香油的油分更可以促进β-胡萝卜素的吸收。

营养面面观

主要营养成分	营养价值	100g中的含量
维生素A	■■■■■■■■■■	1919.2μgRE
钾	■■■■■■■□□□	260mg
钙	■■■■■□□□□□	142mg
镁	■■■■□□□□□□	54mg
铁	■■■■■■■■■■	4.1mg

速配MENU

香油炒红凤菜，香油中的维生素E可以和红凤菜的维生素A、维生素C发挥防癌金三角的最佳作用。

功效：补铁养身，促进子宫收缩
热量：51.8千卡 / 1人份

清炒红凤菜

材料

红凤菜300克，大蒜3瓣，嫩姜20克，香油1大匙

调味料

米酒1/4小匙，盐1/4小匙，水2小匙

做法

1. 红凤菜摘下嫩叶及嫩茎，洗净；大蒜去皮，切末；嫩姜去皮，切丝备用。
2. 锅中倒1大匙香油烧热，爆香大蒜，放入姜丝、红凤菜及调味料大火快炒至熟，盛入盘中即可。

排毒小帮手

香油含有丰富的不饱和脂肪酸，可以帮助红凤菜中维生素A的吸收，也可以加速子宫收缩，对于产后的妇女，可以加速子宫的复原。此外，红凤菜还有丰富的铁，是女性经期后及产后的补铁食物来源之一。

功效：保护眼睛，脸色红润
热量：111.9千卡 / 1人份

雪白红凤菜

材料

红凤菜300克，胡萝卜1/5根，腌渍黄萝卜1/5根，红辣椒2个，大蒜末1小匙，蛋清2个，牛奶1大匙，蔬菜高汤1/3杯

调味料

盐1小匙，糖1小匙，鲜鸡粉1小匙

做法

1. 红凤菜剥下嫩叶，洗净备用；胡萝卜、黄萝卜切丝；辣椒切片。
2. 油锅烧热，蛋清和牛奶加在一起拌打均匀，倒入锅中过油炒开，盛起。
3. 锅中余油继续烧热，放入萝卜丝、辣椒及大蒜炒香，加入蛋清、牛奶及红凤菜一起拌炒，最后加入蔬菜高汤及调味料煮滚后即可盛盘。

排毒小帮手

红凤菜和胡萝卜均含有丰富的维生素A，经由油炒的方式，能够增加体内维生素A的吸收率，可以保护眼睛，防止细胞受到有害物质的伤害；此外，红凤菜含有丰富的铁，可以使脸色红润，让气色更好。

明日叶

Angelica keiskei

- 英文名 Angelica keiskei
- 别名 明日草、咸草
- 热量 25千卡 / 100克
- 采购要点 明日叶的叶子必须翠绿、富有光泽、切口新鲜，茎要细者为佳
- 营养提示 长寿的野菜
- 适用者 一般人、皮肤病及胃肠病患者
- 不适用者 肾脏疾病者

保健功效

降低血压	利尿消肿
改善贫血	缓解便秘

营养成分

明日叶繁殖能力佳，有“长生不老草”之称。明日叶的香味和芹菜相似，含有锗、维生素C、B族维生素、钙、钾、铁、β-胡萝卜素等营养素，是营养十分丰富的黄绿色蔬菜。明日叶的根、茎、叶皆可食，叶可炒、炸、凉拌，根如牛蒡，清脆爽口，茎可生吃。

保健养生

明日叶的叶子中含有的有机锗可以促进毛细血管扩张。明日叶中含有植物中少见的红色维生素——维生素B_{12}，可以促进红细胞的形成和再生，预防贫血、增加体力，还可以集中注意力，增强记忆力。

处理保存

将明日叶浸泡在水中5分钟后，放在流水下冲洗。用湿纸将根部包住，放入塑料袋中，置于冷藏室中保存。

排毒功能

维生素B_2可以预防高血压、肾脏病、肝脏病和恶性贫血，促进细胞的再生，促进皮肤、指甲和毛发的生长；明日叶的茎中含有多酚类化合物，可以对抗活性氧，延缓老化，还可以强化毛细血管、降低血压。明日叶中的类黄酮素具有利尿及促进新陈代谢的作用。

营养面面观

主要营养成分	营养价值	100g中的含量
维生素A	■■■■■■■■■■	2100μgRE
维生素C	■■■■■■□□□□	55mg
维生素B_2	■■■□□□□□□□	0.24mg
钾	■■■■■■■■□□	540mg
膳食纤维	■■■■□□□□□□	5.3mg

速配MENU

丰富的β-胡萝卜素、维生素C，再搭配海鲜、南瓜等含有丰富维生素E的食物，可以预防癌症。

功效：养颜美容，缓解疲劳
热量：63千卡 / 1人份

明日叶沙拉

材料

明日叶300克，小黄瓜1/2个，番茄1个，芦笋50克，水煮蛋2个，洋葱1/4个，生菜2片

调味料

盐、蛋黄酱各适量

做法

1. 小黄瓜洗净、切斜片；番茄洗净，和水煮蛋分别切瓣；芦笋洗净、去老筋，切段；洋葱去皮，切丝；明日叶洗净，茎和叶切开备用。
2. 明日叶的茎和芦笋分别放入滚水中汆烫，捞出，以冷水冲泡，待凉备用。
3. 所有材料放入小碗中，加入调味料拌匀即可食用。

排毒小帮手

要完整摄取明日叶的维生素和矿物质，以生食最为有效，明日叶的嫩叶部分由于涩味较少，水洗净之后即可食用，但是茎部因有苦味，要稍微汆烫后再烹调，口感会比较好。

功效：保护眼睛，帮助排便
热量：114千卡 / 1人份

脆炒明日叶

材料

明日叶的根100克，胡萝卜1/2个，红辣椒1个

调味料

蔬菜高汤1大匙，香油2小匙，酱油2大匙，砂糖1大匙

做法

1. 明日叶的根以刷子刷洗至变白，胡萝卜去皮洗净，红辣椒洗净、去蒂，全部切丝，明日叶的根放入冷水中浸泡，去除涩液。
2. 锅中放入少许油加热，放入明日叶的根及胡萝卜略炒，加入适量水炒至汤汁收干，加入调味料，最后加入红辣椒拌匀即可。
3. 可以热食，也可以放进冰箱后，作为凉拌菜食用。

排毒小帮手

明日叶的根部纤维质丰富，可以促进肠胃蠕动，帮助排便、促进肠道清洁。明日叶的根部口感和牛蒡很像，清清脆脆，很适合作为夏天凉拌菜，放入保鲜盒中冷藏可保存1星期左右。

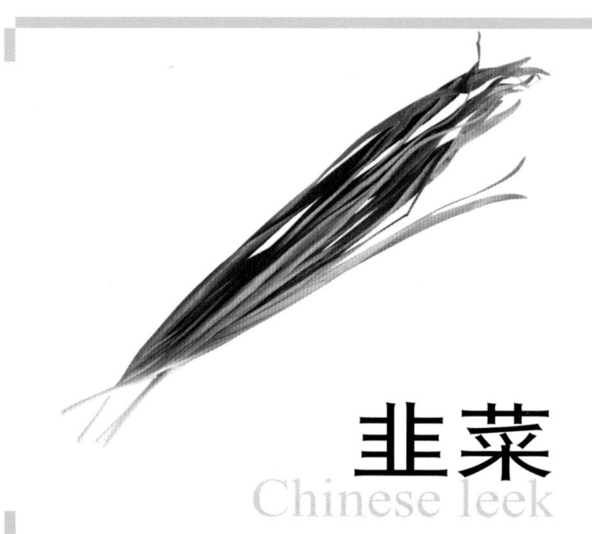

韭菜
Chinese leek

- 英文名 Chinese leek
- 别名 起阳草、久菜、长生草、扁菜
- 热量 27千卡 / 100克
- 采购要点 茎部洁白脆嫩、叶片浓绿新鲜、无腐烂枯萎，用手抓起时叶片挺拔直立者为佳。切口新鲜者为良品
- 营养提示 补血养颜、壮阳一级棒
- 适用者 阳萎、多尿、贫血者、体虚者
- 不适用者 哺乳妇女、皮肤过敏者、消化性溃疡者

保健功效

壮盛阳气　消脂排毒

增进食欲

营养成分

韭菜为温性食材，常食可预防感冒，而且韭菜有帮助消化、保护肠胃的功能，对强精也很有效。将韭菜打成汁，还可清血、改善虚弱体质，对美容也很有效果；韭菜还可有效预防胃闷胀、便秘、下痢、感冒、贫血，且可促进血液循环，排出老化的血液。

保健养生

根据古书《黄帝内经》的养生原则，在饮食方面要多摄取温和的食物，而韭菜就是其中一种，因为韭菜的营养价值很高，包含了丰富的维生素、铁，可以补血养颜。

处理保存

挑除掉枯黄腐烂叶，浸泡水中逐株清洗，切除根部后使用。保存时先清洗后晾干，再用干净的纸张包裹，放入塑料袋，置于冰箱冷藏，约可保存3天。

排毒功能

现代医学证明，韭菜因为有硫化物的成分，所以多吃韭菜有降低血脂的效果。韭菜含有抗生物质，具有调味、杀菌的功效，且含有丰富纤维，能增加粪便量、改变肠道菌群，减少粪便中的有毒物与肠黏膜接触、帮助排泄，排毒功效相当强。

营养面面观

主要营养成分	营养价值	100g中的含量
维生素A	■■■■■■■■■■	387μgRE
维生素C	■■■■□□□□□□	12mg
钾	■■■■■■■■■■	360mg
钙	■■□□□□□□□□	56mg

速配MENU

韭菜吃多容易上火，体质燥热者应少食。韭菜和猪瘦肉同炒，人体能够同时吸收胡萝卜素及动物性蛋白质，并能提高韭菜中的胡萝卜素吸收率。

功效：养颜滋补，佳蔬良药
热量：454千卡 / 1人份

韭菜水饺

材料

胛心猪肉馅600克，韭菜（剁碎）600克，水饺皮适量

调味料

酱油1大匙，香油少许，盐1小匙，葱末、姜末各适量

做法

1. 肉馅放入容器中，加入调味料及半杯水，顺同一方向搅拌10分钟，加入韭菜拌匀。
2. 舀1大匙韭菜馅，放于饺子皮中间，将皮对折捏紧。
3. 半锅水煮滚开，放入水饺，待滚加入半杯冷水，连续三次即可捞出。

排毒小帮手

韭菜特有的成分硫化基，可促进消化酶的分泌进而增加食欲。平常怕冷又血压偏低的人，常吃韭菜有暖胃作用，且帮助将毒素排出体外，有壮盛阳气的功效。

功效：清脂排毒，美颜享瘦
热量：205千卡 / 1人份

凉拌韭菜

材料

韭菜300克，红辣椒1个，大蒜2瓣，鱼片20克

调味料

水3大匙，酱油2大匙，糖1小匙，香油1/2小匙

做法

1. 红辣椒洗净、去籽，大蒜去皮，均切成末；韭菜洗净，放入滚水中烫熟，捞出，泡入冷开水中，待凉排盘。
2. 锅中倒入1大匙油烧热，爆香红辣椒及蒜末。加入调味料及一半鱼片，小火煮成酱汁，待凉，淋在韭菜上，撒上剩余的鱼片即可。

排毒小帮手

韭菜含膳食纤维，有助肠胃正常蠕动，利于消化和排便，可预防便秘和大肠癌，有利于清洁肠腔。

- 英文名 Celery
- 别名 旱芹、药芹
- 热量 17千卡 / 100克
- 采购要点 宜选择叶子翠绿，茎不能太粗
- 营养提示 香气迷人的壮阳蔬菜
- 适用者 高血压、高脂血症、心脏病患者
- 不适用者 慢性肾脏病、消化性溃疡患者

芹菜 Celery

保健功效

降低血压	预防便秘
改善贫血	利尿消肿

营养成分

芹菜中的维生素C是对抗压力的理想营养素。芹菜带有特殊芳香的气味，其中含有精油的成分，可以帮助发汗、减缓虚冷症状，对缓解压力、缓和头痛，使情绪恢复平静，有良好的效用。

保健养生

芹菜的根茎含有丰富的钾和膳食纤维，有整肠、缓解便秘、降低胆固醇和维持血压正常等功效。芹菜还含有利尿效用的钾，但因为钾是水溶性营养素，加热时容易流失，所以适合生吃或连同汤汁一起食用。

处理保存

清洗时将芹菜根部切除，浸在水中5分钟，再仔细清洗即可。保存时以纸包起，装入塑料袋，西芹则要将叶和茎切开，放在冰箱冷藏室中保存，可以保存5～7天。

排毒功能

芹菜不仅香气宜人，丰富的膳食纤维还有助于整肠和缓解便秘，是古希腊人的药用蔬菜，也是欧洲人眼中的壮阳蔬菜。芹菜的叶子含有丰富的维生素C，能预防感冒，增加对病毒的抵抗力，还有美白的功效，因此，吃芹菜时最好连叶子一起吃。但是芹菜属于寒性蔬菜，体质虚寒、腹泻及肠胃较弱者，不宜吃太多。

营养面面观

主要营养成分	营养价值	100g中的含量
维生素A	■□□□□□□□□□	57μgRE
维生素C	■■□□□□□□□□	7mg
钾	■■■■■■■■■■	320mg
钙	■■□□□□□□□□	66mg

速配MENU

芹菜中的维生素C可以对抗压力，肉类含蛋白质和维生素B_1，可以促进体力恢复，两者搭配食用，有助于让精神焕然一新。

功效：清肠，通便
热量：55千卡 / 1人份

芥末西芹

材料

西芹3根

调味料

黄芥末少许

做法

西芹削去老筋，切片，放入滚水中汆烫，捞起、沥干，拌入调味料，即可盛盘。

排毒小帮手

西芹本身很有营养价值，而且纤维可以帮助通便，汁可以杀菌，加上味强辛辣且可杀菌的芥末，是一道好吃又吃不胖的食物；这样的组合，真是名副其实的体内清道夫。

功效：促进肠道蠕动，帮助消化
热量：346千卡 / 1人份

芹菜炒豆干

材料

芹菜300克，小豆干2块，蒜末1小匙，辣椒1个，油1大匙

调味料

米酒1小匙，盐1/4小匙，糖1/2小匙，沙茶酱1/2大匙，香油1小匙

做法

1. 芹菜洗净，切段；豆干洗净，切丝；辣椒去蒂，剖开去籽，切丝备用。
2. 锅中倒入1大匙油烧热，爆香蒜末、辣椒丝、豆干丝，再加入芹菜及调味料炒匀即可盛出。

排毒小帮手

现代药理研究证明，芹菜具有降血压、降血脂的作用。其根、茎、叶和籽都可以当药用，故有“厨房里的药物”、“药芹”之称；芹菜炒干丝鲜香可口，具有降压、通便的功效，可缓解高血压、大便燥结等症状。

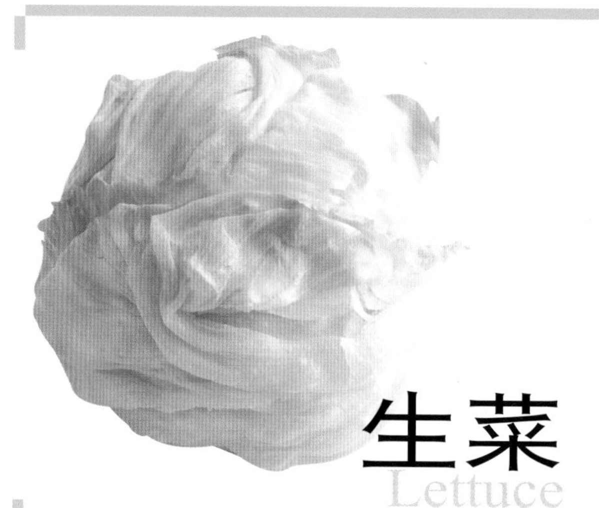

生菜

Lettuce

- 英文名 Lettuce
- 别名 莴仔菜、叶用莴笋、叶莴、鹅仔菜
- 热量 11千卡/100克
- 采购要点 结球生菜的叶片必须紧密，握在手上有沉重感，切口洁白，滋润的为佳品
- 营养提示 缓解水肿的良药
- 适用者 女性、皮肤病、抵抗力差、慢性病、熬夜、心脏病患者
- 不适用者 胃寒者，产后妇女

保健功效

预防老化　利水消肿

养颜美容

营养成分

生菜的95%是水分，营养十分有限，但由于生菜含有叶绿素、苹果酸等有机酸，清爽的口感可以促进食欲，故可经常生吃。其中的维生素C、维生素B_1、维生素E和铁、钾等营养，不易流失。

保健养生

生菜含有丰富的维生素A、维生素B_1、维生素C、叶绿素以及铁、氨基酸、钙、钾等，可缓解疲劳、使头脑清新灵活、增加身体抵抗力、减缓肩膀酸痛。因所含热量低，还可用于减肥。

处理保存

去除外叶，以免农药残留，剥下单片，浸泡在水中5分钟后，再用流水冲洗。保存时可以用保鲜膜包起后，切口向下，冷藏保存。

排毒功能

生菜营养价值极高，含有人体不可缺乏的重要元素，包括大量的铁和镁，还有钾、钙、磷，有助于制造神经系统及肺组织细胞，维持血液正常流动，促进新陈代谢。其中钾具有利尿作用，可以缓解身体的水肿，降低血压。

营养面面观

主要营养成分	营养价值	100g中的含量
维生素C	■□□□□□□□□□	2mg
钾	■■■□□□□□□□	130mg
钙	■□□□□□□□□□	24mg

速配MENU

生菜搭配猪肉时，猪肉中丰富维生素B_1和生菜的维生素C可以相互作用，有助于补充体力、缓解疲劳。

功效：提神醒脑，强心明目
热量：64千卡 / 1人份

活力蔬果汁

材料

生菜70克，橘子1个，西芹、大白菜各50克

做法

1. 生菜、大白菜均洗净，切小片；西芹摘除叶子，撕去老筋，洗净，切小段。
2. 橘子洗净、去皮、剥开去籽，放入果汁机中加入生菜、大白菜和西芹打匀成汁，滤除果菜渣，倒入杯中即可饮用。

排毒小帮手

生菜可生吃可炒食，生吃时更能保存完整的营养成分；橘子含丰富的维生素C及柠檬酸，前者可养颜美容，后者可缓解疲劳，减少冠心病、高血压及糖尿病发生的概率。

功效：预防癌症，降低血脂
热量：110千卡 / 1人份

蚝油生菜

材料

生菜200克，色拉油适量

调味料

A料：绍酒1/2大匙，蚝油1大匙，香油1小匙，高汤1/2杯

B料：水淀粉、盐各1大匙

做法

1. 生菜洗净，切大片状。
2. 锅中倒入半锅水烧滚，放入1大匙盐及色拉油，再放入生菜烫熟，捞起，沥干水分备用。
3. 另起锅，加入1大匙油烧热，放入A料煮沸，用水淀粉勾芡，淋在生菜上即可。

排毒小帮手

生菜的维生素及矿物质，不仅能提供充足的营养，更有助于维持体能；维生素C和膳食纤维，有助于预防癌症、心血管疾病的侵袭，多摄取含纤维的生菜，有助于降低血脂及改善便秘，降低慢性疾病的发生率。

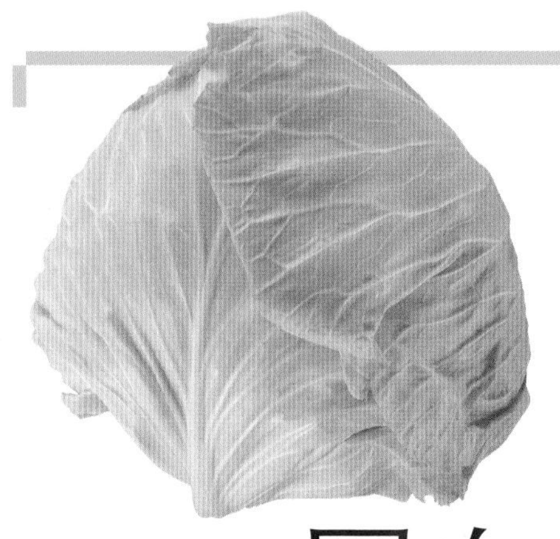

- 英文名 Cabbage
- 别名 甘蓝、包菜、洋白菜
- 热量 23千卡／100克
- 采购要点 宜选外叶呈深绿色，富有光泽。已剖开者，切口必须新鲜，叶片紧密，握在手上有重量感
- 营养提示 补血的最佳食品
- 适用者 一般人、孕妇、消化道溃疡患者、减肥的人
- 不适用者 脾胃虚寒、消化功能不良者

圆白菜
Cabbage

保健功效

缓解便秘　改善贫血

预防感冒

营养成分

圆白菜是一种历史悠久的蔬菜，种类甚多。其中主要营养素有糖类、膳食纤维、B族维生素、维生素C、钙、磷、钾、有机酸等。

保健养生

圆白菜含丰富的维生素C，食用100克就可以满足一天所需维生素C量的40%左右。圆白菜特有的维生素K具有凝固血液的功能，维生素U可以促进胃的新陈代谢、促进胃黏膜的修复，预防和辅助治疗胃溃疡和十二指肠溃疡。

处理保存

圆白菜的外叶容易残留农药，清洗时最好将外侧的叶子摘除，在水中浸泡5分钟后，再放在流水下清洗；保存时可以用保鲜膜包起后，切口向下，放在冷藏室保存。

排毒功能

圆白菜含有丰富B族维生素、维生素C、膳食纤维，对缓解疲劳、预防感冒、促进肠胃蠕动、废物排出体外皆有帮助。其中膳食纤维可以促进排便。研究发现，圆白菜中含有吲哚、异硫氰和多酚化合物，具有十分理想的防癌效果。圆白菜中的维生素都不耐热，可以切丝方式生食。

营养面面观

主要营养成分	营养价值	100g中的含量
维生素C	■■■■■■□□□□	33mg
钾	■■■■■■■■■■	150mg
钙	■■■■□□□□□□	52m
膳食纤维	■■□□□□□□□□	1.3g

速配MENU

胡萝卜和圆白菜同时吃，除了可以预防肠胃溃疡以外，还可以借由胡萝卜的维生素A保持肠胃黏膜的正常，增加消化系统的抵抗力。

功效：养颜美容，养生抗老
热量：128.2千卡 / 1人份

糖醋圆白菜

材料

圆白菜300克，胡萝卜50克，葱2根，蒜味花生仁1大匙

调味料

A料：盐1/2大匙
B料：白醋3大匙，糖2大匙，香油1大匙

做法

1. B料放入小碗中调匀成酱汁备用。
2. 圆白菜洗净，胡萝卜去皮，均切丝，一起放入大碗中加入A料抓拌均匀，静置15分钟至出水，倒掉盐水，冲净，沥干备用。
3. 葱洗净，切丝，放入大碗中加入圆白菜和胡萝卜丝，加入酱汁静置约20分钟至入味，最后加入蒜味花生仁略拌，即可盛盘食用。

排毒小帮手

圆白菜中含有促进溃疡愈合的成分，其中维生素C和吲哚类都不耐热，所以要完整摄取这些营养成分，最好生吃或者打汁饮用。

功效：整肠健胃，嫩白肌肤
热量：109.8千卡 / 1人份

圆白菜苹果汁

材料

圆白菜150克，西芹30克，苹果1/2个，柠檬1/8个

做法

1. 圆白菜洗净，切丝；西芹洗净，切小段；苹果去皮，切成小块；柠檬挤汁备用。
2. 圆白菜、西芹全部放入果汁机中榨成汁备用。
3. 苹果块放入果汁机中打匀，倒入杯中加入打好的圆白菜综合汁拌匀即可饮用。

排毒小帮手

圆白菜和苹果都含有膳食纤维，具有整肠功能，可促进肠道的新陈代谢，减少有害物质堆积。且均含有维生素C，可以加速青春痘和疥疮的伤口愈合，加入适量酸奶效果更好。

功效：健胃助消化
热量：68.9千卡 / 1人份

清炒三蔬

材料

圆白菜300克，芹菜5根，胡萝卜1/2根，大蒜适量，油1大匙

调味料

盐1小匙

做法

1. 所有材料分别洗净。
2. 圆白菜用手撕成小块，硬菜梗平剖成薄片；芹菜切段；胡萝卜去皮、切薄片；大蒜去皮、拍碎备用。
3. 锅中放入1大匙油烧热，爆香大蒜后，放入胡萝卜炒至变色，再放入芹菜、圆白菜炒熟，最后加入盐调味拌匀即可。

排毒小帮手

圆白菜特有的维生素U，可以促进胃的新陈代谢，促进胃黏膜的修复，市售的肠胃药中，也含有从圆白菜中萃取的成分。胡萝卜味道甘甜，含有丰富的维生素A，可以维护眼睛健康，预防夜盲症。

功效：增强免疫力、控制血脂
热量：69.1千卡 / 1人份

圆白菜炒香菇

材料

圆白菜450克，番茄1个，香菇3朵，葱1根，红辣椒1个，油2大匙

调味料

盐1小匙

做法

1. 圆白菜剥开叶片、洗净，切片；番茄洗净去蒂，切成半月形块状；香菇泡软，去蒂、切丝；葱及红辣椒洗净，切斜段。
2. 锅中倒入2大匙油烧热，爆香葱段，放入香菇翻炒数下，加入圆白菜及番茄炒至熟软，最后加入红辣椒及调味料炒匀即可。

排毒小帮手

圆白菜含有丰富的B族维生素、维生素C和膳食纤维，能促进肠胃蠕动，有助于将废物排出体外；香菇含有一般蔬菜所缺乏的多糖体，可增强人体的抵抗力。圆白菜炒香菇是一道增强免疫力、控制血脂的保健菜。

根茎类

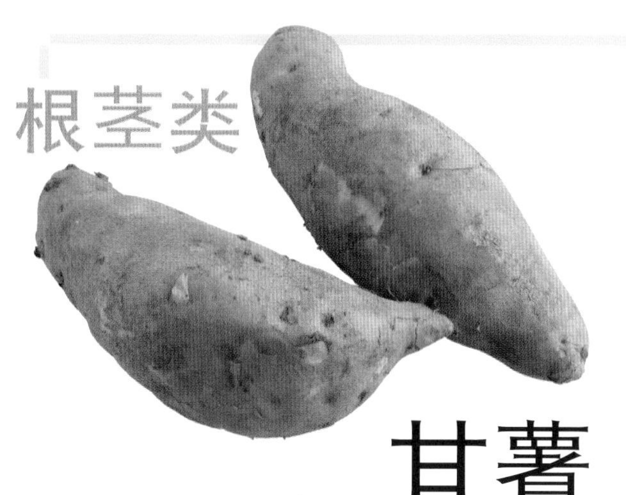

- 英文名 Sweet Potato
- 别名 地瓜、番薯、红薯、甜薯
- 热量 124千卡 / 100克
- 采购要点 表皮颜色均匀、形状丰满、附有小须根、没有发芽者为佳
- 营养提示 抗老化、去斑美肤
- 适用者 一般人、夜盲症患者
- 不适用者 胃溃疡者、容易胀气的人

甘薯

Sweet Potato

保健功效

美容护肤	抗老化
抑制发炎	防止便秘

营养成分

甘薯含有糖类、膳食纤维、维生素A、B族维生素、维生素C、钙、磷、铜、钾等营养素。其中的黏液蛋白可维持血管壁弹性，使坏胆固醇排出，减少皮下脂肪沉积，保护呼吸道、消化道等。

保健养生

甘薯中含有β-胡萝卜素等营养素，但是生甘薯中淀粉的细胞膜若没有经过高温破坏分解，不易被人体消化吸收，须经过较长时间的蒸煮，使所含氧化酶完全分解破坏，才能吸收完整的维生素。

处理保存

处理时先洗去表皮污垢后再削皮；甘薯不耐久寒，加上遇水容易腐烂，不宜放进冰箱储存，保存时以纸包裹后，置于室温阴凉处，约可保存1个月。

排毒功能

甘薯的热量不高，而且富含膳食纤维和果胶，可以延缓餐后血糖上升速度，对于糖尿病患者而言是不错的主食，还能促进通便、将胆固醇排出体外、预防动脉粥样硬化；甘薯中的钾能帮助身体排出多余的盐分，改善高血压。此外，其有助于抑制黑色素的成长，减少黑斑和雀斑，预防肌肤老化，保持皮肤弹性。

营养面面观

主要营养成分	营养价值	100g中的含量
维生素A	■■■■■■■■■■	125μgRE
维生素C	■■■□□□□□□□	13mg
钾	■■■■□□□□□□	290mg
钙	■■□□□□□□□□	34mg
膳食纤维	■■□□□□□□□□	2.4mg

速配MENU

甘薯含丰富的维生素C以及淀粉，和姜一起炖煮成甘薯姜汤，可以促进肠胃蠕动、促进消化及预防便秘，但容易胀气者不宜多食。

功效：促进肠胃蠕动，减少废物堆积
热量：358.6千卡 / 1人份

甘薯麦米粥

材料

红甘薯110克，黄甘薯110克，麦片300克

调味料

冰糖1大匙

做法

1. 红、黄甘薯洗净，去皮，切小块，放入锅中加入麦片和适量水，滚煮20分钟，转小火煮成麦米粥。
2. 食用前加入冰糖再煮5分钟即可。

排毒小帮手

甘薯和麦片均含有丰富的膳食纤维，可以促进肠胃蠕动，减少有毒物质堆积在体内。此外，甘薯和麦片均含有丰富的水溶性纤维，可以增加胆固醇的清除率，降低血胆固醇的浓度。

功效：补中益气，止泻去湿
热量：287.4千卡 / 1人份

甘薯汤圆

材料

甘薯900克，生姜40克，糯米粉400克，芝麻粉40克，冷水150～180毫升

调味料

红糖适量

做法

1. 甘薯去皮、洗净、切滚刀块；生姜洗净、切片。
2. 糯米粉加入冷水拌匀成面团，分成小块，一一包入适量的芝麻粉。
3. 锅中放入甘薯及适量清水，以大火煮沸，改小火续煮约40分钟，加入芝麻汤圆、姜片及调味料，煮至汤圆浮起即可熄火。

排毒小帮手

甘薯肉质细密，可提供大量的胶原和黏多糖物质，可保持血管壁的弹性，并有补中益气、止泻去湿的功效。

功效：防癌抗老，养颜美容
热量：130.4千卡 / 1人份

双色甘薯汤

材料

黄甘薯、红甘薯各1个，冰糖2大匙，水7碗

做法

1. 甘薯洗净，去皮，切块，放入冷水中浸泡备用。
2. 锅中放入7碗水，加入甘薯块，用大火煮沸，再转小火焖煮至软烂，加入冰糖溶化，熄火，待凉即可食用。

排毒小帮手

甘薯含有丰富的维生素A，居淀粉类物质之冠，可以防止细胞氧化，降低罹患癌症的风险。此外，甘薯含有丰富的膳食纤维，可以帮助肠胃蠕动，促进排便，预防有害物质堆积于体内。

功效：清除宿便，促进肠胃蠕动
热量：102.6千卡 / 1人份

拔丝甘薯

材料

甘薯1个，黄砂糖1大匙，水1小匙，油适量

做法

1. 甘薯洗净，去皮，切滚刀块，放入热油锅中炸熟，捞出，沥干油分备用。
2. 炒菜锅中倒入黄砂糖及水，以中火加热至砂糖溶化，至冒泡泡时，转小火，煮至砂糖变为焦糖色，马上倒入甘薯拌匀，熄火盛出。
3. 吃时可蘸冷开水，以避免粘牙。

排毒小帮手

甘薯是很好的甜点来源，含有丰富的维生素A和淀粉，不仅可以防癌抗衰老，还可以补充体力。此外，其蛋白质含量很低，非常适合肾衰竭者食用。

洋葱 Onion

- 英文名 Onion
- 别名 洋葱头、日本洋葱、胡葱、玉葱
- 热量 41千卡 / 100克
- 采购要点 宜挑选体积小、外形浑圆者
- 营养提示 刺激食欲、帮助消化
- 适用者 一般人
- 不适用者 易胀气者

保健功效

促进肠胃蠕动　降低胆固醇

增强免疫力

营养成分

洋葱富含维生素C、蛋白质、淀粉及其他人体不可或缺的物质，洋葱里的硫化合物是强有力的抗菌成分，不但能激起食欲，还能帮助消化。洋葱含钙量高，可避免钙流失，特别是停经后的妇女，常吃洋葱对健康有益。

保健养生

洋葱所含的化学物质可以有效抑制细菌的生长，不仅能预防蛀牙，还有助于降低胆固醇、预防心脏病及提升免疫力，并有助于预防胃癌、直肠癌及皮肤癌，有抗炎的功效，还可以预防更年期骨质流失和骨质疏松症。

处理保存

使用前剥除外皮即可。储存时可把洋葱逐一装进新丝袜，每只之间打个结，使其分隔，吊在通风凉爽处，能长期保存。

排毒功能

洋葱能促进肠胃蠕动，加强消化能力，增强免疫力、降血脂、降胆固醇且含有丰富的硫，和蛋白质结合时最好，对肝脏特别有益，因此有助于排毒。

营养面面观

主要营养成分	营养价值	100g中的含量
碳水化合物	■■■■■■■■□□	9g
维生素C	■■□□□□□□□□	5mg

速配MENU

多吃炒洋葱可减轻眼睛的玻璃体混浊，改善视力；享用高脂肪食物时，可以搭配些许洋葱，有助于抵消高脂肪食物引起的血液凝块。

功效：抗菌，预防便秘，增强代谢功能
热量：100千卡 / 1人份

洋葱泡菜

材料

洋葱300克，鱼肉10克，罐头金枪鱼肉30克，盐5克，熟芝麻1克

调味料

糖50克，白醋60克

做法

1. 洋葱对切成两半，洗净，去皮，切丝，用盐抓拌一下备用。
2. 鱼肉放入碗中加入调料混合拌匀，浸泡10分钟，做成鱼味腌汁。
3. 最后将洋葱丝放入鱼味腌汁中混合拌匀，放入冰箱腌2天至入味。
4. 食用时取出盛盘，加入金枪鱼及熟芝麻，拌匀即可食用。

排毒小帮手

洋葱具有一股特殊辛味，是调味良品，可促进消化、增进食欲、减少体内废物、改善便秘，避免吸收更多的毒素，并延缓衰老，再搭配醋腌制后，可促进新陈代谢顺利进行，增强人体免疫力。

功效：美化肌肤，缓解疲劳
热量：215千卡 / 1人份

滑蛋洋葱

材料

A料：洋葱丝100克，培根丝50克
B料：鸡蛋4个，葱花30克，橄榄油2大匙

调味料

A料：盐1/2小匙，鲜鸡粉1小匙
B料：水淀粉1大匙

做法

1. 将材料B加入调味料A，搅拌成蛋液备用。
2. 烧热油锅，倒入洋葱丝与培根丝，以小火炒至洋葱软烂，倒入做法1的蛋液炒至糊状，加入B料勾芡即可。

排毒小帮手

洋葱里所含的化合物有助于阻止血小板凝结，加速血液凝块溶解，与含有蛋白质的鸡蛋搭配食用，可促进胶原蛋白合成，展现光泽肌肤。

- 英文名 Potato
- 别名 洋芋
- 热量 81千卡 / 100克
- 采购要点 发芽、未成熟的土豆及转绿的土豆，不宜挑选
- 营养提示 助消化、防癌超优食品
- 适用者 十二指肠溃疡、慢性胃痛、习惯性便秘者、皮肤湿疹患者
- 不适用者 慢性肾脏病患者

土豆

Potato

保健功效

保护心脏血管　增强免疫系统
预防便秘　预防直肠和结肠癌

营养成分

土豆含丰富维生素、蛋白质。它所含的维生素C比去皮的苹果高一倍。经常外食、吃蔬果少的人，可把土豆当主食，避免发生坏血病。土豆营养丰富，又便于储存，具备人体所需多种食物营养素，是营养学家推荐的十大最佳食品之一。

保健养生

土豆含丰富的维生素C，可预防癌症、心脏病，增强免疫力；钾能维持细胞内液体和电解质的平衡，并维持心脏功能和血压正常；维生素B_6可增强免疫系统的功能，膳食纤维可帮助通便。

处理保存

土豆储存地点要选清洁干燥且没有阳光直射之处，光线太强土豆会变绿而不能吃，其冷藏标准温度为2～5℃，因土豆易氧化，最好是烹调前再处理。

排毒功能

土豆含丰富的维生素B_6，是人体制造抗体和红血球的必要物质，对于预防神经及皮肤方面的疾病也扮演着重要的角色，维生素B_6又美名为“女性的维生素”，常被用来舒缓经前症候群及更年期症状，还能防止贫血，是一种对女性特别有益的维生素。土豆中含特殊的酚类和化合物，这类物质进入人体后会抑制致癌物本身的代谢而发挥防癌作用。

营养面面观

主要营养成分	营养价值	100g中的含量
蛋白质	■□□□□□□□□□	2.7g
维生素B_6	■■□□□□□□□□	0.1mg
维生素C	■■■■■■□□□□	25mg
钾	■■■■■■□□□□	300mg

速配MENU

土豆加上煮熟的红番茄再佐以洋葱，含丰富的抗氧化成分及多酚类、茄红素等营养素，是极佳的营养食品。

功效：美容养颜，吃出好气色
热量：248千卡 / 1人份

法式酿番茄

材料

番茄2个，土豆1个，洋葱丁少许

调味料

盐、奶酪丝、香菜各适量

做法

1. 番茄洗净，以刀尖在蒂头下1/4处切开，挖出果肉，番茄盅留着备用。
2. 番茄果肉搅碎，加入少许盐拌成番茄酱汁备用。
3. 土豆去皮，切片，放入蒸锅蒸熟取出，用汤匙捣成泥，加入洋葱丁拌匀，填入番茄盅内略压一下，撒上奶酪丝，移入烤箱以180℃烤8分钟，取出，撒上切碎的香菜末，食用时淋上番茄酱汁即可。

排毒小帮手

土豆含有丰富的维生素B_6，身体若缺少维生素B_6，不但易引起贫血、舌炎，还容易陷入郁闷的阴霾中。洋葱、番茄及土豆均含有相当丰富的膳食纤维，可帮助通便。

功效：增强血管弹性，降低血脂，预防便秘
热量：173.4千卡 / 1人份

玉米土豆沙拉

材料

生菜2片，罐头玉米粒15克，土豆70克，苹果1/2个

调味料

蛋黄酱10克，黑胡椒、盐各适量

做法

1. 土豆去皮，切丁；苹果去皮，切丁，放入清水中加少许盐浸泡，以保持颜色不变黄；生菜叶洗净，撕适当大小备用。
2. 锅中倒入适量水，放入土豆丁煮熟，捞出沥干。
3. 生菜叶垫在盘中，放上土豆丁、苹果丁和玉米粒，淋上蛋黄酱，撒些黑胡椒调味即可。

排毒小帮手

土豆含有丰富的淀粉，其可增加饱腹感；还富含矿物质钾、磷、钙和镁等元素，可以预防高血压、增强血管弹性。苹果富含果胶，具有降低胆固醇的功效，搭配富含膳食纤维的生菜和玉米，可以预防便秘。

芋头

Taru

- 英文名 Taru
- 别名 芋仔、芋艿、芋芳、毛芋
- 热量 128千卡 / 100克
- 采购要点 芋头要挑选体积小的，口感较绵软，尖部偏红色、外皮没有伤口者为佳品
- 营养提示 消解体毒、养颜美白
- 适用者 一般人、年长者、肠胃吸收不佳者
- 不适用者 过敏体质者

保健功效

降低血压　　减少便秘

增强免疫力

营养成分

芋头含有蛋白质、糖类、膳食纤维、维生素B_1、维生素B_2、维生素C、钾、镁、铁、钙、磷等。芋头中的淀粉占了70%左右，因此易于吸收消化，消化率可达98.8%左右，可作为主食。芋头含有大量的草酸钙，生食容易对嘴唇、舌或皮肤造成伤害，煮熟后草酸钙才会被分解。

保健养生

芋头含有丰富的淀粉及蛋白质，可以代替谷类当主食用，容易产生饱腹感，也有足够的营养。芋头含有黏质，可促进肝解毒，松弛紧张的肌肉和血管。芋头中氟的含量较高，可保护牙齿、预防龋齿。

处理保存

处理芋头时最好戴手套，以免皮肤接触到芋头汁液，而造成皮肤发痒，也可先用柠檬片涂抹手部。

排毒功能

芋头特有的黏性食物纤维，可以刺激肠壁、帮助排便；芋头中的黏液蛋白被人体吸收后，会生成免疫球蛋白，或称之为抗体球蛋白，有助于提高人体抵抗力，对恶性淋巴肿瘤患者及淋巴结转移者有辅助治疗的作用；芋头为碱性食物，可中和体内酸性物质，有助于维持酸碱平衡，达到美白的作用，也可预防胃酸过高。

营养面面观

主要营养成分	营养价值	100g中的含量
烟酸	■■■■■□□□□□	0.8mg
钾	■■■■■■■■□□	500mg
钙	■■■■□□□□□□	28mg
膳食纤维	■■□□□□□□□□	2.3g

速配MENU

芋头质地细软，有利肠道吸收，非常适合老年人食用，芋头加上大米一起熬煮的芋头粥具有调中补虚、化痰除湿的功效。

功效：补充体力，促进肠胃蠕动
热量：215.5千卡 / 1人份

芋头粥

材料

大米1杯，芋头200克，红葱酥1/2杯，西芹1根，油适量

调味料

A料：酱油2大匙
B料：盐1/4大匙，胡椒粉1/4小匙

做法

1. 大米洗净，浸泡30分钟，捞出，放入锅中加入8杯水以大火煮沸之后，改以小火煮成白粥。
2. 西芹洗净，切末备用。
3. 芋头洗净、去皮、切丁，锅中倒入4大匙油烧热，放入芋头炒至外皮微干时，倒入红葱酥与A料炒匀，然后加入白粥，煮至芋头酥软熟烂，再加上B料调匀，撒上西芹末略煮即可。

排毒小帮手

芋头的主要成分是淀粉，质地细软，有利肠道吸收，容易产生饱腹感，并有丰富的植物纤维，可以改善便秘。经过油炒后的芋头外皮酥软，内质绵细均匀，口感好又健康。

功效：明目养神，增强免疫力
热量：287.9千卡 / 1人份

芋泥薏米盅

材料

芋头300克，薏米50克，细砂糖60克，枸杞子10克

做法

1. 芋头洗净，去皮，切块；薏米洗净，泡水约30分钟，取出备用。
2. 锅中放入薏米及芋头蒸熟，芋头放入打磨机中打成泥状，加入砂糖调味，最后再加入薏米和枸杞子即可食用。

排毒小帮手

芋头中的黏液蛋白被人体吸收后，会生成免疫球蛋白，或称之为抗体球蛋白，能提高人体抵抗力；枸杞子不仅能够促进血液循环、预防动脉粥样硬化，而且具有明目的功效。

山药

Mountain yam

- 英文名 Mountain yam
- 别名 淮山药
- 热量 73千卡 / 100克
- 采购要点 外观完整、须根少，没有腐烂者，大小相同时取较重者。形长、肉质洁白、质地细且无纤维者更佳。
- 营养提示 抗衰老的最佳保健食品
- 适用者 一般人、高脂血症、糖尿病患者
- 不适用者 肾脏病患者

保健功效

降低血糖	改善肠胃功能
降低血脂	

营养成分

山药营养丰富可当主食，它的功效包括抗衰老、抗氧化、增强免疫力，且具壮阳之效。山药宜在春季食用，因其能健脾益气，可防止春天肝气旺而伤脾。其还可补肾益精，增强人体免疫力。

保健养生

山药含黏液质，具有健胃整肠的功效，常用于老年人或身体虚弱的人。有腹泻的情形时，可将山药与粳米以1：1的比例煮食，可减少腹泻的现象，改善虚弱体质。长期食用，对肠胃功能及体质有改善作用。

处理保存

山药外皮含植物碱，处理时要戴上手套，或用盐水洗手。削皮时会产生黏液，放在流水下比较好削；削皮后若没有立即烹煮，可浸泡在醋水或食盐水里，避免变黑。

排毒功能

山药含大量的黏液质，有促进激素合成的作用，并能提高新陈代谢，调节血糖平衡。山药富含纤维素，可调理肠胃，预防便秘及腹泻现象的发生，同时具有降低胆固醇及减轻体重等作用，故多吃山药也不会发胖。

营养面面观

主要营养成分	营养价值	100g中的含量
维生素C	■■□□□□□□□□	4.2mg
磷	■■□□□□□□□□	32mg
铁	■■□□□□□□□□	0.3mg

速配MENU

山药红枣排骨汤很有营养，排骨经慢慢熬煮，骨髓中的钙全部溶在汤里，加入山药及红枣炖汤，有养颜美容之效，病后或身体虚弱者也可多食。

功效：养颜美容，养生益气
热量：488千卡 / 1人份

山药红枣排骨汤

材料

山药75克，红枣6～8颗，排骨150克，姜3～5片

调味料

盐、味淋各1小匙

做法

1. 山药去皮、切圆厚片；排骨洗净，放入沸水中汆烫1分钟，捞起冲冷水备用。
2. 锅中放入红枣、排骨、姜片和适量的水煮沸，改小火煮20～30分钟，最后加入山药和调味料续煮10分钟即可。

排毒小帮手

红枣内含有三帖类化合物，有助于抑制肝炎病毒活动，又以抑制B型肝炎病毒活动的作用为最佳，所以对于慢性肝炎患者，可用于日常保肝。

功效：健胃整肠，促进食欲
热量：193千卡 / 1人份

咖喱翠笋山药

材料

芦笋10根，山药200克，洋葱50克，油少许

调味料

咖喱粉适量

做法

1. 芦笋洗净，切段；山药削皮、洗净，切段；洋葱去皮、切末。
2. 锅中倒入少许油，爆香洋葱末，加入咖喱粉及1杯水炒匀，再放入芦笋、山药煮15分钟，即可食用。

排毒小帮手

以辣味刺激食欲的印度咖喱很开胃，加上芦笋既含有多种营养素，又有利尿作用，有助于排出体内多余的水分，有利于排毒。山药可调理消化系统，减少皮下脂肪沉积，预防肥胖，增强免疫力，有健胃整肠的功能。

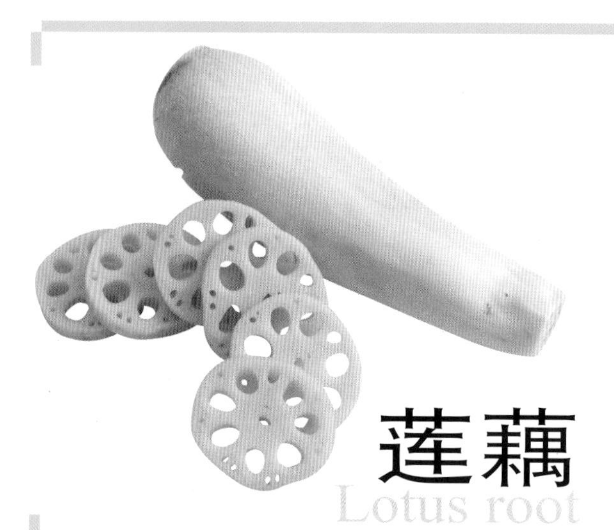

莲藕 Lotus root

- 英文名 Lotus root
- 别名 莲根、藕、芙蕖
- 热量 74千卡 / 100克
- 采购要点 莲藕节与节之间必须粗长，呈圆柱形，表面富有光泽，呈乳白色，空洞要小，洞穴中不能带有泥土
- 营养提示 保护肠胃黏膜健康
- 适用者 一般人
- 不适用者 肾脏病患者

保健功效

预防动脉粥样硬化	降低血压
改善高脂血症	预防感冒

营养成分

新鲜莲藕含有淀粉、蛋白质、膳食纤维、钾、钙、磷、铁、维生素C等营养素。维生素C及钾的含量丰富，维生素C为很好的抗氧化剂，可用于美容；俗话说“藕断丝连”，这些“丝”指的是黏蛋白，黏蛋白可以促进脂肪和蛋白质的消化，减少肠胃的负担，具有健胃的作用。

保健养生

莲藕富含维生素C，可以促进铁的吸收，贫血者还可以搭配富含铁的食物一起摄取。维生素C也可以和蛋白质一起促进骨胶原的合成，以减轻黑斑和雀斑，美化肌肤。

处理保存

如果莲藕沾有泥土，可浸泡在水中去除污泥。切开后，切口处容易氧化，可稍浸在醋水中，再用保鲜膜包起，放入冰箱冷藏室中保存，但要趁早食用。

排毒功能

莲藕中含有丰富的膳食纤维，可以促进排便顺畅，并将累积在肠胃中的废物排出体外，维持身体健康。莲藕还有益于心脏，可以帮助新陈代谢、预防皮肤粗糙。莲藕中含有的单宁，具有消炎及收敛作用，有助于改善胃肠功能。将新鲜莲藕切块后，直接榨汁饮用，可以改善肠胃炎症及溃疡。

营养面面观

主要营养成分	营养价值	100g中的含量
维生素C	■■■■■■□□□□	42mg
维生素B_1	■■□□□□□□□□	0.06mg
钙	■■■■□□□□□□	20mg
膳食纤维	■■□□□□□□□□	2.7g

速配MENU

含维生素C的莲藕，与富含维生素B_1的猪肉片同炒，可以预防感冒，缓解压力，且有美化肌肤的功效。

功效：舒压降火，增进食欲
热量：169.2千卡 / 1人份

醋拌莲藕

材料

新鲜莲藕300克，香菜20克，红辣椒1个

调味料

米醋1/2杯，糖1/2杯，香油2大匙

做法

1. 香菜洗净、切去根部，红辣椒洗净、去蒂及籽，均切末。
2. 莲藕去皮、洗净，切除硬节再切片，放入沸水中煮熟，捞出、泡入冰水中待凉，捞出沥干，加入其他材料及调味料拌匀即可。
3. 上桌前冰镇半小时，使藕片冰凉脆透，风味更佳。

排毒小帮手

醋拌莲藕是利用莲藕中黏蛋白的健胃作用，缓解暴饮暴食引起的肠胃不适；米醋温和的酸味能促进唾液与消化液的分泌，可杀菌、增进食欲、促进消化。

功效：增加活力，养颜美容
热量：245.4千卡 / 1人份

莲藕麦片粥

材料

莲藕200克，麦片100克，大米100克，胡萝卜50克，猪里脊肉50克

调味料

盐1大匙，鲜鸡粉1小匙

做法

1. 莲藕去皮、洗净，切片；胡萝卜去皮、洗净，切丝；猪里脊肉洗净，切丝。
2. 大米洗净，放入锅中加入5杯水煮开，再加入麦片和莲藕片，大火煮沸转小火煮至米粥呈浓稠状，加入胡萝卜丝及猪肉丝煮熟，最后加入调味料调匀即可。

排毒小帮手

莲藕具有清血、散瘀的作用，平日多吃能增进血液循环，促使体内余毒充分排出，但由于性偏凉，加入猪肉、胡萝卜同煮，可增加温润性，有益身体。

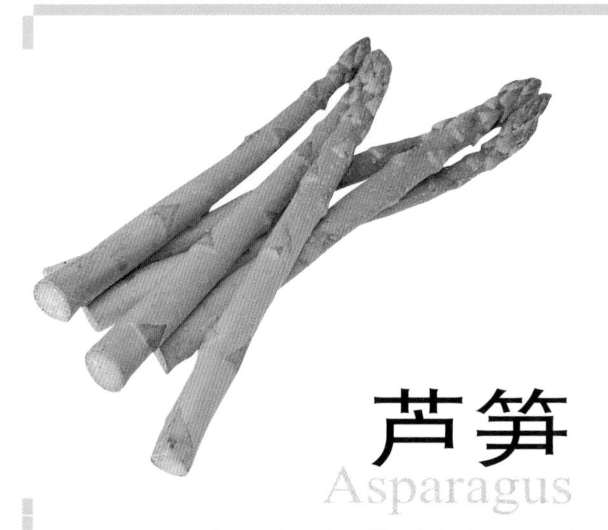

- 英文名 Asparagus
- 别名 笋尖、文山竹、石刁柏
- 热量 27千卡 / 100克
- 采购要点 绿芦笋：顶端处的穗花紧密，茎干结实而笔直者。白芦笋：外形茎干略粗、颜色乳白者
- 营养提示 保护心血管
- 适用者 一般人、孕妇
- 不适用者 痛风、泌尿系统结石患者

芦笋
Asparagus

保健功效

保护眼睛 防治心血管疾病

保护肝脏

营养成分

芦笋含有蛋白质、糖类、膳食纤维、维生素A、B族维生素、钾、镁、钙、磷、锌等营养素。芦笋中含有叶酸和铁可预防贫血，叶酸还能帮助胎儿健康成长、维持心情愉快。

保健养生

芦笋中的硒能激活免疫系统，有助于提高免疫力；组蛋白可使细胞产生维生素A，有助于维持眼部健康，对夜盲症或肝脏疾病患者有益。

处理保存

芦笋应趁新鲜食用，否则膳食纤维容易老化，营养价值会降低。保存时先将芦笋放入沸水中氽烫1～2分钟，然后放入冰水中泡凉，最后密封置于冰箱冷藏，可保存3～5天。

排毒功能

芦笋中含有维生素A和维生素C，都属于抗氧化物质，有助于养颜抗衰老。芦笋中含有一种特别物质——天门冬酰胺，可用来增强免疫功能，使细胞恢复正常的生理状态；能有效增强体能、缓解疲劳。1根芦笋含有很少的热量，加上膳食纤维，是减肥者的最佳食物。

营养面面观

主要营养成分	营养价值	100g中的含量
维生素A	■■■■■■□□□□	82μgRE
钾	■■■■□□□□□□	280mg
钙	■■■■□□□□□□	20mg
膳食纤维	■□□□□□□□□□	1.9g

速配MENU

芦笋中的叶酸高温下长时间烹煮时容易被破坏，可用微波加热或者氽烫之后凉拌的方式烹调；因其嘌呤含量颇高，痛风患者应避免食用。

功效：增强免疫力，养颜美容
热量：86.2千卡 / 1人份

彩椒拌芦笋

材料

芦笋300克，红、黄甜椒各1/2个，鲜香菇150克，洋葱100克

调味料

盐、黑胡椒各2小匙，香油1大匙

做法

1. 红、黄甜椒分别洗净、去蒂及籽，芦笋洗净、去老皮，鲜香菇洗净，洋葱去皮，全部切丝备用。
2. 锅中放入半锅水煮沸，放入全部材料烫煮至熟，捞出、沥干放凉，加入调味料调拌入味即可。

排毒小帮手

彩椒、芦笋含有维生素A，具有抗氧化及促进血液循环的功效，且均含有维生素C，可以养颜美容，使皮肤更有光泽。香菇含有多糖体，有助于增强免疫力。

功效：养生补钙，抗老化
热量：169.3千卡 / 1人份

芦笋番茄牛奶

材料

芦笋300克，番茄1/2个，脱脂牛奶200毫升，水、冰块各适量

做法

1. 芦笋洗净，榨汁；番茄去皮，切小块。
2. 全部材料放入果汁机中打匀，倒入杯中，加入冰块即可。

排毒小帮手

牛奶中含有丰富的钙，且易被人体吸收；芦笋和番茄均含有膳食纤维，有助于维护肠胃健康；番茄含有维生素A和维生素C，有助于延缓衰老。

- 英文名　Burdock
- 别名　大力子、蒡翁菜
- 热量　98千卡 / 100克
- 采购要点　宜选择带有泥土，直径为2厘米左右，外形笔直，根须较少，没有空洞，没有裂痕者
- 营养提示　养颜美容的圣品
- 适用者　一般人
- 不适用者　小便频繁者

牛蒡

Burdock

保健功效

养颜美容　改善糖尿病

恢复体力

营养成分

牛蒡虽然维生素含量极少，但却含有丰富的菊糖、纤维素等膳食纤维，且风味独特，煎煮炒炸都好吃。其纤维可以刺激大肠蠕动、帮助排便、降低体内胆固醇、减少毒素和废物在体内的积存，并且有预防中风等功效。

保健养生

牛蒡含丰富的铁和矿物质，具驱风解热、辅助消化的功效，可调节生理机能，有助于增进健康与预防疾病，对日常身体的保健、养生有很大的帮助。

处理保存

以棕刷洗除表面的污垢和表皮，削皮后即可使用；完整的牛蒡可用纸包起来，直立放在阴暗处。切段的牛蒡，则须洗净后装入保鲜袋，放入冰箱冷藏。

排毒功能

牛蒡中含有微量的木质素，木质素会在体内吸收水分、增加排便量、促进肠道消化吸收，因此可以有效预防便秘。牛蒡所含的菊糖进入体内后，不会转化成葡萄糖，十分适合糖尿病患者食用。菊糖还可以增加肾脏功能，促进排尿，有助于降低血糖，可辅助控制糖尿病和高血压症状。

营养面面观

主要营养成分	营养价值	100g中的含量
钙	■□□□□□□□□□	46mg
铜	■■■■■■■■□□	0.3mg
镁	■■□□□□□□□□	46mg
膳食纤维	■■■■■■■□□□	6.7g

速配MENU

牛蒡皮中含有芳香和药效成分，削皮时尽可能削薄些。牛蒡的汁较涩，切开后可先泡水，以减轻涩味，为防止变色，可在水中加少许醋浸泡。

功效：利尿消炎，缓解便秘
热量：150千卡 / 1人份

炸牛蒡

材料

牛蒡1根，低筋面粉1/2杯，黑芝麻1大匙，海苔丝、油各少许

调味料

椒盐粉1大匙

做法

1. 牛蒡去皮，切成薄片，洗净，擦干。
2. 低筋面粉、黑芝麻及少许的水混合成面糊，放入牛蒡一起拌匀，放入160℃的热油中炸至呈金黄色即可捞出，沥干油分，撒上海苔丝，蘸调味料即可。

排毒小帮手

牛蒡所含的膳食纤维可以保持水分平衡、软化粪便，有助排毒、缓解便秘；黑芝麻含丰富维生素、蛋白质、镁、钙、钾、磷及铁，对排毒、美肤及黑发有良好的效果。

功效：平衡新陈代谢，排毒瘦腿
热量：80千卡 / 1人份

开胃牛蒡丝

材料

牛蒡1/3根，水莲1小把，腌渍萝卜1/4根，红椒1/4个，魔芋、罗勒、醋水各适量

调味料

香油、香松各2大匙，黑胡椒、盐各适量

做法

1. 牛蒡削皮，切丝，泡入醋水；水莲洗净、切段；萝卜、红椒、魔芋均洗净，切丝；罗勒洗净。
2. 用沸水全部烫熟，捞出，加入调味料拌匀，即可盛盘。

排毒小帮手

魔芋含多糖和黏液蛋白，可在胃肠内吸收水分，食用后易有饱腹感；其与牛蒡一样富含类似蔬菜的水溶性纤维，人体吸收后有助于阻碍肠内细菌活动，使下半身的淋巴畅通，具有排毒及增进新陈代谢之功效。

- 英文名 Carrot
- 别名 黄萝卜
- 热量 38千卡 / 100克
- 采购要点 形状匀称，完整，表皮清洁，颜色均匀，质地硬实
- 营养提示 预防眼睛疲倦
- 适用者 一般人
- 不适用者 肾功能不良者

胡萝卜 Carrot

保健功效

保护眼睛　润肠通便

清热解毒

营养成分

胡萝卜含胡萝卜素、维生素B_1、维生素B_2、维生素C，并含有大量的纤维素，其钾元素的含量较一般蔬菜多。胡萝卜中最重要的β-胡萝卜素可以在体内转换成维生素A，可维持视网膜及各组织黏膜的健康；也可以独立作用，发挥抗氧化、减少自由基的功能，进而抗衰老。

保健养生

吃胡萝卜可预防感冒，保护视网膜，也可预防眼睛疲倦、夜盲症，改善皮肤粗糙与肌肤干燥，还可改善贫血与虚弱体质。

处理保存

以流水冲洗泥土后，再刮除外皮即可使用；保存时冷藏存放约可维持半个月，如用纸张包裹再放入冰箱冷藏，保存期约可延至1个月以上。

排毒功能

胡萝卜富含维生素、矿物质、酶及蛋白质，可增进新陈代谢；钾元素可促进体内水分的代谢，将多余水分排出体外；膳食纤维更可促进肠道的蠕动，改善便秘，以利排毒。

营养面面观

主要营养成分	营养价值	100g中的含量
膳食纤维	■■■■■■□□□□	2.6g
维生素A	■■■■■■■■□□	9980μgRE
钾	■■■□□□□□□□	290mg

速配MENU

胡萝卜最适合的烹调方式是油炒，因为β-胡萝卜素是脂溶性维生素，和油脂一起摄取，吸收才会更好。

功效：促进肠道蠕动，预防便秘
热量：51千卡 / 1人份

蒜香五色蔬

材料

西蓝花、芦笋各100克，胡萝卜75克，香菇3朵，玉米笋5根，蒜泥1小匙，色拉油适量

调味料

砂糖、鲜鸡粉各1/2小匙，盐1/3小匙，绍酒1/2大匙，水淀粉少许

做法

1. 香菇洗净，切片；胡萝卜洗净、削皮，切条状；西蓝花洗净、切成小朵；芦笋洗净、去老皮，对半切长段；玉米笋洗净，对切一半。
2. 汤锅中倒入3碗水煮沸，滴入数滴色拉油，将香菇、胡萝卜、西蓝花、玉米笋和芦笋全部放入锅中汆烫约3分钟，盛起沥干水分备用。
3. 炒锅中倒入1大匙油烧热，爆香蒜泥，放入汆烫过的蔬菜，加入盐、砂糖、鲜鸡粉拌炒均匀，淋上绍酒，起锅前加入水淀粉勾芡即可盛盘。

排毒小帮手

蔬果是防止便秘的最佳食物，因为它进入人体只需1个小时左右就能消化完毕；但肉类往往需要4小时左右才能消化殆尽。所以，摄取维生素及纤维含量高又容易消化的各色蔬菜，有助于让人迅速恢复体力。

功效：安抚神经，降低胆固醇
热量：173千卡 / 1人份

脆嫩萝卜丝

材料

白萝卜50克，胡萝卜50克，葱1根

调味料

A料：盐1小匙
B料：香油2大匙
C料：酱油、醋各1大匙，糖2小匙，盐1/2小匙

做法

1. 葱洗净，切末；白萝卜、胡萝卜去皮、切丝，放入碗中，加A料腌15分钟，腌好后挤干水分，盛盘，撒上葱末。
2. 锅中倒入B料烧热，淋在萝卜丝上，加C料调拌均匀即可。

排毒小帮手

胡萝卜中维生素A与白萝卜中纤维素及维生素C，有助于降低胆固醇。两者所含的大量矿物质，可安抚神经、舒缓头部充血和腹痛。

瓜果类

苦瓜

Bitter melon

- 英文名 Bitter melon
- 别名 凉瓜、锦荔枝
- 热量 18千卡 / 100克
- 采购要点 选择表面洁白、滋润、果粒饱满，没有裂痕者
- 营养提示 降火效果超佳的药用蔬菜
- 适用者 一般人、糖尿病患者
- 不适用者 经期女性、体型瘦弱的人

保健功效

降低血压	养颜美容
预防感冒	降低血糖

营养成分

苦瓜原产于热带地区，在经过不断改良后，如今已经可以吃到不太苦，但营养十分丰富的苦瓜。苦瓜含有糖类、膳食纤维、维生素A、B族维生素、维生素C、钠、钾、钙、镁和锌等矿物质，有助于降低血压、降低血糖等。

保健养生

苦瓜中所含一种类似胰岛素的多胜肽活性物质，有助于降低血糖、活化胰脏。据医学研究显示，苦瓜可以预防导致艾滋病的HIV病毒复制，刺激免疫细胞的活性，有助于防止艾滋病及其他疾病的恶化。

处理保存

由于果粒部分容易累积农药，清洗时必须用软刷轻轻刷洗干净。保存时，将苦瓜的内籽挖除后，用保鲜膜包好，放在冰箱冷藏。

排毒功能

苦瓜含有丰富的纤维素——果胶，其可加速肠胃的代谢、降低胆固醇的含量，还能刺激肠胃蠕动、防止便秘，减少有害物质。维生素C可以预防黑色素的沉积，减少雀斑和黑斑的产生。

营养面面观

主要营养成分	营养价值	100g中的含量
维生素C	■■■■□□□□□□	19mg
钾	■■□□□□□□□□	160mg
磷	■■■□□□□□□□	41mg
镁	■■■□□□□□□□	14mg

速配MENU

苦瓜含丰富的维生素C，而鸡蛋含有胡萝卜素、维生素B_2、维生素D和优质蛋白质，二者同食有助于增强体力。

功效：消炎退火，改善便秘
热量：155.4千卡 / 1人份

脆皮苦瓜

材料

苦瓜700克

调味料

番茄酱4大匙，炒香花生粉4大匙，沙茶酱2大匙，甜辣酱2大匙，香油2大匙，炒香芝麻1大匙，海鲜酱油1大匙，辣油1大匙，糖浆1.5大匙

做法

1. 苦瓜刷洗干净、对半剖开，去膜及籽，均切3等分再斜切薄片，泡入开水中，放入冰箱，直至苦瓜呈现透明状态，即可取出，沥干水分。
2. 调味料充分搅拌均匀，食用时蘸食即可。

排毒小帮手

苦瓜能消炎退火，可辅助治疗因熬夜引起的口干舌燥、便秘、心烦懊恼、辗转难眠、眼睛疲劳及青春痘；苦瓜还含有膳食纤维，可以增加肠胃蠕动、改善便秘。

功效：清热降火，促进血液循环
热量：163.3千卡 / 1人份

苦瓜苹果汁

材料

苹果1个，橙子1个，苦瓜1/8个，蜂蜜1小匙，水、冰块各适量

做法

1. 苹果、橙子均洗净，去皮，切小丁；苦瓜洗净，去籽。
2. 全部材料放入果汁机中搅打均匀，倒入杯中，加入冰块即可饮用。

排毒小帮手

苦瓜含有维生素C、多种矿物质和特殊的苦瓜素，具有清热降火、利尿消肿的功效，加入橙子和苹果打成汁，更具有美容养颜，增进肌肤柔嫩的效果。

- 英文名　Green punpkin
- 别名　枕瓜、东瓜、白瓜、水芝
- 热量　11千卡 / 100克
- 采购要点　冬瓜的表面有一层白色粉末，切开后，肉质必须洁白、富有弹性、切口新鲜，形状与味道无关，不必在意
- 营养提示　消肿第一高手
- 适用者　一般人、水肿的人
- 不适用者　久病的人、胃寒者

冬瓜

Green punpkin

保健功效

利尿解毒	缓解水肿
养颜美容	减肥

营养成分

冬瓜盛产于夏季，但只要将整个冬瓜放在阴凉通风的地方，即使冬天也可以吃到，故称“冬瓜”。冬瓜用途很广，全身皆可作为中药使用，也可制成冬瓜茶或冬瓜汤等。冬瓜富含膳食纤维、维生素B_1、维生素B_2、维生素C、钙、磷、铁等，热量极低，多吃也不会发胖。

保健养生

丰富的维生素C，可以抑制病毒和细菌的活动，以预防感冒，且可发挥养颜美容、抗衰老的效果；冬瓜90%以上都是水分，热量极低，且含有促进新陈代谢的葫芦巴碱，有助于减肥、保持曲线。

处理保存

冲洗后，切除外皮烹调食用。冬瓜可以放在常温下保存，切开后，不要去皮，用保鲜膜包好，放入冰箱冷藏，约可保存一星期，这样可避免营养大幅流失。

排毒功能

冬瓜中的钾可以促进体内的盐排出体外，以缓解水肿、降低血压，也可以增强心脏功能。冬瓜富含维生素C，可对抗自由基、帮助身体抗氧化。膳食纤维可以帮助消化。夏季可制作冬瓜茶消暑解渴，因为冬瓜皮含有很强的利水作用。可将冬瓜连皮洗净，切块后加水炖煮至软烂，可直接饮用或打成泥、过滤、加糖饮用皆可。

营养面面观

主要营养成分	营养价值	100g中的含量
维生素C	■■■■■■■□□□	25mg
钾	■■■□□□□□□□	120mg
磷	■■□□□□□□□□	25mg
铁	■■□□□□□□□□	0.2mg

速配MENU

鸡肉是低热量、高蛋白的健康食品，和冬瓜煮成鸡肉冬瓜汤可以为人体补充丰富的营养，而且热量很低，是减肥者补充体力的营养汤。

功效：利尿消肿，养颜美容
热量：203千卡／1人份

黄金白玉

材料

冬瓜150克，咸蛋黄2个，葱白1段，油适量

调味料

盐少许

做法

1. 冬瓜去皮，洗净，切边长为2厘米的菱形；咸蛋黄压成泥备用。
2. 锅中倒入1大匙油烧热，放入咸蛋黄泥炒至起泡，盛起备用。
3. 锅中倒入1大匙油烧热，放入冬瓜炒至熟透，加入咸蛋黄及调味料炒匀，撒葱白末即可。

排毒小帮手

冬瓜是凉性蔬菜，利尿消肿的效果特别好，只要搭配适当运动和饮食，对防止下半身水肿、促进体格健美都有很好的作用；富含维生素C，可以淡化斑点、养颜美容。

功效：排出水分，强健肌肉
热量：162千卡／1人份

消肿冬瓜茯苓汤

材料

玉米2根（连须），姜2片，芥蓝菜150克，冬瓜600克，蛤蜊300克

药材

桂枝6克，茯苓9克，黄芪9克

调味料

米酒1大匙，盐少许

做法

1. 锅中倒入适量水，放入药材、玉米须煮约20分钟，滤出杂质，留下药汤。
2. 冬瓜去皮洗净，切块；蛤蜊泡水洗净；芥蓝菜洗净，切段。
3. 冬瓜、玉米、蛤蜊、姜片一起放入药汤煮10分钟，加入芥蓝菜和调味料煮沸即可盛出。

排毒小帮手

芥蓝菜含有丰富膳食纤维，可以促进肠胃蠕动，改善便秘；冬瓜清热去湿、利尿消肿，有助于排毒；蛤蜊含丰富的矿物质，可养颜益肤，促进面色红润光泽，能帮助身体排出多余水分，使肌肉结实、富有弹性。

- 英文名　Sponge gourd
- 别名　菜瓜、绵瓜、水瓜
- 热量　17千卡 / 100克
- 采购要点　要选择外皮翠绿、无皱纹，握在手上沉重者，手指轻掐尾端能轻易掐入者较鲜嫩
- 营养提示　消肿利尿
- 适用者　一般人
- 不适用者　胃虚弱、腹泻者

丝瓜
Sponge gourd

保健功效

止咳化痰	降低血压
缓和痔疮	清热利尿

营养成分

丝瓜品种多，热量极低、脂肪极少，含有糖类、膳食纤维、维生素C、维生素B_2、维生素B_6及钙、磷、铁、叶酸等营养素。丝瓜从头到脚都可利用：丝瓜汁可清热解毒，丝瓜籽可消热化痰，丝瓜络可利尿消肿，即使是老熟后放干的纤维，还可以作为洗涤工具。

保健养生

丝瓜中含有维生素B_1与维生素C，有助于美白肌肤、延缓皮肤老化，帮助修护日晒后的肌肤，还有助于改善体质燥热引起的便秘问题；丝瓜对调理女性经期也有帮助，还能消热解渴，对发热患者颇有益处。

处理保存

稍加冲洗后，削去外皮食用。保存时可用纸包起，放在冰箱冷藏，但不宜久放，否则会老掉。烹调时可将丝瓜蒂头切去，可避免加热后氧化变黑的现象。

排毒功能

丝瓜中含有维生素B_6，是制造抗体和红细胞的必要物质，能够促进蛋白质代谢，也是天然的利尿剂，可以缓解身体的水肿。丝瓜的花中含有天门冬氨酸等氨基酸，可以炒食或煮汤后食用，有助于清热去毒。

营养面面观

主要营养成分	营养价值	100g中的含量
维生素B_6	■■□□□□□□□□	0.1mg
维生素C	■■□□□□□□□□	6mg
钾	■■■□□□□□□□	60mg
锌	■■□□□□□□□□	0.2mg

速配MENU

丝瓜适合用大火快炒或清蒸，可以将新鲜丝瓜去皮、切片后加入姜丝（中和其寒）快炒，可防治便秘。

功效：清热祛湿，增强体力
热量：90千卡 / 1人份

丝瓜煮蛤蜊

材料

丝瓜225克，蛤蜊12粒，大蒜1瓣，老姜2片，油适量

调味料

A料：鲜鸡粉1/3小匙，盐1/6小匙
B料：绍酒1/2大匙
C料：水淀粉少许

做法

1. 蛤蜊泡水吐沙，洗净；丝瓜去皮、对剖，切长条块状；大蒜去皮、切末；老姜去皮、洗净、切丝备用。
2. 锅中倒入1大匙油烧热，放入蒜泥、姜丝爆香，加入丝瓜、蛤蜊炒匀，然后加入A料和1杯清水煮沸，再加入B料，盖上锅盖，以中火煮2分钟。
3. 熄火前加入水淀粉勾芡，即可盛出。

排毒小帮手

蛤蜊含优质蛋白质，是构成血液和肌肉细胞不可或缺的营养；而丝瓜清热利湿、滋阴润燥，搭配蛤蜊同煮，更具有补血养颜和增强体力的功效。

功效：清热解毒，利尿消肿
热量：184.2千卡 / 1人份

丝瓜面条

材料

丝瓜1根，葱1根，姜2片，虾仁100克，面条100克，油适量

调味料

A料：淀粉1大匙
B料：盐1/4小匙，鲜鸡粉1/4小匙

做法

1. 丝瓜去皮洗净，切片；葱洗净，切末。
2. 虾仁洗净，去肠泥，沥干，拌入A料。
3. 锅中倒入1大匙油烧热，放入葱、姜爆香后捞出，加入4杯水烧开，放入丝瓜煮沸，再加入面条、虾仁煮熟，最后加入B料调匀后即可。

排毒小帮手

丝瓜具有清热解毒和利尿消肿功效，且含有维生素B_1与维生素C，可帮助美白肌肤、延缓皮肤老化、修护日晒后的肌肤。丝瓜属于凉性蔬菜，有慢性胃炎者不宜多食。

黄瓜

Cucumber

- 英文名 Cucumber
- 别名 胡瓜、刺瓜、花瓜
- 热量 13.8千卡／100克
- 采购要点 大黄瓜要选择外皮深绿，外形饱满，表面有一层白色粉末者。小黄瓜要选择颜色深绿，瓜蒂滋润，表面的刺尖锐，粗细均匀者
- 营养提示 口感清新的夏季蔬菜
- 适用者 一般人、胆固醇过高者
- 不适用者 胃病患者、生理期前后的女性

保健功效

缓解水肿、疲劳、宿醉

养颜美容 促进肠胃健康

营养成分

黄瓜大致可以分为大黄瓜和小黄瓜两大类，其都含有糖类、膳食纤维、维生素A、B族维生素、维生素C、钙、磷、铁等营养元素。黄瓜的热量很低，减肥者可以安心食用。

保健养生

黄瓜中的钾有降低血压的作用。晒伤时，可以将小黄瓜切片敷于患处，以预防色素沉积。黄瓜中含有会破坏维生素C的酶，加醋或加热超过50℃时，有助于抑制该酶的功能。

处理保存

浸泡在水中5分钟后，用软刷将表面刷洗干净，小黄瓜的头部含有一种带有苦味的物质，可将头部切除。保存时以纸包起，装入保鲜袋中，放在冰箱冷藏。

排毒功能

黄瓜中90％以上是水，可缓解体内燥热；葫芦素具有提高吞噬细胞的作用，加强免疫力；黄瓜酶则具有很强的生物活性，可以促进新陈代谢、柔嫩肌肤；钾可排出人体多余的盐分与废物。小黄瓜籽含有维生素E，既是抗氧化剂，又是解毒剂，可减少肺部受空气污染的伤害。

营养面面观

主要营养成分	营养价值	100g中的含量
维生素C	■■■□□□□□□□	15mg
维生素E	■□□□□□□□□□	0.4mgα-TE
维生素B_2	■■■□□□□□□□	0.08mg
钙	■■■□□□□□□□	15mg

速配MENU

海蜇皮含有丰富的蛋白质、矿物质及各种维生素，尤其含有人们饮食中必需的碘，以小黄瓜凉拌海蜇皮，可以清肠胃，维护身体健康。

功效：消炎止肿，淡化斑点
热量：135.7千卡 / 1人份

小黄瓜菠萝虾仁

材料

小黄瓜2根，虾仁300克，菠萝200克，油适量

调味料

盐1大匙，胡椒粉少许，米酒1小匙，香油1/4小匙

做法

1. 虾仁去肠泥，洗净，放入沸水中汆烫，立即捞出。
2. 小黄瓜洗净，切滚刀块。
3. 锅中倒入2大匙油烧热，放入小黄瓜、虾仁和菠萝快炒约2分钟，加入调味料调匀即可。

排毒小帮手

小黄瓜有利尿消肿的作用，且小黄瓜和菠萝均含有丰富的维生素C，可以淡化斑点，具有美白的效果；虾仁含有锌，可以增强男性的生殖能力，增强体力。

功效：柔润肌肤，增强体力
热量：143.2千卡 / 1人份

大黄瓜酿干贝

材料

大黄瓜1根，鲜干贝6粒，菠菜100克，淀粉少许，油适量

调味料

A料：蔬菜高汤150毫升，盐1/2小匙，鲜鸡粉1/4小匙

B料：盐1小匙

做法

1. 菠菜、干贝均洗净；大黄瓜洗净、削皮，切成2.5厘米的厚片，用挖球器挖洞，中间抹上淀粉，再放入干贝，摆入盘中，隔水蒸15～20分钟。
2. A料放入锅中煮沸，淋在蒸好的黄瓜上。
3. 锅中倒入1大匙油烧热，放入菠菜及B料快炒至熟，盛起，放在黄瓜酿干贝上搭配食用即可。

排毒小帮手

大黄瓜通常用来煮汤或炒食，可消炎退火，有助于提振食欲，其含有的黄瓜酶，具有很强的生物活性，可以促进新陈代谢、柔嫩肌肤；干贝含有丰富的锌，可以增强男性体力。

南瓜

Pumpkin

- 英文名 Pumpkin
- 别名 金瓜、番瓜、饭瓜
- 热量 64千卡 / 100克
- 采购要点 外皮光滑、无坑洞、梗部坚硬，放在手上有沉重感
- 营养提示 维生素、膳食纤维的大汇合
- 适用者 一般人、老年人
- 不适用者 毒疮患者、黄疸者

保健功效

缓解便秘　降低血压

改善胃溃疡

营养成分

南瓜中含有维生素A和维生素C。南瓜的籽——白瓜子，含有不饱和脂肪酸，可以预防动脉粥样硬化，维生素E可以抗老化，促进其他营养的代谢，改善更年期障碍。南瓜中还含有蛋白质、糖类、膳食纤维、B族维生素、钙、铁、钾、磷、钴等营养元素。

保健养生

南瓜中含有矿物质——锌，其可以参与人体内核酸和蛋白质的合成，是肾上腺皮质激素的成分之一，也是人成长发育的重要物质。β-胡萝卜素会在人体内转变为维生素A，可以维护视力的健康，改善夜盲症。

处理保存

将南瓜浸泡在水中后，用刷子仔细清洗外皮，清洗好的完整南瓜可放在阴暗处保存，或切开后去除籽，用保鲜膜包好，放入冰箱冷藏。

排毒功能

南瓜含有丰富的钴，钴可促进人体新陈代谢及造血，促进维生素B_{12}的合成。南瓜的β-胡萝卜素有助于保护身体免于活性氧之伤害，提升免疫能力。果胶可以保护胃肠黏膜，降低胆固醇和血糖，还是铅、汞、砷中毒的解毒剂。此外大量的膳食纤维可以促进肠胃蠕动，缓解便秘，并延缓小肠对糖的吸收速度。

营养面面观

主要营养成分	营养价值	100g中的含量
维生素A	■■■■■■■□□□	874.2μgRE
维生素C	■■□□□□□□□□	3mg
钙	■■□□□□□□□□	9mg
膳食纤维	■■□□□□□□□□	1.7g

速配MENU

南瓜中含有维生素A、维生素C和维生素E，加入含有比菲德氏菌的酸奶，有助于将肠内附着的有害物质排出体外。

功效：保护视力，保护心脏
热量：151.2千卡 / 1人份

梅香南瓜片

材料

小南瓜600克，香菜末1大匙

调味料

紫苏梅4个，梅汁2大匙，玫瑰甜醋1.5大匙

做法

1. 南瓜洗净，切小片；紫苏梅去籽，切片状备用。
2. 锅中倒入半锅水煮沸，将南瓜片放入漏勺中，浸入沸水中汆烫约30秒，取出后，趁热放入紫苏梅、梅汁、玫瑰甜醋拌匀，点缀香菜即可。

排毒小帮手

南瓜含有丰富的维生素A，可以维护视力的健康，改善夜盲症；其经过加热烹调，含量不会减少也不易被破坏，若加油烹炒，更有助于人体吸收。

功效：养生美容，抗老化
热量：279.2千卡 / 1人份

黄金南瓜豆奶

材料

南瓜80克，蛋黄1个，豆浆150毫升，蜂蜜1大匙

做法

1. 南瓜削皮、去籽后，切成薄片，在微波炉中加热1分钟，取出。
2. 所有材料放入果汁机中打汁，倒入杯中即可饮用。

排毒小帮手

南瓜含有胡萝卜素、维生素C和维生素E，是抗氧化的最佳组合，能有效预防身体老化。豆浆中含有的皂苷也具有抗氧化的功效，且含有植物激素，尤其适合更年期女性。

功效：控制血糖、预防便秘
热量：172千卡 / 1人份

清煮南瓜

材料

南瓜120克，枸杞子适量

调味料

酱油、糖、水淀粉各1大匙

做法

1. 南瓜洗净、切成大块。
2. 锅中倒入半锅水煮至温热，放入南瓜块以大火煮沸，加入调味料，续煮至南瓜熟软，加入枸杞子略煮即可。

排毒小帮手

南瓜含有丰富的铬元素，其可以刺激胰岛素分泌，增加体内胰岛素的敏感性。此外，南瓜含有丰富的膳食纤维，可以增加饱腹感和延缓餐后血糖上升的速度，有利于糖尿病患者。

功效：明目养颜、增强免疫力
热量：120.3千卡 / 1人份

百合南瓜盅

材料

橘红色南瓜1个，枸杞子3大匙，红枣10粒，莲子15粒，银杏10粒，香菇4朵，竹荪2根，菜心1/2棵，鲜百合1头，豌豆仁75克

调味料

A料：盐、鸡精各适量
B料：淀粉2小匙，水1/2杯

做法

1. 南瓜自瓜顶横切，将南瓜籽挖空，内部抹少许盐，以牙签固定南瓜盖，装入深盘，蒸15分钟至熟透。
2. 香菇泡水去蒂，切丝；竹荪泡水3小时，汆烫后切小段；红枣及莲子焖煮至熟软；百合洗净；银杏汆烫后捞出；豌豆仁烫至变色捞起冲凉；菜心削皮，切成块。
3. 锅中放入莲子、银杏、竹荪，加水盖过食材，煮至水沸后加A料，再加入南瓜、枸杞子之外的材料煮沸，然后加入调匀的B料勾芡。起锅前放入枸杞子，以小火略煮，倒入南瓜盅即可。

排毒小帮手

南瓜和枸杞子均含有丰富的维生素A，可以发挥抗氧化作用，减少体内的活性氧，增强巨噬细胞活性，并预防细胞老化。香菇含有丰富的多糖体物质，也具有抗老化的功能。

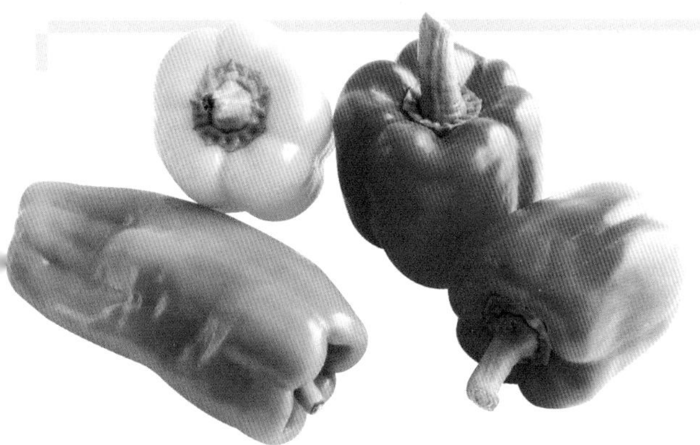

- 英文名　Sweet pepper
- 别名　甜椒
- 热量　25千卡 / 100克
- 采购要点　要选择果形端正，肉质厚实，颜色均匀，外表光滑，切口新鲜者
- 营养提示　色彩鲜艳、促进食欲
- 适用者　一般人
- 不适用者　对茄科食物过敏者，关节炎、类风湿性关节炎患者

彩椒

Sweet pepper

保健功效

预防动脉粥样硬化	预防感冒
养颜美容	缓解疲劳

营养成分

黄色、橙色、红色和绿色的彩椒不仅色彩艳丽，丰富餐桌菜色，在营养方面也绝不逊色。彩椒原产于中南美洲，有红色、橙色和黄色等多种颜色，彩椒比绿色的青椒肉质更厚，口感更甜，更适合生吃。

保健养生

彩椒含有丰富的维生素C和β-胡萝卜素，β-胡萝卜素是强有力的抗氧化剂，能增强免疫力，减少心脏病的发生，维生素C和β-胡萝卜素的结合，能形成更强的防护网，有助于保护视力。

处理保存

由于蒂部凹陷处容易累积农药，必须将蒂去除后冲洗。洗净后，装入保鲜袋内，放在冰箱中，可以保存较久。但放太久时，内籽会发黑，要特别注意。

排毒功能

彩椒的维生素C含量丰富，只要吃2个彩椒，就可以满足人体一天所需的维生素C。彩椒中含有可促进维生素C吸收的维生素P，其可加强毛细血管渗透，预防动脉粥样硬化、心肌梗死等心血管疾病的发生，并能防止维生素C被氧化。绿色的彩椒中含有叶绿素，有助于将体内多余的胆固醇排出体外，净化血液，预防高血压的发生。

营养面面观

主要营养成分	营养价值	100g中的含量
维生素A	■■■□□□□□□□	37μg
维生素C	■■■■■■■■□□	94mg
钾	■■■□□□□□□□	130mg
烟酸	■■■■■□□□□□	0.8mg

速配MENU

彩椒的水分多、质地脆且口感佳，非常适合生吃，即使要炒食，也只要在起锅前放进去炒两下即可，以防破坏维生素C。

功效：保护视力，使皮肤白皙亮丽
热量：525千卡 / 1人份

甜椒肉末炒饭

材料

红甜椒70克，猪肉末30克，米饭200克，鸡蛋1个，大蒜2瓣，西蓝花少许

调味料

盐1小匙，橄榄油适量

做法

1. 红甜椒去籽，切小丁；大蒜去皮、切末；西蓝花洗净，切小朵；肉末放入碗中加入少许蒜末、盐，腌拌5分钟备用。
2. 鸡蛋打散，倒入热油锅中煎成薄蛋皮，盛出，待凉切丝备用。
3. 锅中倒入2小匙油烧热，放入蒜末爆香，加入肉末炒至肉色变白，再加入米饭、西蓝花和红甜椒丁炒匀，最后加入蛋皮丝和剩下的盐调味即可盛起。

排毒小帮手

甜椒富含维生素C及β-胡萝卜素，具有抗氧化的能力，可排出自由基，减少毒素的堆积，并且增加免疫力，加上西蓝花纤维含量丰富，因此有健胃整肠的效果，另外，橄榄油可以促进β-胡萝卜素的吸收。

功效：改善便秘，增进肌肤水嫩
热量：100千卡 / 1人份

青苹炒鸡丁

材料

青苹果1/2个，鸡胸肉220克，青椒、黄椒各1/4个，小番茄5个，橄榄油2大匙

调味料

A料：盐1/4小匙
B料：糖1小匙，蚝油1大匙，白醋1/2小匙

做法

1. 鸡胸肉洗净，切丁；青椒、黄椒洗净，去蒂及籽，切丁；小番茄洗净；青苹果洗净、去皮，切丁，泡入水中加A料调匀，以防止变色。
2. 锅中倒入橄榄油以小火烧至温热，放入鸡丁炒熟，加入青椒、黄椒拌炒几下，再加入B料转大火快炒，最后加入小番茄、青苹果丁炒匀即可盛出。

排毒小帮手

番茄中番茄红素经过加热，能够释出更多营养，发挥抗老化、预防疾病的功效。青椒、黄椒热量低、纤维丰富。青苹果比红苹果更有营养价值，尤以果肉与皮之间的胶质更多，有助于解决便秘困扰。

功效：帮助消化，提振精神
热量：150千卡／1人份

养生炒紫玉

材料

紫山药200克，银耳80克，红椒、黄椒、青椒各1/5个，葱2段，姜1片，蒜末1小匙，高汤1/2杯，油适量

调味料

A料：盐2小匙，鲜鸡粉、糖各1小匙
B料：水淀粉2小匙
C料：香油少许

做法

1. 紫山药去皮，洗净，用波浪刀切片状，和银耳一起用沸水稍汆烫一下，捞起备用；彩椒洗净，去蒂及籽，切块状备用。
2. 锅中倒入少许油烧热，炒香葱、姜片及蒜末，放入彩椒快炒，再放入山药及银耳炒拌，加入A料及高汤调味，略炒一下，即可加入B料勾薄芡，起锅前淋上C料，即可盛出。

排毒小帮手

山药含有维生素B_1、维生素B_2、维生素C、维生素K和钙、磷等多种矿物质，且脂肪含量低，符合现代人健康饮食的要求。银耳含有丰富的氨基酸和多糖类，可养颜美容、增加饱腹感、促进排便，搭配彩椒食用，是膳食纤维的最佳来源。

功效：促进血液循环，增强活力
热量：104千卡／1人份

蒜味甜椒

材料

红甜椒、黄甜椒、青椒各300克，嫩姜30克，大蒜3瓣

调味料

高汤1大匙，香油1/2小匙

做法

1. 大蒜去皮，嫩姜洗净，均切成薄片；甜椒及青椒洗净，对半切开，去蒂及籽，切成小块备用。
2. 锅中倒入半锅水煮开，放入甜椒汆烫，捞出，浸入冰水中泡凉，再捞出，沥干水分，盛入盘中加入调味料、蒜片及姜片拌匀即可。

排毒小帮手

大蒜中含有多种生理活性成分，例如大蒜素，其与维生素B_1结合，可以增强肠道蠕动、帮助排便、防止便秘，还可增加维生素B_1的吸收利用，促进能量的正常代谢。

- 英文名 Tomato
- 别名 西红柿、洋柿子
- 热量 26千卡 / 100克
- 采购要点 要选择颜色均匀，外形圆润，蒂部滋润、呈鲜艳的绿色，握在手上有沉重感者
- 营养提示 维生素的宝库
- 适用者 一般人、糖尿病、高血压等慢性病患者
- 不适用者 慢性肾脏病患者

番茄 Tomato

保健功效

减肥	缓解便秘
降低血压	

营养成分

番茄含有很高的营养价值和医药功效，生食、熟食皆适宜。番茄含有的苹果酸、柠檬酸、维生素B_1、维生素B_2等，是人体的营养来源；维生素P可以增强毛细血管壁的弹性，改善动脉粥样硬化。因此，番茄不仅可以维持健康，身体虚弱的人也可以每天食用，以增加体力。

保健养生

番茄鲜艳的红色来自于番茄红素，番茄红素是一种类胡萝卜素，具有十分理想的抗老化作用。番茄的酸味可促进胃液分泌，有助于肠胃食物的消化。丰富的维生素C可以增加身体抵抗力、预防感冒、养颜美容。

处理保存

将蒂部挖除后，将凹陷处仔细洗净。成熟的番茄装在保鲜袋内，放入冰箱冷藏。尚未成熟的番茄可放在室温下保存。

排毒功能

番茄内的褪黑激素，与植物向光素非常容易互换，两者的生物作用都是与光线有关，因此，食用番茄能调整昼夜节律，帮助失眠者入睡；番茄红素有抗衰老的作用，据研究显示，成熟或烹煮过的番茄，其番茄红素含量较多。番茄所含的钾可以降低血压，预防心脏疾病的发生，番茄也是高血压患者可以经常摄取的蔬果。

营养面面观

主要营养成分	营养价值	100g中的含量
维生素C	■■■■■□□□□□	21mg
维生素A	■■□□□□□□□□	84μgRE
钾	■■■■■■■□□□	210mg

速配MENU

养颜美容的番茄，搭配含铁量丰富的猪肝，是现代人追求健康的不二选择。

功效：抗老补血，给你好气色
热量：466千卡／1人份

番茄猪肝汤

材料

猪肝、番茄各150克，生姜20克，豆腐块50克，鸡蛋1个，高汤4杯，清水3杯，葱末1小匙

调味料

A料：淀粉、绍酒各1小匙
B料：糖2小匙，鲜鸡粉、香油各1/2小匙，白胡椒粉1/4小匙
C料：香油1/2小匙

做法

1. 番茄洗净、去蒂、切小块；猪肝洗净、切片，加入切碎的姜末及A料抓拌均匀腌约20分钟，放入热水中汆烫、捞出备用。
2. 锅中倒入高汤及清水，放入鸡蛋、葱末外的所有食材及调味料B，以大火煮约3分钟，打入鸡蛋汁，撒上C料及葱末即可。

排毒小帮手

番茄不只可以辅助改善男性前列腺的问题，还具有保护心血管系统的功效，同时也是一种非常好的天然抗氧化物，而猪肝可调节和改善贫血病人造血的生理功能，堪称一道长寿菜。

功效：天然的抗氧化、缓解疲劳的美食
热量：146千卡／1人份

番茄菠萝汁

材料

番茄2个，菠萝3片，碎冰1杯，蜂蜜1大匙

做法

1. 菠萝洗净，去皮，切块；番茄洗净，切块备用。
2. 所有材料放入果汁机中，搅打均匀即可。

排毒小帮手

菠萝极富营养价值，配上低糖、高纤维、对体重或血糖控制有好处的番茄，不仅味美，而且能整肠帮助排便，是控制体重者的最佳选择。

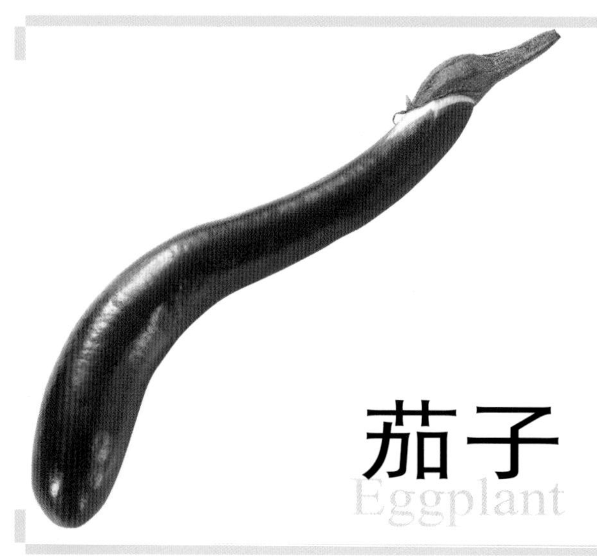

- 英文名 Eggplant
- 别名 矮瓜、落苏
- 热量 25千卡 / 100克
- 采购要点 外形完整，表面呈深紫色、有光泽、无裂缝及伤痕，蒂部的小刺尖锐，无种子或种子白细者为佳
- 营养提示 利水消肿、缓解痛经
- 适用者 一般人、心血管疾病患者
- 不适用者 异位性皮肤炎、结核病患者

茄子 Eggplant

保健功效

降低血压　清凉退火
改善动脉粥样硬化　降低胆固醇

营养成分

茄子中含有糖类、膳食纤维、B族维生素、维生素P、钙、磷、镁、钾、铁、铜等，还含有多种生物碱。膳食纤维中的皂苷有降低胆固醇的作用。茄子属于寒性较强的蔬菜，适合在夏季食用，具有镇痛、消炎、止血的功效。

保健养生

茄子中约90％是水分，果肉像海绵一样。其有助于吸收植物油中的不饱和脂肪酸和维生素E，降低胆固醇。茄子中富含植物激素，有助于改善更年期的不适症状。

处理保存

浸泡在水中5分钟后，用刷子将茄子表面清洗干净。拭干水分或自然阴干，将茄子用保鲜袋包起，放入冰箱冷藏。

排毒功能

茄子含有其他蔬菜没有的维生素P，可以降低胆固醇、防止动脉粥样硬化，最好不要以油炸的方式烹调，以免造成维生素P的流失；紫色外皮中含有的色素为多酚类化合物，可以对抗体内的活性氧，具有防老化的作用。此外，茄子富含膳食纤维，可预防便秘。

营养面面观

主要营养成分	营养价值	100g中的含量
维生素C	■■□□□□□□□□	6mg
维生素P	■■■■■■■■□□	720mg
钾	■■■■■■□□□□	200mg
膳食纤维	■■□□□□□□□□	2.3g

速配MENU

橄榄油中含有丰富的维生素E，茄子可以充分吸收橄榄油，有助于人体吸收。

功效：防止老化，保护血管
热量：142.9千卡／1人份

凉拌茄子

材料

茄子2～3个（约300克），葱1段，红辣椒1个，橄榄油2大匙

调味料

葱花1大匙，姜末1大匙，蒜末1大匙，黄酒1大匙，砂糖1大匙，番茄酱1大匙，陈醋1.5大匙，开水、香油各少许

做法

1. 葱段洗净，红辣椒去蒂及籽，均切末。
2. 茄子洗净、去蒂、切段，每段均切成3～4条，放入沸水中汆烫至熟，捞出，沥干水分，泡入冰水中浸凉，摆入盘中，撒上葱末及红辣椒末。
3. 锅中放入橄榄油2大匙烧热，爆香葱花、姜末、蒜末，加入其他调味料炒匀，捞出，淋在茄子上拌匀即可盛出。

排毒小帮手

橄榄油中含有丰富的维生素E和丰富的单不饱和脂肪酸，可以预防人体被有害物质伤害及降低胆固醇；茄皮含有维生素P，具有抗氧化的能力，其还有很多其他的营养素，所以食用茄子不宜去皮。

功效：清热解毒，促进新陈代谢
热量：35.3千卡／1人份

甜椒拌双茄

材料

黄甜椒1个，茄子1个，番茄1个，罗勒2片

调味料

酱油2大匙，糖1大匙，蒜泥1大匙，醋少许

做法

1. 取一碗，放入所有调味料拌成酱料备用。
2. 番茄洗净、底部划十字，投入沸水中略煮、捞出、去皮后切块；黄甜椒洗净、去蒂，切片。
3. 茄子洗净、去蒂，切成2段，投入沸水中煮3分钟，捞起后放入冷水至全凉，用手撕成长条、切成小段，与番茄、黄甜椒片一起放在盘上，淋上调味酱，放上罗勒即可。

排毒小帮手

茄子含有维生素P，有助于降低胆固醇、预防动脉粥样硬化；且含有丰富的膳食纤维，可以改善便秘。甜椒含有丰富的维生素C，可以淡化斑点，利于皮肤水润。

- 英文名 Pea
- 别名 豌豆荚、荷莲豆、荷兰豆
- 热量 167千卡 / 100克
- 采购要点 豆荚富有弹性，呈鲜艳的绿色，无外伤，豆子越小越好
- 营养提示 美丽肌肤的守护蔬菜
- 适用者 一般人
- 不适用者 无

豌豆 Pea

保健功效

养颜美容　预防心脏疾病
缓解疲劳

营养成分

豌豆含丰富的植物性蛋白质、维生素A、维生素B_1、维生素B_2、矿物质、磷等成分，为纤维的极佳来源，易让人有饱腹感，有助于降低血中胆固醇、甘油三酯及血糖。

保健养生

豌豆中维生素C含量极其丰富，最主要的作用就是促进骨胶原的形成，骨胶原对人体的组织细胞、牙龈、血管、骨骼和牙齿的成长和修复十分重要。

处理保存

在水中浸泡5分钟后，再清洗、剥除荚边老筋。装入保鲜袋中，放入冰箱冷藏。也可以汆烫后放在冷冻室保存。

排毒功能

豌豆中的维生素C有助于预防雀斑和黑斑的形成，是美化肌肤不可或缺的营养。豌豆中的维生素A、B族维生素也十分丰富，维生素A可以和维生素C一起美化肌肤，B族维生素则可以促进糖类和脂肪的代谢，有助于改善肌肤状况。因此，豌豆是女性朋友应该经常摄取的蔬菜之一。

营养面面观

主要营养成分	营养价值	100g中的含量
维生素A	■■□□□□□□□□	350μgRE
维生素B_1	■■□□□□□□□□	0.15mg
维生素C	■■■■■■□□□□	55mg
膳食纤维	■□□□□□□□□□	2.3g

速配MENU

富含维生素E的鸡蛋和黄绿色蔬菜，与豌豆中维生素A、维生素C可以对抗活性氧，预防老化。

功效：缓解疲劳，预防慢性病
热量：144千卡 / 1人份

豌豆炒鱿鱼

材料

干鱿鱼1/4条，豌豆225克，红辣椒2个

调味料

橄榄油、米酒各1大匙，盐1/3小匙

做法

1. 干鱿鱼洗净，浸泡水中一个晚上，直到鱿鱼发胀、变软，捞出，切成长条，放入碗中加入米酒腌泡，充分去腥后捞出冲净。
2. 豌豆洗净，去头尾，撕去荚边老筋；红辣椒洗净、去蒂，切丝备用。
3. 锅中倒入 1 大匙橄榄油烧热，爆香红辣椒丝，放入鱿鱼片及豌豆拌炒均匀，加盐调味后即可盛起。

排毒小帮手

豌豆具有清热解毒作用，捣碎后涂于脸上，可缓解面部红肿，是美丽肌肤的守护神。维生素A和维生素C含量十分丰富，对皮肤细胞再生和牙齿、骨骼生长有益。B族维生素则可促进糖类和脂肪代谢，有助于改善肌肤老化。

功效：驻颜美容，改善黑斑，乌发
热量：144千卡 / 1人份

豌豆鸡柳

材料

鸡胸肉300克，豌豆50克，红椒1个，黑木耳20克，葱1段，姜2片，油3大匙

调味料

A料：淀粉1小匙，蛋黄1个
B料：醋1/4小匙，香油1小匙
C料：高汤1/4杯，盐1小匙，米酒1大匙，水淀粉1大匙

做法

1. 鸡胸肉洗净、切丝，放入碗中，加A料搅拌均匀；黑木耳洗净，切成丝；豌豆放入沸水中汆烫，捞出；红椒切丝。
2. 锅中倒入3大匙油以中火烧温，放入鸡胸肉快炒，立即盛出。
3. 锅中留下1大匙油以大火继续烧热，爆香葱、姜，放入黑木耳、红椒丝拌炒，加入鸡胸肉、豌豆及醋炒匀。
4. 最后加C料调匀，待汤汁煮开，盛出，淋上少许香油即可。

排毒小帮手

豌豆所含的膳食纤维是所有豆类食品中最丰富的，可以有效缓解便秘，促进多余的胆固醇排出体外，预防动脉粥样硬化、糖尿病等各种疾病。

- 英文名 Okra / Ochro
- 别名 黄秋葵、羊角豆、毛茄
- 热量 40千卡 / 100克
- 采购要点 要选择大小适中，呈深绿色，表面绒毛均匀，棱角分明，手感柔软者，棱角呈咖啡色时，说明太老了
- 营养提示 保护胃部健康的蔬菜
- 适用者 尿路感染、水肿、便秘者
- 不适用者 脾胃虚寒、经常腹泻者

秋葵

Okra

保健功效

改善肠胃虚弱　恢复体力

改善糖尿病　预防动脉粥样硬化

营养成分

秋葵原产于非洲东部，在公元前2世纪，古埃及就已经开始种植秋葵。秋葵含有丰富的矿物质（钾、钙、镁）、膳食纤维、维生素A、维生素C；嫩荚果中的黏滑汁液含有果胶质与蛋白多糖体，可增强体力、整肠、帮助消化、防止便秘、辅助治疗胃炎和胃溃疡、保护肝脏、增强人体耐力。

保健养生

秋葵中维生素、矿物质的含量虽然不高，但均衡的营养有助于预防感冒、增强身体的免疫力，抵抗各种疾病。

处理保存

可以用盐搓揉表皮，洗去表面的绒毛后，再用水冲洗。秋葵不耐干燥和低温，装入保鲜袋后，放在冰箱的保鲜室中保存。

排毒功能

秋葵特有的黏液由果胶质等膳食纤维和黏蛋白组成，果胶质具有整肠的作用，可以降低胆固醇，预防动脉粥样硬化和糖尿病的发生，同时可以促进排便，缓解便秘现象。黏蛋白则有助于促进蛋白质的吸收和消化，使体内的营养均衡，并可以保护皮肤和黏膜，促进肠胃的健康。

营养面面观

主要营养成分	营养价值	100g中的含量
维生素C	■■□□□□□□□□	15mg
维生素A	■■■■■■■□□□	375μgRE
钙	■■□□□□□□□□	104mg
膳食纤维	■■■□□□□□□□	4.1g

速配MENU

秋葵中含有维生素B_1，与富含维生素A的胡萝卜、含优质蛋白质的牛肉一起搭配，可以增强体力，增加身体对疾病的抵抗力。

功效：保护胃肠，排出毒素
热量：630千卡 / 1人份

培根炒秋葵

材料

培根100克，秋葵200克，姜丝20克，红辣椒1个，大蒜3瓣，水淀粉、油各适量

调味料

盐、糖各1/2小匙，米酒1/2杯，香油适量

做法

1. 培根切小段；秋葵洗净、去蒂头、切斜厚片；红辣椒洗净、去蒂，斜切长段；大蒜去皮、拍碎备用。
2. 锅中倒入适量油烧热，放入培根及姜丝同炒，再放入秋葵、红辣椒、大蒜炒熟，然后加调料炒匀，最后淋入水淀粉勾薄芡即可。

排毒小帮手

秋葵属于低脂肪、低热量、无胆固醇的减肥食品，黏液里的果胶质可以降低人体对其他食物脂肪和胆固醇的吸收，还可保护胃壁、肠道，并帮助身体排出毒素。

功效：保护胃肠，养颜美容
热量：101.3千卡 / 1人份

凉拌秋葵

材料

秋葵300克，虾米50克，熟白芝麻1/2小匙，大蒜1瓣

调味料

盐、糖各1/2小匙，橄榄油1大匙，胡椒粉1/4小匙

做法

1. 大蒜去皮，切末；秋葵洗净，去蒂，切小段；虾米泡水，洗净，沥干水分备用。
2. 锅中倒入半锅水煮开，放入秋葵汆烫，捞出，以冰水冲凉后，沥干。
3. 锅中水继续烧开，放入虾米汆烫，捞出、沥干水分，盛入碗中，加入秋葵、蒜末及调味料拌匀，撒上熟白芝麻即可。

排毒小帮手

秋葵会分泌一种黏蛋白及果胶黏液，具有保护胃壁的作用，适合肠胃不佳者食用。芝麻含有丰富的维生素E，可以预防皮肤因灼伤或发炎而形成的瘢痕，具有养颜美容、预防瘢痕的功能。

黄花菜

Daylily

- 英文名 Daylily
- 别名 忘忧草、金针菜
- 热量 32千卡 / 100克
- 采购要点 纤维组织较硬、质地细嫩则表明较新鲜，若颜色过黄或头部颜色深，则表示硫磺熏过或不新鲜
- 营养提示 忘忧除烦的蔬菜
- 适用者 一般人、孕妇、中老年人、劳累者、高胆固醇者
- 不适用者 皮肤瘙痒症患者

保健功效

清热降火	安神明目
增进体力	帮助发育

营养成分

黄花菜每100克中约含蛋白质14.1克（含量与肉类相近），钙463毫克及铁16.5毫克，还含有丰富的维生素A、维生素B_1、维生素B_2、维生素C等多种营养成分；黄花菜有相当高的药用价值，其花、茎、叶、根均可入药，具有止血、清热凉血、利尿、安神明目等多种功效。

保健养生

黄花菜鲜蕾营养丰富，除了维生素A、维生素B_2、钙及镁等，还含大量蛋白质及铁，营养成分高，可造血、补血、强壮脏腑功能，且具有安神忘忧之效。

处理保存

新鲜黄花菜必须去掉花蕾；干制品应泡开，且洗涤时必须换3次水，每次8分钟，使其退去硫磺味与色泽。处理后的黄花菜保存期长达一年，但密封冷藏保存较佳。

排毒功能

黄花菜含有蛋白质、碳水化合物、脂肪、胡萝卜素、膳食纤维、钙、磷、铁等营养元素，具有预防细胞病变及促进酒精代谢的药理作用。丰富的维生素A，可增强身体免疫能力。

营养面面观

主要营养成分	营养价值	100g中的含量
维生素A	■■■■■■■■□□	495μgRE
膳食纤维	■■□□□□□□□□	2.5g
维生素C	■■■□□□□□□□	28mg
钾	■■□□□□□□□□	200 mg

速配MENU

黄花菜含有丰富的蛋白质、铁，与肉类一起炖煮可增加蛋白质、铁的摄取。其所含膳食纤维可以减少肉类中脂质的摄取。

功效：预防便秘，降低胆固醇
热量：465千卡／1人份

黄花排骨汤

材料

黄花菜100克，小排骨150克，姜片3片，黄节瓜1/4根，蘑菇3朵

调味料

盐、鲜鸡粉、鲣鱼粉各1小匙

做法

1. 黄花菜用水泡软；蘑菇洗净，去根部；黄节瓜洗净，切块，备用。
2. 小排骨汆烫后，洗净，放入锅中，加入八分满的水和姜片，以大火煮开，转中小火煮约30分钟，加入黄花菜、黄节瓜及蘑菇，再煮约3分钟，最后加入调味料调味即可。

排毒小帮手

黄花菜含有丰富的膳食纤维，可以降低胆固醇，加强代谢有毒物质；蘑菇含有大量植物纤维，具有防止便秘、促进排毒、降低胆固醇含量的功效。

功效：集中注意力，预防动脉阻塞
热量：355千卡／1人份

黄花菜炒肉丝

材料

黄花菜200克，猪里脊肉40克，辣椒1个，蒜末1小匙

调味料

A料：蛋清1/2个，酱油、淀粉、色拉油各2小匙

B料：米酒1/2大匙，盐、糖各1/2小匙，蚝油、香油各1小匙，清水2大匙

做法

1. 猪里脊肉丝以A料腌拌；黄花菜洗净；辣椒去蒂，剖开去籽，切丝。
2. 油锅烧热，放入肉丝炒熟盛出，锅中留下1大匙油，爆香蒜末、辣椒，放入黄花菜、肉丝及B料炒熟即可。

排毒小帮手

大蒜中大蒜素可以促进黄花菜中的维生素B_1被人体吸收，黄花菜、肉丝、辣椒和大蒜对于注意力不集中、记忆力减退、脑动脉阻塞等有缓解功效，简单的一道黄花菜炒肉丝，营养百分百。

- 英文名 Cauliflower
- 别名 白花菜、绿花菜
- 热量 31千卡 / 100克
- 采购要点 花梗淡青色，瘦细鲜翠，花蕾小珠粒状者易煮快熟。花球坚硬，花梗宽厚结实者，久煮不烂无甜味
- 营养提示 防癌小尖兵
- 适用者 一般人，癌症、糖尿病、心血管疾病患者
- 不适用者 牙齿不好、咀嚼功能不佳者

菜花 / 西蓝花

Cauliflower

保健功效

保护眼睛 缓解水肿 养颜美容 预防便秘、大肠癌

营养成分

菜花的防癌功效长久以来一直受到专家的肯定，而且其热量低、膳食纤维多，富含维生素C和维生素A，在营养的重要性上扮演着重要角色。菜花含有吲哚，可抑制肿瘤细胞生长，尤其能减少与雌激素相关的乳腺癌及子宫颈癌的发生。

保健养生

十字花科类食物的防癌功效，以菜花为首，菜花还含有一些潜在的抗氧化成分如维生素A、维生素C、硒，可预防中风和癌症的发生，并且可增强人体免疫力。

处理保存

煮菜花时可先以热水加一小撮盐，以避免菜花变黄，而且对于去除残存的农药有很大的助益。煮好的菜花捞起后，可让它自然变凉，然后再进行调理。

排毒功能

据美国科学家的最新研究发现，菜花具有令人惊奇的防癌效果，日常饮食适当摄取这类蔬菜，不仅可以养颜，更能预防癌症，一举两得。绿色与白色菜花防癌效果最好。根据美国癌症协会的报道，这类蔬菜有助于抑制膀胱恶性肿瘤细胞的产生，也证实了食用菜花等蔬菜可降低患膀胱癌的概率。

营养面面观

主要营养成分	营养价值	100g中的含量
维生素A	■■■■■■■■■■	103μgRE
维生素C	■■■■■■■■■■	73mg
铁	■■■■■■□□□□	0.8mg
维生素B_1	■■■■■■□□□□	0.1mg
钙	■□□□□□□□□□	47mg

速配MENU

干贝搭配上菜花，有助于预防心血管疾病、保护视力与预防癌症，是全家老少都适宜的食物，尤其适合孕妇。

功效：明目护心，帮助消化
热量：509千卡／1人份

菜花煮鲜贝

材料

菜花200克，新鲜干贝6个，青豆仁1/2杯（120克），胡萝卜50克，大蒜3瓣

调味料

A料：奶油1大匙

B料：盐1小匙，胡椒粉1/2小匙，米酒1大匙

C料：水淀粉1大匙

D料：鲜奶油1大匙

做法

1. 菜花洗净，去除老皮，切小朵，放入沸水中汆烫，捞起，泡入冷水；胡萝卜洗净，切丁，放入水中汆烫，捞起；大蒜去皮，切末备用。
2. 锅中加入A料烧熔，放入大蒜炒香，加入胡萝卜、青豆仁、干贝、菜花拌炒，注入适量清水使盖过材料，加入B料后盖上锅盖焖煮2～3分钟。
3. 加入D料调匀，再加C料勾芡即可。

排毒小帮手

干贝是将大型贝类的肉柱加盐煮熟后晒干而成。挑选干贝时，选择色泽金黄、颗粒大、品质干燥者为佳。在烹调前，干燥的干贝必须先在热水中浸泡一晚至软后使用，而浸泡后的汤汁可以当高汤使用。

功效：促进食欲，美化肌肤
热量：295千卡／1人份

清炒西蓝花

材料

西蓝花500克，大蒜2瓣，油1大匙

调味料

盐1小匙，水2大匙，糖1/2小匙

做法

1. 西蓝花去除老皮，洗净，切小朵；大蒜去皮，切片。
2. 锅中倒入1大匙油烧热，放入大蒜炒香，加入西蓝花及调味料，用大火炒匀，改小火炒至熟烂即可。

排毒小帮手

西蓝花的营养价值略高于菜花，其含有丰富的维生素A和维生素C，常食用能美化肌肤，对视力也有一定的保护作用，同时能预防胃溃疡和十二指肠溃疡。对于消化不良、食欲不佳、大便干硬的人也很适合。

功效：清理肠道
热量：28.9千卡 / 1人份

凉拌菜花

材料

菜花250克，胡萝卜50克，红辣椒1个

调味料

醋1大匙，盐1小匙，糖1/2大匙

做法

1. 菜花切成小朵，洗净；胡萝卜去皮，洗净，切片；红辣椒洗净，切斜段。
2. 锅中倒入半锅水烧热，放入菜花及胡萝卜煮熟，捞起，沥干，盛在盘中，加入红辣椒和调味料搅拌均匀即可。

排毒小帮手

菜花含有丰富的维生素C，搭配含有丰富维生素A的胡萝卜，可以增强细胞抗氧化的能力，以减少细胞病变而产生的致癌物质。此外，菜花和胡萝卜均含有丰富的膳食纤维，且热量很低，适合作为减肥时的餐点。

功效：明目，保护心血管
热量：105.7千卡 / 1人份

椰香西蓝花

材料

西蓝花1棵，姜片10克，椰浆50克，橄榄油1大匙

调味料

盐1小匙

做法

1. 锅中倒入半锅水煮沸，将西蓝花整棵放入沸水中汆烫4～5分钟，取出，待凉，切成小朵备用。
2. 锅中放入1大匙橄榄油烧热，爆香姜片，放入西蓝花拌炒均匀，加入盐略炒，倒入椰浆炒匀即可捞出盛盘。

排毒小帮手

西蓝花含有丰富的维生素A，可以维护眼睛健康，且使用橄榄油拌炒，可以提高身体对维生素A的吸收率。橄榄油含有丰富的单不饱和脂肪酸，可以降低血胆固醇，非常适合高胆固醇患者食用。

其他

香菇

Mushrooms

- 英文名 Mushrooms
- 别名 香蕈、椎茸、香菰
- 热量 40千卡／100克
- 采购要点 新鲜香菇：选伞开八分，菇伞肥厚，根轴较短，表面富有光泽，底部呈白色者。干香菇：选肉质厚实，底部呈淡黄色者
- 营养提示 癌症克星
- 适用者 一般人
- 不适用者 尿酸高者、肾脏疾病患者

保健功效

预防癌症	防止动脉粥样硬化
降低血压	降低胆固醇

营养成分

香菇含有蛋白质、多糖类、膳食纤维、B族维生素、维生素D、钙、碘、镁、钠、钾、铁等。蛋白质含量远超过一般蔬菜，所含的各种氨基酸，在种类、数量比例上，更接近人体的需要。维生素B_1可帮助碳水化合物转化成能量，加快体力的恢复。

保健养生

香菇中的麦角甾醇进入体内后，在阳光的照射下，会转变为维生素D，能促进钙的吸收、预防骨质疏松。维生素B_2可以帮助能量释放，有助于皮肤、眼睛和头发的健康。

处理保存

新鲜香菇用水稍微冲洗表面，装入保鲜袋置于保鲜室约可保存一星期；干香菇，密封保存，使用前可用约80℃的热水泡发。

排毒功能

香菇中含有丰富的膳食纤维，能促进排便，将体内的毒素排出体外，降低胆固醇。多糖体可以增强免疫系统、对抗病毒或癌细胞；其中腺嘌呤、胆碱与核酸类物质，有降血压与血脂、抑制血清与胆固醇等功能，对预防心血管疾病与动脉粥样硬化有帮助。

营养面面观

主要营养成分	营养价值	100g中的含量
维生素D	■■■■■■■■□□	90IU
维生素B_2	■■■□□□□□□□	0.1mg
烟酸	■■■□□□□□□□	3.6mg
膳食纤维	■■■■□□□□□□	3.9g

速配MENU

市售的干香菇大部分都是机器干燥而成，在食用前，将根部朝上，在太阳下照射1小时，可以增加维生素D的含量。

功效：增强免疫力，润肺止咳
热量：89.7千卡 / 1人份

双笋炒香菇

材料

鲜香菇5朵，芦笋225克，茭白1根，胡萝卜50克，干百合2大匙，枸杞子1大匙，橄榄油1大匙

调味料

A料：盐1小匙，米酒1大匙
B料：淀粉1/4大匙，水1/2大匙
C料：胡椒粉少许

做法

1. 干百合泡水、冲净，放入沸水中烫至色变白，捞出沥干；枸杞子洗净备用。
2. 芦笋洗净、削去老皮、切长段；鲜香菇洗净、切片；胡萝卜、茭白分别去皮，洗净、切厚片，全部放入沸水中汆烫一下，立即捞出。
3. 锅中倒入1大匙橄榄油烧热，放入枸杞子、百合和A料快炒一下，然后放入烫好的香菇和蔬菜炒匀，再加入调匀的B料勾芡，最后撒上C料即可盛出。

排毒小帮手

香菇含有多糖体，可以增强免疫力，对抗病毒或癌细胞；百合具有润肺止咳、清心安神作用，还可以改善皮肤湿疹，有护肤美容功能。

功效：增强免疫力，改善便秘
热量：119.9千卡 / 1人份

双菇拌鸡肉

材料

鸡胸肉300克，干香菇3朵，洋菇3朵，小黄瓜1根，甜豆荚50克，生菜50克

调味料

A料：盐1小匙，糖1大匙，醋1大匙
B料：黑胡椒1小匙，生抽2大匙

做法

1. 鸡胸肉洗净，放入滚水中烫熟，捞出，以手撕成片状；甜豆荚洗净，去蒂及老筋；香菇泡软，去蒂切块；洋菇洗净切片，全部放入沸水中煮熟，捞出。
2. 小黄瓜洗净，切片；生菜洗净，撕成小块，全部放入碗中，加入烫好的鸡肉、洋菇、香菇和甜豆荚，再加入A料搅拌均匀，放入冰箱冷藏1小时，食用时淋上调匀的B料拌匀即可。

排毒小帮手

香菇和洋菇均含有多糖体，可以增强免疫力，对抗病毒或癌细胞；这道菜含有丰富的膳食纤维，可以促进肠胃蠕动，改善便秘情况。

功效：增强免疫力，缓解疲劳
热量：129.1千卡 / 1人份

香菇蛤蜊鸡汤

材料

竹荪3朵，文蛤6只，香菇5～6朵，鸡腿2只

调味料

冰糖1/2大匙，盐1小匙，米酒3大匙

做法

1. 文蛤泡水吐沙；香菇去蒂洗净；鸡腿洗净；竹荪泡水10分钟，剖开洗净杂质，再切成长段。
2. 汤盆中放入鸡腿、竹荪、香菇及调味料，加水淹盖所有食材，盆口处封上保鲜膜，进蒸锅蒸。
3. 鸡汤蒸熟后取出，倒入汤锅中续煮，加入蛤蜊煮至开口即可。

排毒小帮手

鸡肉中含有丰富的蛋白质、B族维生素，可以增强体力、缓解疲劳。香菇中的多糖体，可以增强免疫力；膳食纤维可以促进肠胃蠕动，改善便秘。鸡肉和香菇均含有钾，有助于保护血管系统，预防中风。

功效：滋养皮肤，增强免疫力
热量：94.7千卡 / 1人份

五彩双菇

材料

鲜香菇300克，洋菇300克，青椒、红甜椒、黄甜椒各1个，菠萝4片，姜2～3片，油适量

调味料

盐1小匙

做法

1. 香菇、洋菇洗净，洋菇切薄片、香菇切2～4块，各以盐水浸泡10分钟。
2. 青椒、甜椒剖开去籽，切成方块；菠萝切小块备用。
3. 锅中放入1小匙油烧热，放入香菇大火炒至出水，盛起沥干油分。
4. 重起油锅，炒至洋菇出水，做法同上。
5. 再起油锅，放入姜片爆香、取出，放入青椒、甜椒加盐，以大火拌炒，最后放入香菇、洋菇、菠萝快炒至入味即可。

排毒小帮手

香菇和洋菇均含有丰富的多糖体，可以增强免疫力、防癌抗老，搭配富含维生素A的彩椒等，还可以滋养皮肤、养颜美容。

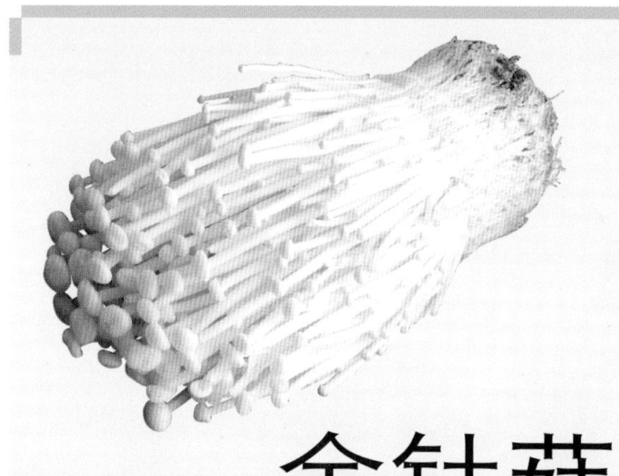

- 英文名 Flammulina velutipes
- 别名 金丝菇、金菇、毛柄金钱菌
- 热量 41千卡 / 100克
- 采购要点 选择菇体为白色或乳白色、新鲜清洁、菇柄不太长者
- 营养提示 女性窈窕身材的盟友
- 适用者 胃癌、结肠癌、直肠癌、宫颈癌患者、过敏性体质者
- 不适用者 红斑狼疮、关节炎患者

金针菇

Flammulina velutipes

保健功效

预防骨质疏松症	缓解便秘
预防癌症	清洁肠胃

营养成分

金针菇因为菌柄细长，口感、色泽和金针菜十分相似，故得“金针菇”之名。金针菇的营养丰富，可以促进儿童的智力和身体的发育，因此民间也称为“增智菇”。

保健养生

金针菇中含有丰富的麦角甾醇，进入体内经过阳光照射会转化为维生素D，有助于促进钙吸收，可有效预防骨质疏松症。女性可以多食金针菇。

处理保存

将根部切除后，只要稍微冲洗一下即可。金针菇不宜久放，装在保鲜袋中，放在冰箱冷藏室中保存，可保存2～3天。

排毒功能

金针菇含有丰富的维生素B_1、维生素B_2和烟酸，其中，维生素B_1的含量特别丰富，维生素B_1可以促进能量代谢，保持神经系统的功能正常，有助缓解压力。医学研究还发现，金针菇可以预防癌症的发生。和其他菌菇食品一样，金针菇也含有丰富的膳食纤维，可以清洁肠胃，帮助排出肠内代谢废物和多余的胆固醇，可有效改善便秘。

营养面面观

主要营养成分	营养价值	100g中的含量
维生素B_1	■□□□□□□□□□	0.1mg
烟酸	■■■■□□□□□□	6.2mg
钾	■■■■■□□□□□	430mg
磷	■■■■□□□□□□	108mg
膳食纤维	■■■■■□□□□□	2.9g

速配MENU

金针菇中的多糖体朴菇素，具有较强的防癌作用，再加上黄豆中含的大豆异黄酮，对老弱妇孺均适宜。

功效：防癌抗老，增强免疫力
热量：276千卡 / 1人份

三菇拌凉面

材料

米粉40克，黄豆20克，蟹味菇、香菇、金针菇各25克，胡萝卜20克

调味料

盐1/2小匙，洋菇粉1小匙，香油1/2小匙

做法

1. 米粉放入冷水或温水中泡开；黄豆泡水一夜；胡萝卜去皮，切丝。
2. 锅中放入半锅水烧开，分别氽烫所有材料，起锅后以冷水冲凉，沥干水分备用。
3. 米粉盛入盘中，放入其他材料，加入调味料拌匀即可食用。

排毒小帮手

菇类独特的营养成分——多糖体，具有对抗癌症的干扰素，可提高人体免疫能力及预防癌细胞的生成；胡萝卜富含维生素A，可以强化菇类的抗氧化效果，再加上黄豆中含的大豆异黄酮，大人小孩都适宜。

功效：改善肠道功能，预防便秘
热量：530千卡 / 1人份

三菇炒面

材料

金针菇、柳松菇、鲜香菇各100克，奶油、柚子皮各20克，油面100克，油1大匙

调味料

酱油、酒各2大匙，白胡椒粉1小匙

做法

1. 金针菇、柳松菇洗净；鲜香菇、柚子皮洗净、均切成丝；油面放入沸水中煮八分熟备用。
2. 锅中倒1大匙油烧热，放入奶油煮熔，加入所有菇类材料炒香，再加入调味料及1/2杯水煮沸，然后加入油面炒至汤汁略为收干，盛起，均匀撒入柚子皮丝即可。

排毒小帮手

这道面点使用了三种口感、味道均属一流的菇类，食用后能一次大量补充氨基酸和多种维生素，有助迅速恢复精神，可以促进肠胃蠕动。此外柚子皮的清香具有画龙点睛、提鲜醒味的妙用，让人食欲大振、精神饱满。

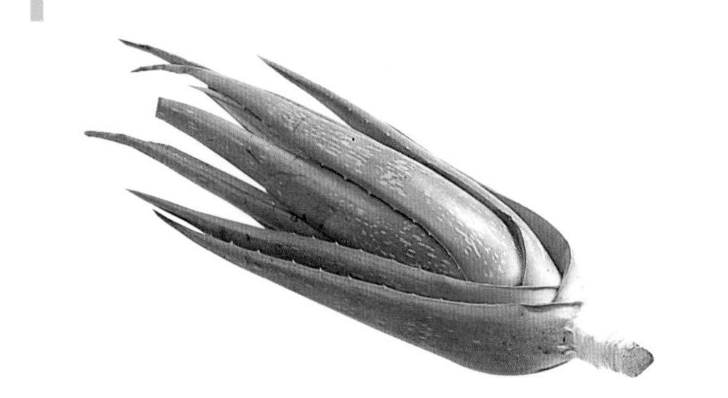

- 英文名　Aloe
- 别名　卢会
- 热量　4千卡 / 100克
- 采购要点　要选择叶片厚实、翠绿，没有枯烂者
- 营养提示　美容圣品
- 适用者　一般人
- 不适用者　孕妇

芦荟

Aloe

保健功效

增强免疫力　改善更年期障碍

养颜美容　调整血压　消炎消肿

营养成分

芦荟有木刀芦荟、好望角芦荟和吉拉索芦荟等品种，无论哪一种，都含有种类十分丰富的矿物质和维生素，包括钙、镁、磷、钠、钾、氯、锰、锌、铜、铬和维生素A、维生素E、维生素C、B族维生素、泛酸、烟酸、叶酸等，进入体内后，可以充分均衡的发挥各种效果。

保健养生

芦荟中的芦荟胶具有抗生素、收敛剂和凝固剂的作用，可以辅助治疗伤口、加速受损细胞复原，使用时要保留叶肉，因叶肉中的木质素可使芦荟中的有效成分渗入皮肤，或者将叶片捣碎后敷于患部，效果更好。

处理保存

自家种植时，只需用小刷子刷除表面尘土后装入保鲜袋中，放入冰箱保存。

排毒功能

芦荟中的单糖体和多糖体可以促进肠胃蠕动，促进脂肪和蛋白质的代谢。皂角苷可以发挥杀菌作用，酶可以促进消化、增进食欲，对减少脂肪及预防糖尿病和高血压均有效用。丰富的氨基酸、芦荟素、大黄素在体内合成抗体，有助于增加身体的抵抗力，形成各种激素，调节身体的各种功能，同时还具有美容养颜及护肤的功效。

速配MENU

芦荟中的芦荟素及芦荟泻素，有助于清理胃肠道，直接进食可促进肠的蠕动。烹饪后的芦荟较易入口，适合老人、小朋友和体质虚弱的人。

营养面面观

主要营养成分	营养价值	100g中的含量
钾	■■■■■■■■■□	420mg
钙	■■■□□□□□□□	36mg

功效：补水嫩白，清肠胃
热量：54千卡 / 1人份

西瓜芦荟汁

材料

芦荟2根，西瓜200克，柠檬1/4个，水、冰块各适量

做法

1. 芦荟洗净、去皮，取出芦荟肉；西瓜去皮，榨汁；柠檬挤汁备用。
2. 全部材料放入果汁机中打匀，倒入杯中加入冰块即可。

排毒小帮手

芦荟含有异柠檬酸钙，有助于扩张微血管、维护心脏正常功能；所含大黄素能帮助消化，并把毒素排出体外。

功效：补充活力，健胃通便
热量：168千卡 / 1人份

芦荟三圆露

材料

芦荟1/2杯，小珍珠粉圆2大匙，甘薯、芋头各1/2个，椰浆1大匙，冰糖2大匙

调味料

糯米粉1/2杯，甘薯粉2大匙

做法

1. 小珍珠粉圆放入沸水中煮熟，捞出、冲冷水；芦荟肉切小块备用。
2. 甘薯、芋头去皮，切片，放入蒸锅蒸熟，取出，捣成泥状，分别加入一半粉料拌匀，搓揉成小圆球状，放入沸水中煮熟，捞出。
3. 锅中另倒入半锅水煮沸，放入冰糖拌匀，待凉，放入冰箱冰镇，再加入其他材料，即可食用。

排毒小帮手

芦荟向来就有“植物医师”的美称。芦荟果肉具有消炎清热、平肝降火的特点，对于容易上火的人是很好的清凉食物，平日可用一碗水加两碗糖煮成糖膏，再加入芦荟果肉略煮几分钟，就是一道清心祛火的养生甜品。

银耳

Jelly fungus

- 英文名 Jelly fungus
- 别名 白木耳、雪耳
- 热量 200千卡 / 100克
- 采购要点 市面上的银耳都是干燥品，要选择白中略带有黄色、朵大肉厚、蒂小、无杂质者
- 营养提示 传统滋补佳品
- 适用者 高血压、血管硬化、产后体质虚弱、月经不调、便秘者
- 不适用者 外感风寒及咳嗽痰多患者

保健功效

增强体力	养颜美容
预防动脉粥样硬化	止咳润喉

营养成分

银耳自古以来就是珍贵的药用食材，也是中国的传统三大珍品之一，是含有丰富的氨基酸和多糖的胶原蛋白补品，具有润肺止咳、补肾健脑、健身嫩肤的功效，是驻颜美白的超级圣品。同时具有养胃生津、活血之功效，能增强细胞免疫功能，也是延年益寿的圣品。

保健养生

银耳中的麦角甾醇进入体内后，在阳光的照射下，会转化为维生素D，有助于促进钙的吸收，改善骨质疏松症。银耳中含有人体所需的氨基酸，其特有的黏汁可以养颜美容，增强体力。

处理保存

用水冲洗后，浸泡在温水中，可以"膨胀"10倍左右，再将蒂部切除。干燥品可放在密闭容器中，于阴暗处保存。

排毒功能

银耳中的膳食纤维是所有菇类食品中最丰富的，可以降低血液和肝脏内的胆固醇，有助于将体内的代谢废物顺利排出体外。当银耳结合不同的药材时，冬天可以进补，夏日可以退火解毒。此外，医学研究还发现，银耳有助于消化系统的运作，减少热量的累积。

营养面面观

主要营养成分	营养价值	100g中的含量
维生素C	■■■□□□□□□□	24.9mg
钙	■■□□□□□□□□	188.6mg
磷	■■□□□□□□□□	97.1mg
铁	■■■■■■□□□□	6.3mg
钾	■■□□□□□□□□	228.6mg

速配MENU

银耳中的维生素D可以促进牛奶中的钙被人体吸收，在喝银耳甜汤时，不妨加入鲜奶，美味又营养。

功效：利水消肿，提升免疫力
热量：316千卡 / 1人份

糖冬瓜炖银耳

材料

银耳225克，糖冬瓜100克，红枣10颗，生姜2片，冰糖适量

做法

1. 银耳洗净，放入清水中浸泡约30分钟，取出、洗净，剪去蒂头。
2. 锅中放入冰糖之外的所有材料，加入8碗清水煮沸，改小火续煮约30分钟，加入冰糖煮至冰糖溶化即可熄火。

排毒小帮手

银耳性平味甘，有润肺化痰、养阴生津的功效，与糖冬瓜及红枣炖制而成的甜汤，香甜可口，有凉补健身、润肺止咳、益脑补肾的多重效果。

功效：利尿消水，滋阴养胃
热量：245千卡 / 1人份

银耳烩山苏

材料

山苏1把，番茄丁1/2个，黄节瓜1/2根，银耳1/2杯，大蒜末、姜末各1小匙，葱末1大匙，油适量

调味料

A料：高汤1.5杯，盐2小匙，鲜鸡粉、香油各1小匙
B料：水淀粉1大匙

做法

1. 山苏剪去中间粗梗，汆烫，沥干，摆入盘中备用。
2. 银耳泡开洗净，去蒂，剪成小朵，汆烫。
3. 锅中倒入适量油烧热，放入蒜、姜及葱末炒香，加入银耳和番茄丁、黄节瓜丁略炒，放入A料煮开，加入B料勾芡，最后撒上山苏即可。

排毒小帮手

山苏含丰富的维生素A、钙、钾、铁等营养物质，还有氮、磷、镁、锰、铜、锌等多种矿物质，银耳中含维生素D前驱物，有利于钙的吸收。

- 英文名 Oyster mushroom
- 别名 黑美人菇、鲍鱼菇、蚝菇
- 热量 25千卡 / 100克
- 采购要点 选择新鲜滋润，菇面大，菇柄粗短，表面呈灰色，背面呈乳白色，完整、没有破碎的平菇
- 营养提示 美味保健良品
- 适用者 一般人
- 不适用者 痛风、肾脏病患者

平菇

Oyster mushroom

保健功效

改善肌肉酸痛　降低胆固醇

增强体力

营养成分

平菇因个体大、肉肥厚、菇柄侧生、形状似鲍鱼，故称为平菇。平菇中含有维生素A、B族维生素、维生素C、叶酸，可以促进脂肪和糖类的代谢，维持消化器官的健康。同时，含有丰富的膳食纤维，可以有效预防和改善便秘。

保健养生

平菇的味道清淡、热量很低，适合食欲不佳和减肥者食用，经常在外应酬者多吃有助于养身健体。平菇中含有丰富的膳食纤维，搭配肉类可以抑制胆固醇的吸收，同时吸收肉类中丰富的营养。

处理保存

将蒂部切除少许后，用清水稍微冲洗，冲去表面的灰尘即可。保存时，可以装在保鲜袋内，放在冰箱的冷藏室内保存。

排毒功能

平菇含有丰富的核酸，不仅可以强壮骨骼和肌肉，改善肌肉酸痛和手脚麻痹，更具有抗血栓的功效。根据国外医学研究，经常食用富含特殊“平菇素”的平菇，可以强化体质，降低血液中的胆固醇，有助于预防脑溢血、心肌梗死等心脑血管方面的疾病。

营养面面观

主要营养成分	营养价值	100g中的含量
烟酸	■■■□□□□□□□	1.3mg
维生素C	■■■■□□□□□□	1mg
钾	■■■■■■■■□□	260mg
磷	■■■■■■□□□□	76mg

速配MENU

平菇可以炒、煮汤、涮，也可以焗烤，或做沙拉。宜氽烫后再做各种菜。

- 英文名 Hypsizygus marmoreus
- 别名 灵芝菇、榆菇
- 热量 25千卡 / 100克
- 采购要点 选择菇伞较小、颜色较深，柄部洁白，富有弹性者
- 营养提示 降低胆固醇的低热量食品
- 适用者 一般人
- 不适用者 痛风、肾脏病患者

蟹味菇

Hypsizygus marmoreus

保健功效

缓解便秘	预防动脉粥样硬化
养颜美容	降低血脂

营养成分

蟹味菇中的膳食纤维搭配含有牛磺酸的海鲜类食品，可以降低血压和胆固醇，同时可以促进肝脏功能。蟹味菇热量低，营养高，减肥者可以借此补充身体所需要的营养素。

保健养生

蟹味菇和其他菌菇一样，也是低热量、低脂肪的健康蔬菜。其维生素B_2可以促进脂肪的代谢，不仅有助于减肥，更可以改善眼睛疲劳、湿疹、青春痘等症状。

处理保存

只要稍微冲洗一下，并将根部切除即可。蟹味菇容易变质，尤其是沾到水后，更容易腐烂。可以装在保鲜袋里，放入冰箱冷藏室保存，但只能保存2～3天。

排毒功能

医学研究发现，蟹味菇可以提高免疫力，并能抑制癌细胞的产生。蟹味菇含有丰富的纤维素、蛋白质、矿物质、维生素及人体必需的18种氨基酸。丰富的膳食纤维有助于体内废物代谢和毒素排出，并可以促进排便、缓解便秘，还可以降低胆固醇，预防动脉粥样硬化、心脏病等。

营养面面观

主要营养成分	营养价值	100g中的含量
维生素D	■■■■■■■■■■	160IU
维生素B_2	■■■■□□□□□□	0.5mg
烟酸	■■■■■■■□□□	9.0mg
钾	■■■■■□□□□□	300mg

速配MENU

适用于通过煮汤、涮、炒、蒸及烩的方式，来获得大量的矿物质、蛋白质、糖类及维生素等。

功效：帮助消化，促进新陈代谢
热量：170千卡 / 1人份

养生山药面

材料

白山药1/3根，枸杞子1小匙，美白菇、蟹味菇、红椒、黄椒、青椒各少许，油适量

调味料

橄榄油、糖各1小匙，白醋2大匙，蜂蜜、盐各1小匙，胡椒粉1/3小匙

做法

1. 白山药用削丝器削成细长面条状，冲冷水去除黏液。
2. 枸杞子放入冷水中泡开；红椒、黄椒、青椒洗净，切小丁备用。
3. 美白菇、蟹味菇洗净，去蒂，切小段，用沸水汆烫，捞出冲冷水，备用。
4. 锅中加油，炒香美白菇、蟹味菇及彩椒，加入调味料拌炒，炒好之后淋在山药面上，点缀枸杞子即可。

排毒小帮手

山药的黏液含消化酶，可提高消化能力，除此之外还富含淀粉、蛋白质和多种维生素及矿物质等，可促进新陈代谢，对更年期眼睛及皮肤干燥大有助益，再搭配蟹味菇可增强免疫力及强化体力。

功效：皮肤健康光滑，促进肠道蠕动
热量：157千卡 / 1人份

白豆炒双菇

材料

蟹味菇1把，美白菇1把，胡萝卜、腌渍黄萝卜各1/5条，小黄瓜丝1/2条，白豆酱、葱末各1大匙，大蒜末1小匙，油少许

调味料

糖1小匙，鲜鸡粉1小匙

做法

1. 蟹味菇、美白菇洗净，去蒂；胡萝卜、黄萝卜去皮，洗净、切丝，均放入沸水中汆烫，捞出备用；小黄瓜洗净，切丝。
2. 锅中倒入少许油烧热，爆香白豆酱、葱末、大蒜后，加入蟹味菇、美白菇、胡萝卜、黄萝卜丝及小黄瓜丝一起拌炒，加入1/2杯水略焖煮，再加入调味料调味拌匀，即可盛盘。

排毒小帮手

蟹味菇、胡萝卜、小黄瓜等食材富含膳食纤维，可帮助肠道蠕动，再加上白豆富含B族维生素、铁及植物性营养素等，更可以缓解便秘。

第三章 辛香料排毒

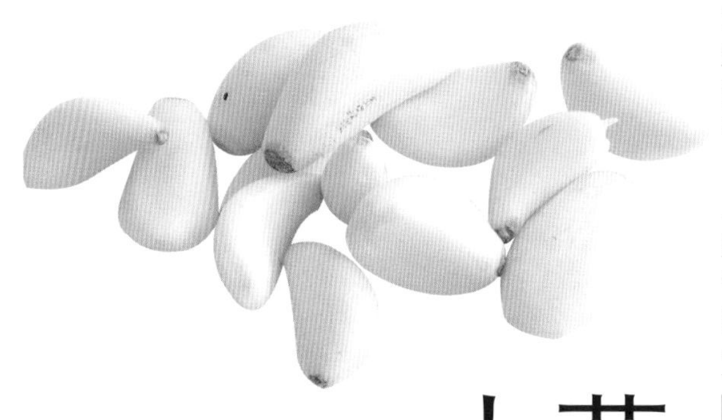

大蒜 Garlic

- 英文名 Garlic
- 别名 蒜头
- 热量 138千卡 / 100克
- 采购要点 大蒜要选择外皮完整、洁白，握在手上感觉沉重，蒜瓣大片而结实，没有长芽者
- 营养提示 杀菌的健康食品
- 适用者 高胆固醇、高脂血症、冠状动脉栓塞、急性痢疾者
- 不适用者 肝炎患者、眼痛者

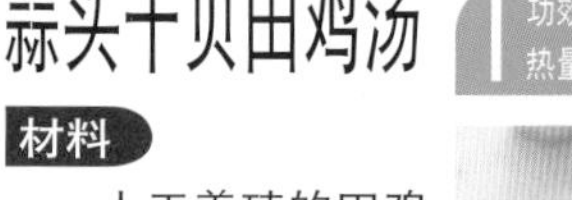

保健功效

杀菌　　缓解疲劳

强壮体力

营养成分

大蒜原产于中亚，古埃及人视之为具有强壮功效的食材，因此，大蒜也曾经是建造金字塔的劳工们补充体力的食品。大蒜萌芽时的蒜苗含有丰富的维生素C、维生素B_1、维生素B_2和胡萝卜素，还含有钙、铁等矿物质，是营养均衡的芳香蔬菜。

保健养生

大蒜中含有维生素B_1、维生素B_2、维生素E和少量磷等矿物质，尤其含有的微量元素硒是抗氧化剂，能有效抑制身体的衰老，还具有壮阳的作用。

排毒功能

大蒜强烈的味道，来自于具有挥发性的硫化丙烯类化合物蒜素。蒜素具有强烈的杀菌作用，可以杀死入侵人体的细菌。还可以促进身体吸收维生素B_1，帮助恢复体力。蒜素还可以促进毛细血管扩张，促进血液循环，预防动脉粥样硬化，还有促进肠胃和心脏的功能。

蒜头干贝田鸡汤

功效：预防高血压
热量：541千卡 / 1人份

材料

人工养殖的田鸡3只，干贝8颗，姜2片，大蒜75克，热水1500毫升，油适量

调味料

米酒20毫升，盐2小匙

做法

1. 田鸡放入沸水中汆烫，捞起后备用；蒜头去皮。
2. 油烧七成热，将蒜头放入锅中炸到呈金黄色，待蒜味散出，盛起备用。
3. 另取一锅，倒入热水，再放入干贝、田鸡、姜及蒜头、米酒，以大火煮沸，改中火炖2小时，起锅前再加上盐调味即可。

排毒小帮手

干贝含镁，可预防高血压、结石；含牛磺酸，对肝脏健康有促进作用。田鸡含维生素E、锌、硒等微量元素，能延缓衰老。

辣椒

Chili

- 英文名　Chili
- 别名　番仔姜、红辣椒、番椒
- 热量　61千卡 / 100克
- 采购要点　应选表面饱满、光滑，蒂头部分最好呈鲜绿色者
- 营养提示　温中散寒效果佳
- 适用者　一般人
- 不适用者　肝炎、胃溃疡、急性或慢性痢疾、口腔炎、牙周炎、痔疮、肛裂、结膜炎、呼吸道炎、眼手术后者

保健功效

开胃暖身　促进消化
促进血液循环

营养成分

辣椒原产于中南美洲热带地区，是一种诱发食欲、增加养分的理想调味品，并深受潮湿低洼地区人们的喜爱。它能增香添色、刺激食欲。

保健养生

辣椒可作为健胃剂，因为辣椒素能刺激口腔中的唾液腺，增加唾液分泌，加快胃肠蠕动，有利于食物的消化和吸收；此外，辣椒还含有大量维生素A、维生素C及胡萝卜素，是营养丰富的蔬菜之一。

排毒功能

辣椒素是抗氧化物质，能中和体内多种有害的含氧物质。辣椒碱也是抗氧化物质，能阻断致癌物质与正常细胞结合，预防癌症。辣椒会提高人体的新陈代谢，进而加快热量的消耗，达到减轻体重的效果。

辣子鸡丁

功效：瘦身，排毒
热量：200千卡 / 1人份

材料

去骨鸡胸肉100克，小黄瓜1根，红甜椒40克，红辣椒2个，葱2段，油3大匙

调味料

A料：米酒1/2大匙，酱油1大匙，淀粉1小匙
B料：盐、鲜鸡粉各1小匙
C料：水淀粉适量

做法

1. 红辣椒、葱均洗净，切段；小黄瓜、红甜椒洗净，均切丁；鸡胸肉洗净，切丁，加入A料腌15分钟；锅中倒入3大匙油烧热，放入鸡丁，过油至肉色变白，捞起，沥油备用。
2. 锅中留余油1大匙烧热，爆香葱段及红辣椒段，加入小黄瓜、红甜椒炒熟，再加入鸡丁、B料炒匀，另取C料勾薄芡，即可盛起。

排毒小帮手

小黄瓜所含的黄瓜酸能促进人体的新陈代谢，有助于排出毒素；维生素C的含量高，有助于美白肌肤，抑制黑色素的形成。

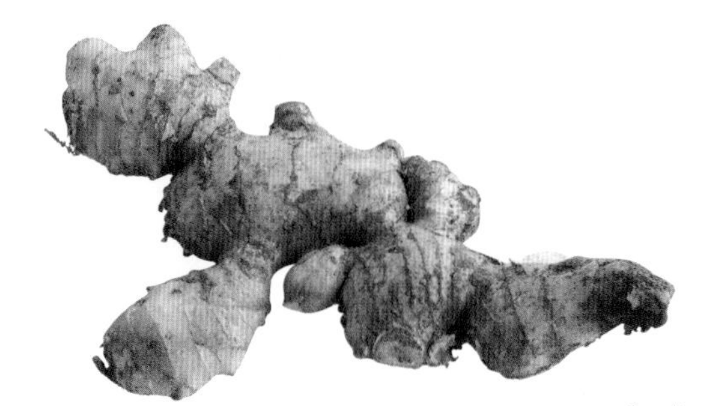

- 英文名 Ginger
- 别名 生姜、姜仔
- 热量 21千卡 / 100克
- 采购要点 嫩姜要选择肥大饱满，表面洁白，容易折断者；老姜则要选择外形饱满，不干枯、没有腐烂者
- 营养提示 解毒、消臭佳品
- 适合者 一般人，呕吐、咳嗽感冒者
- 不适用者 肾病、痔疮、肝病患者，易长青春痘者

姜

Ginger

保健功效

辅助治疗感冒、发烧

促进食欲　　促进血液循环

营养成分

姜原产于东南亚，虽然营养并不丰富，但独特的辛辣成分可以发挥不错的药效。姜在不同生长时期有不同的名称，初期称为“嫩姜”，在半成熟时称为“粉姜”，最后变成辣味十足的“老姜”。

保健养生

姜含有挥发性的姜烯酚、姜油酮、姜油醇以及桉叶油精、姜辣素、维生素C、镁、磷、钾、锌等，对口腔和胃黏膜有刺激作用，能促进消化液的分泌，有助消化、增进食欲、促进血液循环及健胃作用。

处理保存

浸泡5分钟后，用刷子刷去表面的泥土。老姜的香味强烈，可连皮食用。嫩姜要用保鲜膜包起，放入冰箱冷藏室，但不能保存太久。老姜可放在通风阴凉处保存。

排毒功能

生姜的辛辣成分姜酮和姜辣素，可以减少鱼或肉类中的腥味，还具有杀菌功效。同时，辛辣的味道可以增进食欲，促进血液循环，使新陈代谢更加旺盛。医学研究发现，姜还可以降低血压，降低体内的胆固醇。此外，姜可以促进排汗，有助于退烧和止咳，是缓解感冒初期症状的理想食材。

速配MENU

烹调海鲜类的食材，通常会加一些姜以祛除腥味，增加菜肴美味。

营养面面观

主要营养成分	营养价值	100g中的含量
钾	■■□□□□□□□□	280mg
钙	■□□□□□□□□□	17mg
磷	■□□□□□□□□□	24mg

功效：补血，促进骨骼发育
热量：144千卡 / 1人份

姜丝银鱼苋菜

材料

苋菜300克，银鱼50克，蒜末1小匙，姜片2片，油1大匙

调味料

米酒1大匙，盐1/2小匙，香油1小匙，清水150毫升

做法

1. 苋菜洗净，切段；银鱼洗净，沥干；姜丝去皮，切丝备用。
2. 锅中加入1大匙油加热，爆香蒜末、姜丝，放入苋菜、银鱼及调味料大火快炒均匀，炒至菜变软即可盛出。

排毒小帮手

苋菜含有丰富的蛋白质、碳水化合物、膳食纤维、维生素C、钙、磷、钠、钾、镁及铁等营养素，具有增强造血功能及促进骨骼发育等作用。

功效：解毒利尿，健肾补血
热量：448千卡 / 1人份

紫薯甜汤圆

材料

紫薯600克，生姜38克，芝麻粉40克，糯米粉400克，水150～180毫升

调味料

红糖适量

做法

1. 紫薯去皮、洗净、切滚刀块；生姜洗净、切片。
2. 糯米粉加入冷水拌匀成面团，分成小块，一一包入适量的芝麻粉。
3. 锅中放入紫薯及适量清水，以大火煮沸，改小火续煮约40分钟，加入芝麻汤圆、姜片及调味料，煮至汤圆浮起即可熄火。

排毒小帮手

紫薯含有丰富的蛋白质、脂肪、膳食纤维、铁及胡萝卜素等，还有人体必需的氨基酸和亚油酸等物质，多吃紫薯可以延缓衰老，其还有抗炎、降暑热等多种功效。

葱

Welsh onion

- 英文名　Welsh onion/Spring onion
- 别名　大葱、青葱、叶葱、葱仔、火葱
- 热量　28千卡 / 100克
- 采购要点　叶片翠绿细嫩，挺直不枯萎，表面略有粉状，直拿时，叶片不会倒下。葱白必须长而结实，富有光泽
- 营养提示　消暑佳品
- 适用者　动脉粥样硬化、高脂血症患者
- 不适用者　扁桃腺炎、流鼻血、容易发炎的人

保健功效

预防感冒	缓解疲劳
改善食欲不振	改善虚冷症

营养成分

葱的白色茎部分属于淡色蔬菜，叶子部分属于黄绿色蔬菜，两者的营养成分大不相同。葱白部分含有丰富的维生素C，可以温暖身体，具有发汗、退烧作用，对改善感冒初期的症状十分有效。叶子部分则含有可以维持黏膜健康的β-胡萝卜素，可以抵抗呼吸系统的感染。

保健养生

葱的辛香味来自于硫化丙烯，能帮助体内排出毒素，增进肝脏的解毒功能，同时也具有抗氧化及增强免疫力的功效。辛香料具有发汗的功能，利用排汗，可促进体内毒素由汗腺排出，提升排毒效率。

处理保存

食用前先将根须切除，浸泡5分钟后，再用流水冲洗。保存时要切除根部，切段后装在塑料袋中，冷藏保存。尚未清洗过的葱，可以用纸包好后，直立放在室内阴暗处。

排毒功能

葱独特的辛辣味源自于蒜素，蒜素可以促进血液循环、温暖身体、缓解肩膀酸痛和疲劳。同时，可以促进血管的扩张，防止心脏疾病和血管阻塞。蒜素还可以促进维生素B_1的吸收，迅速恢复体力。葱可以对葡萄球菌、链球菌等细菌产生抑制作用。

营养面面观

主要营养成分	营养价值	100g中的含量
维生素A	■■□□□□□□□□	102μgRE
维生素C	■■□□□□□□□□	17mg
钙	■□□□□□□□□□	160mg
钾	■□□□□□□□□□	5mg

速配MENU

葱和猪肉是最佳拍档，葱的蒜素和猪肉的维生素B_1可以促进大脑细胞活跃，增加精力。

功效：益气润肠，开胃健脾
热量：112.5千卡 / 1人份

凉拌金银丝

材料

竹笋150克，腐竹200克，红辣椒1个，葱2段，香菜少许

调味料

糖5克，鱼露45克，香油15克

做法

1. 葱洗净，腐竹泡水，竹笋洗净、去壳，红辣椒去蒂及籽，均切成丝。
2. 锅中放入2杯水煮沸，分别放入笋丝、腐竹汆烫，捞出，沥干，放入碗中加其他材料及调味料拌匀，即可盛出食用。

排毒小帮手

腐竹含有丰富蛋白质，能补中益气，润肠、消肿，加入辛温的青葱、红辣椒及香菜，可以调和竹笋的寒性，男女老少都非常适合。

功效：祛风散寒，促进血液循环
热量：40千卡 / 1人份

醋味葱段

材料

青葱100克

调味料

水果醋10克，白味噌10克，味淋10克

做法

1. 青葱洗净。
2. 锅中倒入半锅水煮沸，放入青葱汆烫，捞出，泡入冰水中，捞出，切成5～6厘米长段，将水分拧干，摆入盘中。
3. 调味料放入小碗中，充分拌匀，食用时淋在青葱上即可。

排毒小帮手

醋中含有醋酸、乳酸、甘油和醛类化合物，能促使毛细血管扩张，增加皮肤血液循环，并对多种细菌及病毒有抑制作用；还能促进人体的新陈代谢，排出体内的酸性物质，有利尿通便的功效。

- 英文名 Cilantro
- 别名 芫荽、香荽、胡荽
- 热量 28千卡 / 100克
- 采购要点 宜选整株完整，叶片翠绿、饱满，没有枯黄或腐烂者
- 营养提示 芳香健胃辛香料
- 适用者 出麻疹、感冒无汗、消化不良、食欲不振者
- 不适用者 胃溃疡、肾炎和狐臭者

香菜 Cilantro

保健功效

促进食欲 养颜美容 降低血压
缓解口臭 缓解头痛

营养成分

香菜营养丰富，含有维生素C、胡萝卜素、维生素B_1、维生素B_2、钙、铁、磷、镁等。香菜内还含有挥发油、苹果酸钾等。在亚洲地区常用来当佐味香料。

保健养生

香菜原产于地中海沿岸和高加索山脉一带，味道清香，是家庭常用的芳香蔬菜，常用于菜肴装饰，除了提味增香，还有美化菜肴的作用。香菜在一般菜中使用量虽然不多，但所含营养却十分惊人。

排毒功能

香菜含丰富的维生素A，可以增加免疫功能，强壮骨骼，维持皮肤、头发和牙齿的健康，抵抗呼吸系统的感染。香菜中钾的含量很高，有助于降低血压。实验测出食用香菜后，人体所排尿液中含有异常高的汞、砷、铅、镉等重金属矿物质，可见香菜排毒能力之强、效率之高。

香菜皮蛋肉片汤

功效：缓解胀气，健胃开脾
热量：443千卡 / 1人份

材料

猪瘦肉120克，皮蛋2个，香菜50克，姜丝20克，高汤5杯，清水2杯

调味料

盐1/2小匙，白胡椒粉1/4小匙

做法

1. 猪肉洗净、切薄片；香菜洗净；皮蛋去壳，切成6份。
2. 锅中倒入高汤及清水以慢火加热，放入姜丝、猪肉、皮蛋及调味料，煮沸后续煮约5分钟后放入香菜，待香味出来即可熄火盛出。

排毒小帮手

猪肉含丰富的蛋白质、钙、磷、铁、烟酸、维生素B_1和锌等，具有长肌肉、润皮肤的作用，是养生保健佳品。

第四章

五谷杂粮排毒

- 英文名　Rice husking
- 别名　玄米
- 热量　354千卡／100克
- 采购要点　选择颜色新鲜、富有光泽，呈浅褐色，饱满肥大者
- 营养提示　促进肠胃蠕动、排毒通便
- 适用者　一般人
- 不适用者　肾功能不良者

糙米

Rice husking

保健功效

改善便秘	预防动脉粥样硬化
增进体力	改善肥胖

营养成分

稻米去除外壳后，就是所谓的糙米。糙米具有发芽的能力，是营养相对完整的食品。糙米除了含有丰富的蛋白质，还含有均衡的维生素、矿物质和膳食纤维，糙米比精制加工后的大米更有营养，其中膳食纤维、维生素B_1、维生素E的含量是大米的4倍左右，脂肪、铁和磷的含量是大米的2倍左右。

保健养生

糙米包括了米糠、胚芽和胚乳等部分，胚乳部分就是精制大米。胚芽部分含有丰富的维生素B_1、维生素B_2、维生素B_6、维生素B_{12}和泛酸、叶酸等B族维生素，有助于体内的糖类代谢，可以增强体力，缓解身心疲劳。

处理保存

以清水将米洗净后，先浸泡3小时再煮。煮糙米时，需要加入比煮大米时更多的水。由于糙米的营养丰富，容易被虫蛀，不宜久放，宜保存在冰箱内。

排毒功能

糙米的膳食纤维不仅具有整肠作用，以改善便秘，还可以使身体缓慢吸收脂肪和淀粉，减轻肾脏的负担，对糖尿病也有积极的作用。糙米中的硒和多酚类具有防癌作用，可以预防细胞的氧化，抑制癌细胞的生成。食用糙米有助于将体内的毒素排出体外，做好体内环保。

营养面面观

主要营养成分	营养价值	100g中的含量
蛋白质	■■■■■□□□□□	7.9g
维生素B_1	■■■■■■□□□□	0.38mg
烟酸	■■■■■□□□□□	5.5mg
铁	■■■■□□□□□□	0.6mg
锌	■■■■■■□□□□	1.8mg

速配MENU

食用糙米时，搭配胡萝卜、南瓜等黄绿色蔬菜，可以补充糙米中不足的维生素C和胡萝卜素等营养成分。

功效：补充体力，强化骨骼健康
热量：340千卡／1人份

排骨糙米粥

材料

排骨300克，糙米150克，排骨高汤2杯，枸杞子1小匙，黄芪2片，香菜少许

调味料

盐1小匙，白胡椒粉、香油各少许

做法

1. 排骨洗净，放入锅中以热水汆烫，捞出，冲去浮沫备用。
2. 糙米洗净，以温水浸泡1小时备用。
3. 锅中放入黄芪、糙米、排骨和高汤，以大火煮开之后转小火煮成米粥，最后加入调味料及枸杞子、香菜即可。

排毒小帮手

糙米与排骨均含有B族维生素，有助于恢复体力。糙米富含膳食纤维可帮助肠道蠕动，缓解便秘，促进新陈代谢；糙米中的多酚类具有抗氧化作用，可以预防细胞的氧化。

功效：促进肠胃蠕动，增加活力
热量：413千卡／1人份

香菇糙米饭

材料

糙米200克，圆白菜100克，干香菇50克，虾米30克，油1大匙

调味料

盐2小匙，鲜鸡粉1小匙

做法

1. 糙米淘洗干净，先浸泡约2小时，再移入电饭锅蒸熟。
2. 虾米、干香菇泡热水至软，捞出，香菇切丝；圆白菜洗净，切丝备用。
3. 锅中倒入1大匙油，放入虾米、香菇爆香，加入圆白菜丝，炒至熟软，再加入煮好的糙米饭，拌炒均匀，加入调味料拌匀即可。

排毒小帮手

糙米胚芽中丰富的维生素，有益肠胃蠕动，帮助消化，食用时多搭配黄绿色蔬菜，可补充糙米所缺少的维生素C和胡萝卜素。糙米含丰富的膳食纤维，能促进肠胃蠕动，是追求窈窕身材者的最佳帮手！

薏米

Job'stears

- 英文名 Job'stears
- 别名 薏仁
- 热量 373千卡／100克
- 采购要点 薏米的大小均匀、饱满，洁白，没有杂质为佳
- 营养提示 美容防癌一把抓
- 适用者 水肿、癌症、糖尿病、胆结石、心血管疾病患者
- 不适用者 体虚、怀孕、正值经期者

保健功效

预防癌症 增强免疫力

利尿去毒 养颜美容 降低血糖

营养成分

薏米含丰富的水溶性纤维，可吸附胆盐，促使胆固醇自肝排出，从而降低血中胆固醇含量；可帮助排除宿便，进而降低体重，促进体内血液及水分的新陈代谢，有利尿消肿的作用，有助于改善水肿型肥胖。薏米不仅有利于身体健康，也可以改善皮肤粗糙，淡化脸上的黑斑和雀斑，美白肌肤。

保健养生

薏米中的矿物质含量很丰富，所含的铁、镁、锌可以在人体内发挥不同的作用。镁可以促进神经和肌肉的健康，铁可以预防贫血，锌可以避免味觉障碍，并有助于促进男性生殖功能。

处理保存

稍微冲洗一下即可。保存时必须将薏米装在干燥的容器中，放在阴凉干燥处保存。

排毒功能

薏米中含有丰富的蛋白质和淀粉，虽然维生素的含量不高，但精氨酸、赖氨酸等氨基酸以及薏苡素等有效成分可以促进新陈代谢的顺利进行，使体内的废物及时排出，并降低血压和血脂，预防常见病。医学研究发现，薏米可以增强身体免疫力，具有抗肿瘤、抑制癌细胞的作用，是癌症患者理想的养生食品。

营养面面观

主要营养成分	营养价值	100g中的含量
蛋白质	■■■■■□□□□□	13.9g
维生素B_1	■■■■□□□□□□	0.39mg
钾	■■■■■□□□□□	291mg
镁	■■■■□□□□□□	169mg
铁	■■■■■□□□□□	2.7mg

速配MENU

薏米炖排骨，不仅可以补充钙，排骨中的优质蛋白质还可以和薏米一起养颜美容，保持白皙、水嫩的皮肤。

功效：利水消肿，健脾补肺
热量：306千卡／1人份

薏米红枣粥

材料

薏米50克，糯米100克，红枣10颗

做法

1. 薏米、糯米分别洗净，以清水浸泡4小时，捞出沥干；红枣洗净，沥干。
2. 锅中倒入800毫升清水煮沸，放入浸泡好的薏米及糯米，大火煮开后转至小火，再加入红枣，以小火继续熬煮至米粒糊化成粥状，即可盛出食用。

排毒小帮手

薏米具有利水消肿、补肺润肤的功能，常食对于缓解水肿与肌肤美容保养有不错的效果；糯米则可补气健脾，促进血液循环，是一道相当滋养的粥品。注意本粥不适合孕妇食用。

功效：健脾开胃，美颜护肤
热量：357千卡／1人份

山药薏米糊

材料

山药100克，薏米100克

做法

1. 薏米洗净，泡水4小时，捞出沥干，放入食物调理机中搅打成粉。
2. 山药去皮、洗净、切块，放入食物调理机中搅碎成泥状，倒出。
3. 锅中倒入300毫升清水煮沸，加入薏米粉，转小火边煮边搅成薏米糊，加入山药泥煮匀即可。

排毒小帮手

山药为低热量及高纤维食物，可维持健美的身材，美白肌肤。薏米可促进体内血液循环、水分代谢，加上山药富含大量的黏液质，具有健胃整肠的功效，两者相互作用可发挥利尿消肿及排出宿便的双重效果。

燕麦

Oat

- 英文名　Oat
- 别名　野麦、雀麦
- 热量　402千卡／100克
- 采购要点　要选择颗粒整齐，没有碎粒、杂质，富有香味者
- 营养提示　清洁肠胃的谷物
- 适用者　一般人
- 不适用者　肾功能不良者

保健功效

改善便秘　缓解水肿

减肥　养颜美容　改善糖尿病

营养成分

市面上常见的燕麦片是经过辗转加工的燕麦，燕麦在加工后，仍然能保留胚芽和部分麸皮，营养不受影响。燕麦的蛋白质丰富，氨基酸的含量也很均衡，可促进人体新陈代谢。研究人员发现，燕麦麸中含有丰富的膳食纤维，以及具有防癌作用的植物生化素，是预防和抑制癌症的理想食品。

保健养生

燕麦中的亚油酸可预防心血管疾病，适合高血压、高脂血症患者食用。燕麦中含有丰富B族维生素，可以促进糖类、脂肪和蛋白质的代谢，缓解疲劳，缓释压力，缓和情绪不安和焦虑，并可促进皮肤健康。

处理保存

燕麦加水后，用手轻轻搅动，洗去杂质和灰尘，并用清水冲洗干净，浸泡1小时后烹饪。开封后，必须保存在密闭容器中，放在阴暗处，最好在一两个月内食用完。

排毒功能

燕麦味甘、性平，可以增进肠胃健康，调节消化功能，促进体内的水分代谢，改善水肿，还可以消炎、镇痛，是改善风湿病和关节炎的理想食品。燕麦不仅可以降低胆固醇，其水溶性膳食纤维还可以减缓糖类的吸收，抑制血糖值上升，预防糖尿病。

营养面面观

主要营养成分	营养价值	100g中的含量
蛋白质	■■■■■□□□□□	11.5g
维生素E	■■■■■■□□□□	1.73mgα-TE
维生素B_1	■■■□□□□□□□	0.47mg
维生素B_6	■■□□□□□□□□	0.03mg
钙	■■■□□□□□□□	39mg

速配MENU

菠菜等绿色蔬菜中富含的维生素C，胡萝卜和南瓜等黄绿色蔬菜中的维生素A均可以和燕麦中的维生素E结合成为预防癌症的黄金组合。

功效：补脾益肾，养生抗老
热量：220千卡／1人份

全麦红枣饭

材料

燕麦30克，荞麦30克，大麦30克，小麦30克，大米60克，红枣10颗

做法

1. 燕麦、荞麦、大麦、小麦均洗净，浸泡2小时，捞起沥干备用；大米洗净；红枣洗净去核。
2. 所有材料放入电饭锅中，加入250毫升清水，按下开关烹煮，开关跳起后再焖10分钟即可盛出。

排毒小帮手

全麦红枣饭是麦类谷物的大集合，补益效果佳，丰富的膳食纤维与维生素可延缓衰老、预防慢性病，具有养生保健的功效。

功效：润肠止汗，强身健体
热量：198千卡／1人份

香甜燕麦浆

材料

燕麦50克，小麦50克，砂糖适量

做法

1. 小麦洗净，浸湿，捞出置于筐内并保温，浇水，至长出麦芽；燕麦洗净，浸泡3小时备用。
2. 燕麦与小麦芽放入食物调理机中，加入200毫升清水搅打成麦浆。
3. 将麦浆放入锅中，加水500毫升煮沸，盛起加砂糖调味即可。

排毒小帮手

小麦的胚芽含有人体所需的多种氨基酸，营养完整丰富；燕麦则具有润肠止汗的作用；本道饮品很适合体虚的人饮用。

- 英文名　Rice bean、Small red bean
- 别名　赤豆、赤小豆、红小豆
- 热量　332千卡／100克
- 采购要点　要选择颜色深红，外皮较薄，富有光泽，颗粒饱满者
- 营养提示　解毒消肿的夏季圣品
- 适用者　经期女性、便秘、高血压、双脚容易水肿的人
- 不适用者　胃肠功能差、易胀气者

红豆
Rice bean

保健功效

缓解疲劳　解毒消肿　润肠通便
改善贫血　降低血压

营养成分

红豆中维生素B_1可以将糖类转化为能量，预防糖类累积在肌肉中转变成疲劳物质，有助于减缓肌肉酸痛，缓解疲劳。红豆中含有丰富的蛋白质和淀粉，维生素B_1的含量和糙米不分伯仲。红豆中的铁可以改善贫血，有助于展现红润的肤色。

保健养生

中医认为红豆具有除热毒、利尿和通乳的功效，由于红豆属于碱性食品，可以平衡身体因摄取肉类而偏向酸性的情况。煮红豆时，不能用铁锅，否则红豆中的花色素和铁结合后，会变成黑色。

处理保存

将表面的灰尘洗去即可烹饪。保存时，要放在密闭的罐中或装在布袋中，挂在通风处保存。

排毒功能

红豆的外皮中含有的皂苷可以降低胆固醇和中性脂肪，有助于预防高脂血症和高血压。高含量的钾具有利尿作用，在降低血压的同时，能缓解水肿。医学研究发现，红豆对金黄色葡萄球菌、伤寒杆菌都有理想的抑制作用，对肝硬化引起的水肿也有改善效果。

营养面面观

主要营养成分	营养价值	100g中的含量
蛋白质	■■■■■□□□□□	22g
维生素B_1	■■■■■□□□□□	0.4mg
维生素B_6	■■■■■□□□□□	0.7mg
铁	■■■■■■■■□□	9.8mg
钾	■■■■■■■□□□	988mg

速配MENU

红豆汤等甜食通常无法吃太多，不妨煮成红豆粥或红豆饭，可以同时摄取米中丰富的氨基酸。

功效：整肠利便，促进排尿
热量：260千卡 / 1人份

红豆糙米饭

材料

红豆1/4杯，糙米1杯

做法

1. 红豆及糙米均洗净，一同泡水8小时，捞出备用。
2. 红豆及糙米放入电饭锅中，加入适量水，煮熟后略焖一下，即可盛出食用。

排毒小帮手

糙米的膳食纤维丰富，能预防便秘、排出体内废物，并可增加肠内益生菌。米糠和胚芽能防止动脉粥样硬化。红豆的维生素B_1含量与糙米相当，能有效缓解疲劳、刺激食欲，也具有极佳的利尿、解毒功效。

功效：利尿消肿，清热解毒
热量：255千卡 / 1人份

红豆西米露

材料

红豆450克，西米100克，糖240克，椰浆1/2杯

做法

1. 西米以清水浸泡约30分钟，捞出，放入热水中，以慢火边煮边搅拌的方式，煮至西米变成透明状，捞出，放入冷水中冲泡约15分钟，捞出，沥干水分。
2. 红豆洗净，加入适量的水，移入蒸锅中蒸约40分钟，取出备用。
3. 锅中放入糖及适量清水煮至糖溶化，加入红豆略煮10分钟，再加入西米续煮约5分钟，待凉，移入冰箱中冷藏，食用时再倒入拌匀的椰浆即可。

排毒小帮手

红豆具有利尿、消肿排脓、清热解毒的功效，其中氨基酸及B族维生素含量在各种豆类中最高。其所含的皂碱，有健胃、生津、去湿、利尿、解毒等多种功能，是良好的药用及健康食品。

- 英文名　Mung bean、Green gram
- 别名　青豆子、青小豆
- 热量　342千卡／100克
- 采购要点　选择豆粒大小均匀、呈鲜绿色、颗粒饱满、没有虫蛀者
- 营养提示　清凉退火的夏季补品
- 适用者　动脉粥样硬化、高胆固醇患者
- 不适用者　体质虚冷者

绿豆

Mung bean

保健功效

利尿消肿	降低血压
解毒退烧	养颜美容

营养成分

绿豆所含的维生素B_1有助于碳水化合物的消化，并维持良好的精神状态。维生素B_6可以促进核酸的合成，预防各种神经和皮肤疾病。

保健养生

现代人因为经常摄取鱼、肉等动物性蛋白，身体偏酸性，绿豆属于碱性食品，有助于平衡体内的酸碱度。绿豆的清热解毒、利尿祛暑作用十分理想，对内热引起的咽喉红肿、便秘都有改善作用。

处理保存

洗去表面灰尘即可烹饪。绿豆很容易生虫，可以用开水烫半分钟，将绿豆内的害虫杀死后，晒干保存。保存时，要放在密闭容器中或装在布袋中，挂在通风处。

排毒功能

绿豆中含有钙、磷、铁、钾、镁、锌等矿物质，可以降低胆固醇及血压，进而预防各种成人病。同时可以促进骨骼和牙齿健康，改善缺铁引起的贫血，增加对疾病的抵抗力，改善焦躁的情绪、预防便秘。绿豆还含有维生素A、维生素B、维生素C和维生素E，具有养颜美容、预防衰老的功效。

营养面面观

主要营养成分	营养价值	100g中的含量
维生素B_1	■■■■■■■■□□	0.8mg
维生素E	■□□□□□□□□□	1mgα-TE
钾	■■■□□□□□□□	398mg
钙	■■□□□□□□□□	141mg
铁	■■■■■■□□□□	6.4mg

速配MENU

绿豆芽中的维生素C含量丰富，可以自己在家中养绿豆芽，同时摄取豆类和蔬菜的营养。

功效：清热除湿，利水消肿，美容养颜
热量：440千卡／1人份

绿豆薏米炒饭

材料

绿豆、薏米各100克，小黄瓜、玉米笋各20克，葱末适量，油1大匙

调味料

盐、糖各1小匙

做法

1. 绿豆、薏米洗净，泡水1小时，加水淹过绿豆及薏米约1厘米，放入电饭锅蒸熟。
2. 小黄瓜、玉米笋洗净，切丁，放入沸水中汆烫至熟，捞出。
3. 锅中倒1大匙油烧热，放入一半葱末爆香，加入绿豆及薏米拌炒均匀，加入小黄瓜丁、玉米笋丁及调味料炒匀，再撒上其余葱末即可。

排毒小帮手

薏米本身有美白、抑菌、利尿、补肺、健脾、祛湿、抗病毒等功效；绿豆富含B族维生素、葡萄糖、蛋白质、淀粉、铁、钙、磷等成分，具有强力解毒的作用。

功效：补肝，明目养血，利水通便
热量：242.5千卡／1人份

猪肝补血粥

材料

绿豆、大米各100克，猪肝200克

调味料

盐、鲜鸡粉各1大匙

做法

1. 猪肝洗净，切片，放入沸水中烫熟，捞出备用。
2. 绿豆和大米分别泡水洗净，放入锅中加5杯水煮开，转小火煮至绿豆熟烂，米粥呈浓稠状，加入烫好的猪肝片和调味料调匀即可盛出。

排毒小帮手

多吃猪肝不仅可以润燥补血，还有抗氧化作用，可保护体内细胞的完整性，增强抵抗力。绿豆粥具有利尿消肿、清热降火的功效，加入猪肝同食，效果更显著。

功效：止渴消暑，利尿润肤
热量：340千卡 / 1人份

绿豆沙牛奶

材料

绿豆100克，全脂鲜奶200毫升，碎冰1杯，果糖2大匙

做法

1. 绿豆洗净，泡水2小时，以大火煮沸，再改小火煮至熟烂，待凉备用。
2. 所有材料放入果汁机中打匀，倒入杯中即可饮用。

排毒小帮手

牛奶含有丰富的蛋白质、钙，能补充营养、帮助成长；丰富的维生素可以防止肌肤老化，促进肌肤的新陈代谢。

功效：消暑降火，利尿解毒
热量：260千卡 / 1人份

绿豆粥

材料

绿豆50克，大米100克

做法

1. 绿豆、大米分别洗净，泡水2小时，捞出沥干。
2. 将绿豆、大米一起放入锅中，加入600毫升清水，大火煮开，转小火煮40分钟，煮至米粥浓稠，绿豆皮裂开即可。

排毒小帮手

绿豆具清热解毒、除湿利尿、消暑解渴、利尿润肤的功效；大米含有蛋白质、脂质、糖类、膳食纤维、维生素B_1等，可预防便秘。

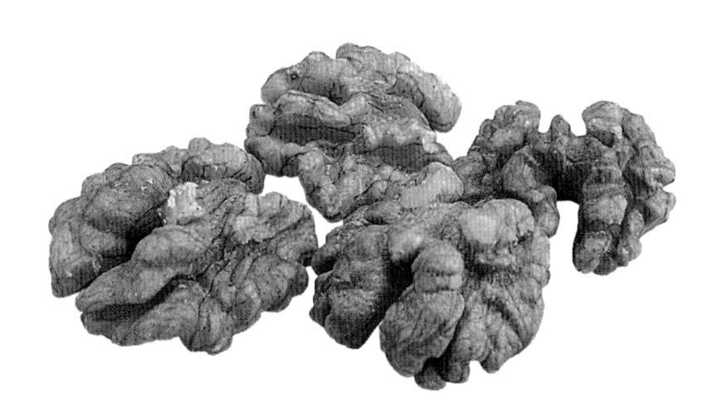

- 英文名 Walnut
- 别名 胡桃、合桃
- 热量 685千卡／100克
- 采购要点 最好选择带壳的核桃，握在手上有沉重感，不可有蛀洞
- 营养提示 保护心血管系统、降低血脂
- 适用者 一般人，高血压、高脂血症患者
- 不适用者 肾衰竭者

核桃

Walnut

保健功效

预防动脉粥样硬化　美化头发
养颜美容　稳定情绪　改善便秘

营养成分

核桃含有丰富的多不饱和脂肪酸，可以降低甘油三酯，具有保护心血管系统的功能；具有对抗炎症的作用，可以改善气喘、类风湿性关节炎以及皮肤疾病，如湿疹、牛皮癣。此外，核桃含有丰富的钙、镁、钾离子，可以降低血压。

保健养生

维生素B_1可促进糖类的代谢、恢复体力、增进记忆力，使人保持良好的体力和精神状态；可帮助肝功能保持良好状态，对神经组织和精神状态有良好的影响；有助于克服焦躁的情绪，并维持组织、肌肉和心脏活动正常。

处理保存

核桃内皮因为带有涩味，食用时最好去除，口感更美味。核桃中含有大量油脂，容易氧化，保存时必须装在密闭容器中冷藏。

排毒功能

核桃中含有大量人体容易吸收的油脂、蛋白质，并且大部分油脂都是不饱和脂肪酸，可以帮助附着在血管上的胆固醇排出体外，达到清洁血液的作用，减少血栓的形成，降低脑溢血、动脉粥样硬化等疾病的发生。高含量的维生素E可以和不饱和脂肪酸发挥相辅相成的作用，有助于预防衰老，促进血液循环。

营养面面观

主要营养成分	营养价值	100g中的含量
维生素A	■□□□□□□□□□	5.6μgRE
维生素E	■■■■□□□□□□	11.25mgα-TE
维生素B_1	■■■■■■■□□□	0.47mg
钙	■■■■□□□□□□	74mg
镁	■■■■□□□□□□	153mg

速配MENU

大蒜和葱中的蒜素可以促进身体充分吸收核桃中的B族维生素，使其发挥更理想的效果。

功效：预防动脉粥样硬化，润肠通便
热量：178.2千卡 / 1人份

华尔道夫沙拉

材料

葡萄干1大匙，西芹50克，苹果1个，核桃30克

调味料

酸奶2大匙

做法

1. 西芹洗净，去除叶子，切小丁，汆烫熟；苹果去皮，切丁；核桃切碎备用。
2. 全部材料放入小碗中，加入酸奶拌匀，即可食用。

排毒小帮手

核桃含有多不饱和脂肪酸、单元不饱和脂肪酸和维生素A、维生素E，能预防动脉粥样硬化和心血管疾病。搭配酸奶，可以改善胃肠道菌群，具有润肠通便的功能。

功效：止咳化痰，增强免疫力
热量：102.5千卡 / 1人份

莲藕核桃甜品

材料

核桃20克，花生碎10克，红枣10颗，莲藕粉2大匙，水5杯，冰糖2大匙

做法

1. 红枣洗净，用小火蒸15分钟至肉变软。
2. 锅中放入3杯水以大火煮开，加冰糖煮溶，转小火慢慢加入莲藕粉，并一边搅拌至熟，熄火，盛出待凉，食用时铺上红枣、核桃、碎花生即可。

排毒小帮手

核桃可改善气喘和皮肤发炎。莲藕粉可以滋阴润燥、止咳化痰。红枣能养胃健脾、提高免疫力。此道甜品，具有止咳化痰、提高免疫力和改善气喘的功效，非常适合秋冬季节饮用。

功效：预防血管栓塞，预防皮肤干裂
热量：104.6千卡 / 1人份

韭菜拌核桃

材料

韭菜200克，核桃仁40克，油2大匙

调味料

糖、盐、橄榄油、米酒各2小匙

做法

1. 韭菜洗净，去根部及老叶，切长段备用。
2. 锅中倒入6杯水烧开，放入韭菜及2大匙油烫煮至韭菜变色，捞出，沥干水分之后备用。
3. 韭菜放入碗中，加入核桃及调味料拌匀即可食用。

排毒小帮手

核桃含有丰富的不饱和脂肪酸，具有保护心血管、预防中风的作用。韭菜含丰富的维生素A，可使黏液正常分泌，预防皮肤干燥、硬化及皱裂。还可以保护眼睛，预防夜盲症。

- 英文名 Pine nut
- 别名 松子仁、松仁、松米
- 热量 683千卡／100克
- 采购要点 应选颗粒大而饱满，颜色白净，干燥不油腻，有香味者。松子的油分容易氧化变质，因此买前要先尝一下
- 营养提示 预防动脉粥样硬化
- 适用者 一般人、高脂血症患者、老人
- 不适用者 肥胖者、腹泻者、肾衰竭者

松子 Pine nut

保健功效

延缓衰老 改善贫血 改善便秘

养颜美容 降低血压

营养成分

松子含有丰富的油脂，其中约有53%的多不饱和脂肪酸，可以有效降低甘油三酯，非常适合高脂血症患者。丰富的抗氧化营养素——维生素A和维生素E，可以保护细胞免受氧化物质的伤害，具有预防癌症的作用。丰富的锌可以维持肌肤健康、促进精子的活动力、增强免疫力。

保健养生

松子中含有丰富的铁和锌，可以维持味觉和嗅觉的正常，有助于改善贫血，缓解身体疲劳，并迅速恢复伤口，增加对疾病的抵抗力。松子还含有降低血压的钙、镁、钾离子，也是保护血管系统不可或缺的营养素。

处理保存

用清水稍微冲一下后，再用于烹调。松子要放在密闭保鲜袋中，放在冰箱内保存。松子容易变质，变质的松仁不仅营养变差，还容易对身体产生不良影响。

排毒功能

丰富的B族维生素，可以促进碳水化合物、脂肪和蛋白质的代谢，增强体力，促进免疫功能的发挥。松子80%都是脂肪，而且是不饱和脂肪酸，可以降低血液中的胆固醇、预防血栓和动脉粥样硬化、降低心肌梗死和脑溢血的发生率。松子中丰富的脂肪具有润肠的作用，经常食用松子可以改善便秘症状，使皮肤富有弹性，头发柔亮。

营养面面观

主要营养成分	营养价值	100g中的含量
蛋白质	■■■■□□□□□□	17g
维生素B_1	■■■■■■■■□□	0.6mg
维生素E	■■■■■■■■■■	10mgα-TE
铁	■■■■■□□□□□	4.2mg
锌	■■■■■□□□□□	5.9mg

速配MENU

在西蓝花、胡萝卜和水果组成的沙拉中加入松子，可使维生素A、维生素C、维生素E发挥抗氧化金三角的作用，有效对抗衰老。

功效：促进排便，降低血脂
热量：348.4千卡 / 1人份

坚果果醋凉面

材料

面条50克，西蓝花50克，生菜80克，熟松子、熟核桃仁碎各2小匙，玉米片20克

调味料

橄榄油1.5大匙，红酒1大匙，苹果醋1.5大匙，枫糖浆 2小匙，盐1小匙，黑胡椒粒1小匙

做法

1. 调味料放入小碗中充分混合成酱料，冷藏备用。松子和核仁放入预热180℃的烤箱中，烤至香味溢出，取出待凉。
2. 西蓝花去老筋，和面条分别放入沸水中汆烫，起锅后以冰水冲凉，沥干水分。
3. 面条盛入盘中，加入西蓝花、生菜，并淋上酱料，最后撒上松子、核桃仁碎及玉米片即可。

排毒小帮手

此道菜含有丰富的膳食纤维，其中非水溶性纤维可以促进肠胃蠕动、促进排便；水溶性纤维则可以吸附饮食中的胆固醇和胆固醇代谢的产物，随着排泄物排放出去，降低血胆固醇浓度。

功效：降低胆固醇，补充铁
热量：416.7千卡 / 1人份

松仁枸杞炒饭

材料

大米150克，黄豆、松子、干芋头、香菇、四季豆各30克，萝卜干、枸杞子各20克，油适量

调味料

酱油1大匙，白胡椒粉、鸡精各1/2小匙

做法

1. 黄豆放入容器中，加入热水淹过黄豆，浸泡2小时至软，捞起沥干，加入洗净的大米搅拌均匀，放入电饭锅蒸熟。
2. 芋头削皮、洗净、切丁；干香菇泡热水至软，捞出，去蒂、切丁；四季豆、萝卜干洗净，切丁备用。
3. 锅中倒入1大匙油烧热，放入松子、芋头丁、香菇丁、四季豆丁及萝卜干丁炒香，加入调味料拌炒均匀，最后加入煮好的黄豆饭，拌炒至入味，熄火，趁热加入枸杞子拌匀，即可盛出。

排毒小帮手

枸杞子含有丰富的维生素及矿物质，可缓解疲劳、延缓衰老及增强免疫功能，是美容养颜最佳食物。松子中丰富的脂肪具有美肤及润肠作用，经常食用可改善便秘、增进皮肤弹性、使头发更加柔亮。

- 英文名　Almond
- 别名　扁桃仁
- 热量　664千卡／100克
- 采购要点　外形完整、带有外壳或装在密封罐或袋子中的杏仁，氧化速度较慢
- 营养提示　预防血栓及癌症
- 适用者　一般人，高脂血症、高血压患者
- 不适用者　肾衰竭患者

杏仁 Almond

保健功效

预防癌症　预防动脉粥样硬化

改善贫血　养颜美容　强化骨骼

营养成分

杏仁营养价值非常高，不仅含有蛋白质、脂肪和糖类，且含有丰富的抗氧化营养素——维生素E，可以预防细胞氧化产生致癌物质，还可以使皮肤光滑细致。此外，丰富的矿物质钙、镁、钾、铜等，可以增强血管弹性、降低血压，还可以强健骨骼、预防骨质疏松。

保健养生

杏仁中B族维生素可以促进蛋白质、糖类等的代谢，可以增强体力，并能活化大脑。杏仁中的脂肪由于都是亚香油等不饱和脂肪酸，有助于降低血液中的胆固醇，清洁血液，有效预防血栓的形成，降低心肌梗死的发生率。

处理保存

熟的杏仁不需清洗即可使用。保存时必须放在密闭容器中，并冷藏保存，避免氧化变质。杏仁中的脂肪氧化后，维生素E无法发挥作用，所以最好食用新鲜的杏仁。

排毒功能

杏仁中含有丰富的维生素B_1、维生素B_2和维生素E，尤其是维生素E的含量是所有坚果类中最高的，具有理想的抗氧化作用，可有效预防衰老，降低动脉粥样硬化和癌症等疾病的发生概率，还可以和维生素A一起作用，保护肺部，有助于减轻身体的疲劳。烟碱素可以维持神经系统和大脑功能的正常，降低胆固醇。

营养面面观

主要营养成分	营养价值	100g中的含量
蛋白质	■■■■□□□□□□	20g
维生素B_2	■■□□□□□□□□	1.1mg
维生素E	■■■■■□□□□□	12mgα-TE
钙	■■■■□□□□□□	258mg
铁	■■■□□□□□□□	3.8mg

速配MENU

杏仁搭配富含维生素C的黄绿色蔬菜和蛋白质含量丰富的豆制品，是美容最佳拍档！

功效：促进血液循环，强健骨骼
热量：290.7千卡 / 1人份

杏仁浓汤

材料

杏仁片（或杏仁果）30克，土豆60克，脱脂鲜奶100毫升

调味料

盐少许

做法

1. 土豆去皮切块，放入沸水中煮熟，捞出，水留着备用。
2. 土豆放入果汁机中，加入鲜奶、煮土豆的水100毫升及盐打均匀。
3. 杏仁片压碎，撒入汤中搅拌均匀即可。

排毒小帮手

杏仁含有丰富的矿物质——铜和镁，以及维生素E，具有防癌延缓衰老的功能。此外，镁元素可以放松神经和肌肉，强健骨骼，促进血液循环。牛奶含有丰富的蛋白质和钙，可以补充钙、增强体力。

功效：使脸色红润有光泽
热量：201.3千卡 / 1人份

草莓杏仁冻

材料

杏仁粉30克，草莓酱30克，琼脂5克，开水1杯

做法

1. 杏仁粉、琼脂加入开水煮沸，待凉后放入模型杯内，放入冰箱冷藏。
2. 把凝固的杏仁冻倒于盘上，添加草莓酱后即可食用。

排毒小帮手

杏仁是止咳润肺、降气清火的健康食品，搭配富含水溶性纤维的琼脂，可以增加胆固醇的清除率、降低血脂并增加饱腹感。此道甜品热量较低，可以当作减肥期间的点心，是怕胖者的最佳选择。

功效：降低胆固醇．增强体力
热量：160.3千卡／1人份

杏仁虾球

材料

杏仁30克，虾仁60克，葱10克，姜5克，红辣椒5克

调味料

盐1/4小匙，橄榄油1小匙

做法

1. 虾仁洗净去肠泥；葱洗净切小段；姜洗净切片；辣椒洗净去籽，切片备用。
2. 将虾仁烫熟，捞出备用。
3. 热锅放入橄榄油，放入葱段、姜片、辣椒片爆香，再将虾仁及杏仁放入拌炒后，加入盐调味即可。

排毒小帮手

杏仁和橄榄油均含有丰富的单不饱和脂肪酸，可以降低血胆固醇，且杏仁含有丰富的抗氧化物质，对心血管系统具有保护作用。虾含有大量蛋白质和锌，可以增强体力和男性精子的活动力。

第五章

蛋豆鱼肉排毒

- 英文名 Egg
- 别名 无
- 热量 142千卡／100克
- 采购要点 外观完整清洁且蛋壳略粗糙，拿起来有重量感。透过光源观察气室大小，应选择气室小者
- 营养提示 滋养强壮、强化体质
- 适用者 一般人
- 不适用者 肠胃虚弱者、易胀气者

鸡蛋
Egg

保健功效

预防阿尔茨海默病

保护神经细胞 增强记忆

营养成分

鸡蛋含有丰富的蛋白质、脂肪、维生素A、维生素E、B族维生素和矿物质。其中蛋黄是维生素D的来源；蛋白含有丰富的蛋白质，且不含脂肪和胆固醇，不过其维生素的含量低于蛋黄。

保健养生

鸡蛋含有丰富的蛋白质，可以提供人体必需的氨基酸。丰富的DHA（二十二碳六烯酸）、卵磷脂和维生素A及B族维生素等，对于维护神经系统健康、促进人体生长发育以及增强记忆力或提高智力，都有一定裨益。

处理保存

低温可以抑制微生物的生长，为保持蛋品新鲜，应采用冷藏法，大头向上，使气室不移动。长时间冷藏时，温度宜保持在0～5℃，短时间为10～15℃。

排毒功能

鸡蛋的卵磷脂具有生物乳化剂的特性，可将积存在血管壁上的脂肪、胆固醇带走。卵磷脂中的磷脂质，可预防脂肪堆积在肝脏中，有助于避免脂肪肝和肝功能退化。卵磷脂是由胆碱、脂肪酸、甘油及磷酸所构成，胆碱与乙巯基物质结合形成的乙酰胆碱是神经的传导物质，可帮助脑部与中枢神经的发育，预防阿尔茨海默病的发生。

营养面面观

主要营养成分	营养价值	100g中的含量
维生素A	■■□□□□□□□□	204μgRE
维生素E	■□□□□□□□□□	0.52mgα-TE
维生素B_2	■■■■■□□□□□	0.42mg
维生素B_6	■■□□□□□□□□	0.21mg
铁	■■□□□□□□□□	1.8mg

速配MENU

鸡蛋与富含维生素B_2的肉类搭配，可以增强体力、促进生长发育。鸡蛋与含有维生素C的蔬果搭配，可以美白、祛斑。

功效：增强记忆，促进脑部发育
热量：195.4千卡 / 1人份

甜蛋卷

材料

鸡蛋3个，细砂糖15克，水1小匙，油少许

做法

1. 鸡蛋打入碗中打散，打成乳黄色，加入细砂糖和水拌匀。
2. 平底锅烧热，转小火，倒入少量油摇晃一圈，使油均匀沾满锅面，再慢慢倒入一部分蛋液，煎成一片薄蛋皮，以锅铲将蛋皮翻起来，往前面推卷成圆筒状，停靠在锅边缘。
3. 平锅中再倒入一些蛋液，煎出另一片薄蛋皮，再将前端卷好的蛋卷翻卷回来；若油量不足可适时再加入少许新油，如此来回重复多次，将蛋液分次倒入锅中煎、卷，来回推滚成厚蛋卷，直到蛋液倒完为止。

排毒小帮手

蛋黄含有丰富的卵磷脂，可以帮助脑部发育及增强记忆力，对于发育中的儿童和临考的学生，是不错的营养补充品。不过蛋黄含有丰富的胆固醇，如果胆固醇偏高，则不宜吃过多蛋黄。

功效：保护眼睛，帮助肠胃蠕动
热量：136.8千卡 / 1人份

青椒炒蛋

材料

青椒1个，鸡蛋2个，油2大匙

调味料

A料：胡椒粉、盐各1/4小匙
B料：米酒、盐各1/4小匙

做法

1. 青椒洗净，去蒂，对半切开，刮去籽，切小块。
2. 鸡蛋打入碗中搅成蛋汁后，加入青椒及A料。
3. 锅中倒入2大匙油烧热，倒入蛋汁以中火炒熟，加入B料炒匀，即可盛出。

排毒小帮手

维生素A是眼睛视网膜感光细胞中视觉循环的最重要成分，摄取足够的维生素A可以保护眼睛，鸡蛋经由油炒的方式烹调，可以提高吸收率。青椒富含膳食纤维，能促进胃肠道蠕动，帮助有害物质排出。

功效：增强免疫力，缓解疲劳
热量：103.9千卡 / 1人份

蛤蜊蒸蛋

材料

鸡蛋4个，蛤蜊80克，鱼丸40克

调味料

盐1/2小匙

做法

1. 蛤蜊洗净，泡入水中吐沙；鱼丸切瓣。
2. 锅中倒入3杯水烧开，放入蛤蜊煮至壳打开，待凉，滤出汤汁备用。
3. 鸡蛋打入大碗中加入盐搅匀，再加入蛤蜊汤汁搅匀，倒入小碗中，加入蛤蜊与鱼丸，放入蒸锅中以小火蒸至熟，取出即可。

排毒小帮手

蛤蜊和鸡蛋均含有丰富的蛋白质和B族维生素，可以增强体力、缓解疲劳。蛤蜊含丰富的牛磺酸，可以保护肝脏和肠胃，增强人体的免疫功能。

功效：润肺止咳，减轻疲劳，恢复体力
热量：81.3千卡 / 1人份

山芹菜烘蛋

材料

山芹菜1把，胡萝卜1/5根，鸡蛋4个，葱末少许，油2大匙

调味料

盐1小匙，香油1/2小匙

做法

1. 山芹菜去头洗净，切段；胡萝卜削皮，切细丝，混合后打入鸡蛋拌匀，加入葱末及调味料，搅拌均匀。
2. 锅中倒入2大匙油烧热，倒入蛋汁，慢慢烘至两面金黄，捞出，切块盛盘后即可食用。

排毒小帮手

山芹菜是一种药用植物，具有润肺、利尿、止咳之功效，可辅助治疗高血压、咳嗽、肺炎及水肿等症。鸡蛋含有丰富的B族维生素，可以促进体内新陈代谢，再搭配富含钾离子的山芹菜和胡萝卜，可以缓解疲劳，恢复体力。

- 英文名　Tofu
- 别名　黎祁、来其、小宰羊
- 热量　88千卡／100克
- 采购要点　豆腐本身的颜色是略带点微黄色，如果色泽过于死白，可能添加漂白剂，不宜选购
- 营养提示　预防阿尔茨海默病
- 适用者　一般人
- 不适用者　容易腹泻者

豆腐

Tofu

保健功效

降低血脂　　维持骨骼健康

营养成分

豆腐含有蛋白质、脂肪、碳水化合物、维生素E、B族维生素、钙、钾、磷、镁以及卵磷脂。豆腐不含胆固醇，非常适合高胆固醇患者。此外，豆腐含有动物性食物所缺乏的植物性激素——异黄酮素，是女性不错的营养补充品。

保健养生

豆腐中含有丰富的大豆蛋白，不含胆固醇，具有降低血脂的功效，有助于预防心血管疾病。豆腐中含有维生素E，可防衰抗老。豆腐中卵磷脂除了对于神经、血管及大脑的生长发育有益外，还能预防阿尔茨海默病。

处理保存

豆腐很容易腐坏，买回家后，应立刻浸泡于水中，并冷藏。从冰箱取出后不要超过4小时，以保持新鲜，最好在购买当天吃完。

排毒功能

豆腐含有丰富的抗氧化营养素——异黄酮素，是一种类似人体内雌激素的天然物质，可发挥类似雌激素的作用，有效预防乳房、大肠、前列腺等部位疾病。此外，异黄酮素对停经后妇女的骨骼、血液循环系统的健康有所裨益。建议45岁以上女性，每日至少摄取30～40毫克的异黄酮素。

营养面面观

主要营养成分	营养价值	100g中的含量
异黄酮素	■■□□□□□□□□	12.8mg
维生素E	■□□□□□□□□□	0.4mgα-TE
钙	■■□□□□□□□□	140mg
镁	■□□□□□□□□□	33mg

速配MENU

豆腐中氨基酸的组成成分中，缺乏一部分的必需氨基酸，与其他肉类搭配，可以强化所缺乏的部分。

功效：养颜保湿，促进肌肤细嫩
热量：99.3千卡／1人份

白玉豆腐

材料

北豆腐2块，葱1段，嫩姜20克，橄榄油适量

调味料

生抽少许

做法

1. 葱洗净、切小段；嫩姜洗净、切薄片备用。
2. 锅中倒入少许橄榄油烧热，放入豆腐以小火慢煎，待一面呈现金黄色后，再翻另一面，煎成金黄色，放上葱段、姜片，加入调味料即可。

排毒小帮手

豆腐以少量橄榄油来煎煮，对预防高血压及维持身材窈窕极有助益。钙、钾、锌等矿物质，是肌肤的天然保湿成分，有助于避免紫外线夺走肌肤的水分。

功效：降低血脂，帮助消化，减轻脂肪肝
热量：99.2千卡／1人份

蛤蜊豆花羹

材料

蛤蜊150克，干贝30克，虾仁100克，豆花300克，嫩姜丝10克，清水1杯，水淀粉少许

调味料

酱油、香油各1大匙，白胡椒粉1/2小匙，米酒2大匙，盐适量

做法

1. 蛤蜊放进盆中加入少许盐及适量水浸泡，吐沙后洗干净；干贝洗净，用热水浸泡至膨胀。
2. 虾仁挑去泥肠，洗净；嫩姜丝洗净备用。
3. 取一只大碗，放入豆花，移入蒸笼用大火蒸5分钟，连碗取出备用。
4. 汤锅中倒入1大杯水煮沸，放入调味料轻轻搅拌，煮成高汤，加入蛤蜊、干贝、虾仁煮熟，最后加入水淀粉勾芡，熄火，淋在豆花上，撒上嫩姜丝即可。

排毒小帮手

豆花含有大豆蛋白，可以降低血脂。蛤蜊富含牛磺酸，牛磺酸可以降低胆固醇、帮助消化，减少消化不良所引起的肠胃不适。

功效：降低胆固醇、活化脑细胞
热量：202千卡 / 1人份

豆腐蒸鲑鱼

材料

鸡蛋豆腐1盒，鲑鱼300克，葱2根，红辣椒1个

调味料

A料：酱油3大匙，米酒1大匙，水1/3杯，糖1小匙
B料：色拉油、香油各2大匙

做法

1. 葱洗净，1根切段，1根切丝；红辣椒洗净，切丝，和葱丝一起放入碗中泡水约2分钟，取出，沥干备用。
2. 鲑鱼去骨、洗净，切片。鸡蛋豆腐切片，和鲑鱼分别摆入盘中，加入葱段和A料，移入蒸锅中以大火蒸约5分钟，取出，撒上葱丝及红辣椒丝，锅中放入B料烧热，淋入盘中即可。

排毒小帮手

鲑鱼含有丰富的单不饱和脂肪酸和EPA（二十碳五烯酸），搭配含有大豆蛋白的豆腐，可以降低胆固醇、保护心血管系统、预防动脉粥样硬化。鲑鱼还含有DHA，可以活化脑细胞的功能，有助于维持脑部细胞的正常运作。

功效：预防便秘、降低胆固醇
热量：183.4千卡 / 1人份

木须豆腐

材料

北豆腐2块，鸡蛋2个，黑木耳80克，韭黄60克，姜10克

调味料

A料：酱油2大匙，糖1大匙，水1/2杯，盐1/2小匙，香油1/4小匙
B料：水淀粉1大匙

做法

1. 鸡蛋打入碗中，搅拌均匀，倒入热油锅中炒熟，盛出；姜去皮，切丝；黑木耳洗净，切小片；韭黄洗净，切段。
2. 豆腐洗净，切成1.5厘米厚的片，放入热油锅中煎至两面金黄，盛出。
3. 锅中倒入1大匙油烧热，以中小火爆香姜丝与黑木耳，加入豆腐及A料煮至入味，再加入B料勾芡，最后加入韭黄及鸡蛋略拌即可。

排毒小帮手

黑木耳和韭黄均含有丰富的膳食纤维，可以促进肠胃蠕动，使排便顺畅、预防便秘。黑木耳富含胶质，可以黏附血液中过多的胆固醇，增加胆固醇的代谢，防止血管硬化并促进血液循环。

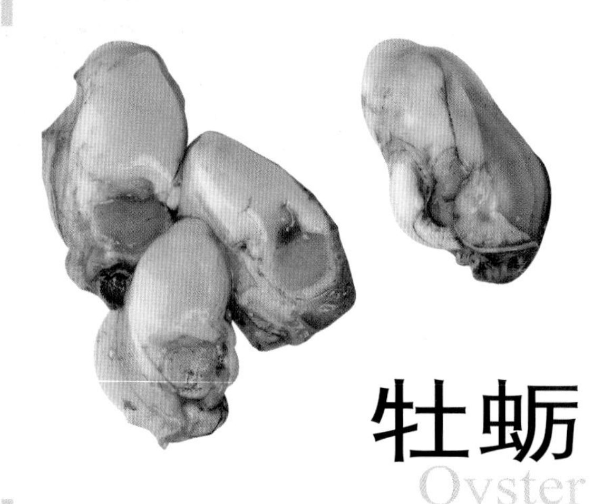

牡蛎
Oyster

- 英文名　Oyster
- 别名　生蚝、蛎黄、海蛎子、蛎蛤
- 热量　77千卡／100克
- 采购要点　买剥好的牡蛎时，要选择外形完整、肉柱部分透明、肉质富有光泽和弹性，而且汁液不混浊者
- 营养提示　增强男性生殖功能
- 适用者　一般人，尤其是体质虚弱和贫血的人
- 不适用者　寒性体质、生肿疮者

保健功效

降低血压　预防动脉粥样硬化
促进肝脏功能　改善贫血

营养成分

牡蛎营养价值非常高，含有蛋白质、碳水化合物、脂肪、维生素A、维生素E、B族维生素、钙、镁、锌、铜、锰、铁等矿物质及牛磺酸。牡蛎含有很多与生殖系统发育有关的矿物质（如锌），非常适合生长发育中的孩子、身体虚弱者以及男性。

保健养生

铁是人体造血时所需的成分，适量摄取有助于改善贫血；锌可提升免疫力、加速伤口愈合；铜可以促进人体对铁的利用，缺乏时会有贫血、白细胞数目过低等现象，还会造成血脂与心脏功能异常。

处理保存

可将剥好的牡蛎放在盐水中清洗，以去除污垢和黏液。袋装或盒装的牡蛎包装中含有牡蛎的汁液，只要将牡蛎浸在其中，就可以冷藏保存2天左右。

排毒功能

丰富的维生素A可以增加身体的免疫力、促进视力健康。牡蛎的鲜美成分来自丰富的氨基酸，氨基酸中的牛磺酸可以降低胆固醇、抑制血压上升，还有助于促进肝脏功能，当肝脏功能正常时，人体便能顺利将体内的废物排出体外。充分利用所摄取的各种营养，促进身体各方面的功能，使身体维持良好的状态。

营养面面观

主要营养成分	营养价值	100g中的含量
维生素A	■■■□□□□□□□	19μgRE
维生素B_2	■■■■□□□□□□	0.53mg
铁	■■■■□□□□□□	6.6mg
锌	■■■■■■□□□□	7.1mg
脂肪	■■□□□□□□□□	1.6g

速配MENU

牡蛎中含有丰富的铁，生吃牡蛎时，可以滴入柠檬汁一起食用，柠檬中的维生素C可以促进铁吸收，美味又营养。

功效：延缓细胞老化
热量：120.1千卡／1人份

牡蛎味噌锅

材料

牡蛎600克，洋葱1/2个，鱼丸4～5个，海带结75克，白萝卜1/2个，葱1段，蔬菜高汤5～6杯，盐适量

调味料

味噌2大匙，味淋1大匙

做法

1. 味噌加1碗水调稀；白萝卜和洋葱去皮、切小块；牡蛎用盐水抓洗干净；海带结洗净；葱洗净、切末备用。
2. 锅中倒入高汤煮沸，放入海带结、白萝卜和洋葱，大火煮开，加入味噌水、鱼丸混合以小火煮约15分钟，加入牡蛎煮熟，淋上味淋、撒上葱末即可。

排毒小帮手

味噌含有植物性雌激素，有助于预防恶性肿瘤的产生。牡蛎含有丰富的抗氧化营养素——维生素A，有助于防止细胞老化。

功效：调节肝脏功能，降低胆固醇
热量：344千卡／1人份

牡蛎海鲜粥

材料

牡蛎75克，虾仁50克，大米160克，白萝卜丝20克，姜1片

调味料

A料：淀粉1小匙
B料：米酒1/4小匙
C料：盐、鲜鸡粉各1小匙

做法

1. 牡蛎泡水，冲去杂质，洗净、沥干，放入碗中加入A料拌匀；虾仁洗净，加入B料腌拌一下，放入沸水中烫20秒，捞出，沥干；姜片切丝备用。
2. 大米洗净，放入锅中加5杯水，大火煮沸改小火煮成粥，加入牡蛎、姜丝煮约1分钟，再加入虾仁和C料调匀，熄火，盛出时撒上白萝卜丝即可。

排毒小帮手

牡蛎和虾仁都含有丰富的牛磺酸，可以降低胆固醇、调节肝脏功能，使人体可以顺利将体内废物排出体外。

海参

Sea cucumber

- 英文名 Sea cucumber
- 别名 海鼠、海瓜
- 热量 28千卡／100克
- 采购要点 体型端正、干燥（含水量少于1.05%）、大小均匀、结实有光泽、肚内无沙者佳。刺参以刺多为优
- 营养提示 养颜美容、降低血脂
- 适用者 一般人、高胆固醇者
- 不适用者 经常排便不成形者

保健功效

预防血栓	降低胆固醇
恢复皮肤弹性	保护关节

营养成分

海参营养价值非常高，是高蛋白质、低脂肪、低胆固醇的海鲜类食物，是控制体重者和高胆固醇患者不错的蛋白质食物来源。此外，海参还含有钙、镁、磷等矿物质、微量的维生素及胶质成分。

保健养生

海参为高蛋白质低脂肪食物，适合高脂血症及心血管疾病患者食用。此外，海参的钾含量每100克约有2毫克，磷和钠的含量也偏低，非常适合需要控制磷、钾、钠的肾衰竭及高血钾患者食用。

处理保存

干海参食用前需泡发变软。泡发后的海参和新鲜海参都要剪开肚子，挖出肠和沙石。未泡发的干海参可放阴凉处储存，新鲜海参则要处理后冷藏。

排毒功能

海参含有多糖，可以促进血小板聚集、抗凝及抗血栓形成，抑制动脉血管平滑肌细胞增殖，促进损伤血管修复，具有一定的降血脂作用，可用于血栓性疾病的预防，有益于血栓患者。海参中富含胶质，不但可以补充体力，而且对于皮肤、筋骨等都有保健的功效，同时还能改善便秘症状。

营养面面观

主要营养成分	营养价值	100g中的含量
钙	■□□□□□□□□□	55mg
镁	■□□□□□□□□□	30mg
磷	■□□□□□□□□□	71mg
钾	■□□□□□□□□□	2mg

速配MENU

海参富含胶质，可以养颜美容、降低血脂，是爱美和养生者的最爱。搭配绿色蔬菜、菇类一起烩炒，可以增强免疫力、防病抗老。

功效：改善血液循环、预防血栓、增强记忆
热量：117.6千卡 / 1人份

银杏烩海参

材料

鲜百合3大匙，白果（银杏）50克，海参200克，香菇3朵，胡萝卜片40克，豌豆30克，葱3段，姜2片，大蒜2瓣，油2大匙

调味料

A料：米酒1大匙

B料：盐少许，冰糖1小匙，水1/2杯，酱油1大匙

C料：水淀粉

做法

1. 百合洗净，汆烫；葱、大蒜洗净，切末；香菇泡水，切小片；胡萝卜片、豌豆、白果均汆烫，冲凉，沥干备用。
2. 海参去除内脏，洗净，切小块，放入滚水中汆烫1分钟，捞出，沥干备用。
3. 锅中放入2大匙油烧热，爆香葱、姜、蒜后，加入A料爆香。
4. 放入香菇爆香后，再加入胡萝卜片、豌豆略炒，再放入白果、百合、海参及B料煮开。
5. 另取C料勾芡即可。

排毒小帮手

海参有许多由胶原纤维组成的结缔组织，有助于去除体内的有害物质，适合糖尿病患者食用。白果能活化血小板功能，同时使血管扩张、促进动脉与静脉的血液循环，能预防中风、心血管疾病、脑血栓及阿尔茨海默病。

功效：降低血脂、预防动脉粥样硬化
热量：115.9千卡 / 1人份

辣味海参

材料

海参300克，香菇、熟笋、豌豆各30克，红辣椒1个，葱2段，姜5片，油2大匙

调味料

A料：米酒1大匙

B料：辣豆瓣酱1大匙，酱油、香油、米酒、糖、黑醋各1小匙

C料：水淀粉1大匙

做法

1. 海参去内脏、洗净；香菇泡软、去蒂；红辣椒、熟笋、葱及姜均洗净，切片；豌豆撕去老筋、洗净备用。
2. 锅中倒入2杯水，放入海参及部分葱姜，并加入A料调匀。
3. 锅中倒入2大匙油烧热，爆香红辣椒及剩余的葱、姜，放入海参、香菇、笋片、豌豆及B料拌炒均匀，再加入C料勾芡即可食用。

排毒小帮手

海参含有多糖，可以降低血胆固醇，预防血栓的形成，进而预防动脉粥样硬化。此外，海参含有的胶质成分可以使皮肤滑润有光泽，再搭配富含膳食纤维的蔬菜，可以促进有害物质的排出，使肌肤更健康。

鱿鱼

Calamary

- 英文名 Calamary
- 别名 柔鱼、枪乌贼
- 热量 77千卡／100克
- 采购要点 新鲜鱿鱼肉色接近透明，躯体直挺，且无异味，眼部清晰明亮。干鱿鱼要选择通透微亮的淡咖啡色为佳
- 营养提示 促进幼儿大脑发育
- 适用者 一般人、幼儿、老人
- 不适用者 皮肤过敏者、肠胃消化不佳者

保健功效

降低血脂	保护视力
促进幼儿大脑发育	增强免疫力

营养成分

鱿鱼属于高蛋白低脂肪食物，脂肪含量只有1%左右，适合怕胖的女性。其还含有维生素A、维生素E、B族维生素、钙、镁、锌等矿物质以及牛磺酸。此外，鱿鱼内脏含有丰富的胆固醇，食用时只要将内脏去除，就可以减少胆固醇的含量。

保健养生

鱿鱼的脂肪里含有大量的多不饱和脂肪酸，具有降低甘油三酯的作用，非常适合高脂血症患者。DHA的含量更高约达31.9%，可以促进幼儿脑细胞的发育，预防老年性痴呆，还有提升视力的作用。

处理保存

一般干鱿鱼表面出现白粉的现象都是正常的，刚买时白粉较少，买回家之后与空气接触，容易长出更多，建议放冰箱保存。

排毒功能

鱿鱼中虽然胆固醇含量较高，但其同时含有牛磺酸，具有抑制胆固醇在血液中蓄积的作用。只要摄入的食物中牛磺酸与胆固醇的比值高于2，血液中的胆固醇就不会升高。而鱿鱼中牛磺酸含量较高，其与胆固醇的比值为2.2。因此，食用鱿鱼时，胆固醇只是正常地被人体所利用，而不会在血液中积蓄。

营养面面观

主要营养成分	营养价值	100g中的含量
维生素B_{12}	■■■■□□□□□□	0.3μg
烟酸	■■■■□□□□□□	1.9mg
锌	■□□□□□□□□□	1.7mg
脂肪	■□□□□□□□□□	0.8g

速配MENU

鱿鱼搭配生姜和胡椒，煮熟后食用，具有补充元气的功效。此外，鱿鱼和香菇熬煮成汤后食用，有祛热补血的功效。

功效：维护眼睛健康，降低血胆固醇
热量：91千卡 / 1人份

酸辣鱿鱼丝

材料

新鲜鱿鱼150克，竹笋75克，胡萝卜50克，姜末1大匙，蔬菜高汤200毫升，香菜1根

调味料

A料：醋10毫升，胡椒盐适量，米酒10毫升，盐1小匙

B料：水淀粉1大匙

C料：香油少许

做法

1. 鱿鱼洗净，切丝；竹笋去皮洗净，切丝；胡萝卜去皮切丝，均放入滚水中汆烫，捞出；香菜洗净，切末备用。
2. 锅中倒入高汤煮沸，放入鱿鱼、笋丝、姜末和胡萝卜丝略煮，加入A料煮沸，再加入调好的B料勾芡，水沸时捞出浮沫，再淋入C料即可盛出，撒上香菜点缀即可。

排毒小帮手

鱿鱼含有丰富的DHA，搭配富含维生素A的胡萝卜，可以保护眼睛健康、维持视力，让眼睛更明亮，适合长时间用电脑者及儿童。此外，鱿鱼含有牛磺酸，可以减少胆固醇的堆积，具有降低胆固醇的作用。

功效：增进食欲，促进循环
热量：84.6千卡 / 1人份

拌什锦鱿鱼

材料

新鲜鱿鱼500克，胡萝卜50克，韭菜花100克，磨菇6朵，姜1片，红辣椒2个

调味料

A料：酱油1大匙，陈醋1小匙，盐1/2小匙，糖2小匙

B料：香油适量

做法

1. 鱿鱼撕去外膜，先切花刀再切段；胡萝卜去皮，切片；韭菜花去除头部和老筋，切段；红辣椒去蒂，切丝；蘑菇洗净，切片；姜切丝。
2. 锅中加入适量水烧开，分别放入鱿鱼、蘑菇和胡萝卜汆烫，捞出，浸入冷开水中浸凉，沥水后装盘。
3. 韭菜花放入滚水中烫煮约1分钟，捞出，放入碗中加入红辣椒丝、姜丝和A料拌匀，淋在鱿鱼盘中静置15分钟至入味，食用时滴上香油即可。

排毒小帮手

韭菜花性温热、味辛，具有温暖肠胃、促进食欲的作用，有助于血液循环顺畅，适合血液循环不良者食用。韭菜花搭配富含蛋白质的鱿鱼，可以增强体力、缓解疲劳。

金枪鱼

Tuna

- 英文名 Tuna
- 别名 鲔鱼、吞拿鱼
- 热量 94千卡／100克
- 采购要点 新鲜生金枪鱼上的白色条纹均匀，鱼肉表面富有光泽，呈漂亮的粉红色，此外鱼肉还富有弹性
- 营养提示 活化脑细胞
- 适用者 一般人、成长发育中的孩童、青少年
- 不适用者 孕妇不宜多吃

保健功效

预防动脉粥样硬化	预防血栓
预防阿尔茨海默病	增强体力

营养成分

金枪鱼含有蛋白质、脂肪、维生素A、维生素E、维生素D、B族维生素、镁、铁、硒等矿物质。金枪鱼的脂肪成分中，含有接近60%的多不饱和脂肪酸，其中DHA的含量高达37.2%，是所有鱼类之冠，也是生长发育中的儿童所不可或缺的重要营养素之一。

保健养生

金枪鱼含丰富的组氨酸等氨基酸，以及丰富的EPA、DHA。鱼肚肉还含有大量的维生素A、维生素B_6和维生素E，对于肌肤保健、减缓更年期不适，以及提高免疫力都有很好的效果。

处理保存

一般都是购买切片的金枪鱼，因此不需要特别清洗和处理。若是购买大量生金枪鱼时，可以用保鲜膜包起后放在冰箱保存。

排毒功能

金枪鱼中含有微量元素——硒，研究发现，硒可以防止脂肪氧化，避免形成过氧化脂质，并有助于对抗动脉粥样硬化、预防细胞老化的发生。DHA可以抑制脑细胞的老化，提高儿童智力，也可以预防阿尔茨海默病。EPA能够净化血液，减少血栓的形成，有助于预防动脉粥样硬化和脑溢血。

营养面面观

主要营养成分	营养价值	100g中的含量
维生素D	■■■■■■■■■■	210IU
维生素E	■■■□□□□□□□	0.55mgα-TE
烟酸	■■■■■■■■□□	13.8mg
铁	■■□□□□□□□□	0.9mg
钾	■■■■■■■□□□	230mg

速配MENU

金枪鱼中的优质蛋白质和鸡蛋中的泛酸结合，有助于促进肌肤的新陈代谢。金枪鱼和含有维生素C的黄绿色蔬菜一起摄取，有助于缓解压力。

功效：预防眼睛病变
热量：689.2千卡 / 1人份

金枪鱼通心面

材料

各式造型的通心面70克，金枪鱼罐头200克，黑橄榄片20克，红甜椒30克，黄甜椒30克，青椒30克

调味料

橄榄油30克，盐1/2小匙，黑胡椒粒1小匙，蒜末1大匙，金枪鱼罐汁3大匙

做法

1. 红、黄甜椒及青椒洗净、去籽，切小片；橄榄切片。
2. 调味料放入小碗中充分混合后，再加入金枪鱼肉及黑橄榄片混合备用。
3. 锅中放入半锅水，放入通心面及红甜椒、黄甜椒及青椒汆烫，起锅后用冷水冲凉，沥干水分备用。
4. 通心面盛于盘中，摆上汆烫后的材料，淋上酱汁拌匀即可。

排毒小帮手

甜椒含有丰富的抗氧化营养素——维生素C和β-胡萝卜素。β-胡萝卜素能增强免疫力，对抗自由基的破坏，有助于减少心脏病的发生。维生素C和β-胡萝卜素结合，可增强防护网，保护视力。

功效：降低胆固醇，预防动脉粥样硬化
热量：155.5千卡 / 1人份

辣拌鱼丝

材料

金枪鱼肉300克，西芹150克，黑木耳50克，红辣椒3个，葱1段，姜20克

调味料

A料：白醋1大匙

B料：盐1小匙，鸡精2小匙，香油、辣椒油各1大匙，黑胡椒、白芝麻各1/2小匙

做法

1. 红辣椒洗净，去蒂，切丝；葱洗净，切丝；姜去皮洗净，切丝。
2. 金枪鱼肉洗净，切丝，放入碗中加入A料，浸泡15分钟至入味，捞出，以冷开水冲掉表面的醋味，汆烫后沥干备用。
3. 西芹去头梗，洗净，切段；黑木耳洗净，切丝；均放入沸水中汆烫一下，立即捞出，浸泡冷开水至凉，装在盘中加入红辣椒丝、葱丝、姜丝、金枪鱼丝和B料拌匀，即可食用。

排毒小帮手

黑木耳和西芹均含有丰富的膳食纤维，可以促进有害物质排出体外，且黑木耳含有丰富的胶质，可以吸附血液和食物中的胆固醇，增加胆固醇的代谢，使血胆固醇降低。

鳕鱼

Cod fish

- 英文名 Cod fish
- 别名 大头青、大口鱼、明太鱼
- 热量 141千卡／100克
- 采购要点 大部分鳕鱼都是切片出售，要选择鱼外皮富有弹性，鱼肉结实，有透明感者
- 营养提示 预防动脉粥样硬化、骨质疏松
- 适用者 一般人、骨质疏松症、心血管疾病患者
- 不适用者 痛风、尿酸过高者不宜多食

保健功效

预防动脉粥样硬化	预防贫血
预防感冒	养颜美容

营养成分

鳕鱼营养价值非常丰富，含有蛋白质、脂肪、维生素A、维生素D、B族维生素及钙、磷、钠等矿物质及牛磺酸。鳕鱼属于高蛋白、高脂肪的深海鱼，含有约73%的单不饱和脂肪酸，是所有鱼类之冠，其有助于降低胆固醇和罹患心血管疾病的概率。

保健养生

将鳕鱼的卵巢加盐腌渍后，就是日本人经常食用的“鳕鱼子”，鳕鱼子富含维生素A、B族维生素和维生素E等丰富的营养素，维生素E是良好的抗氧化剂，能有效减少人体内的自由基，并能够预防老化。

处理保存

切片的鳕鱼在烹饪前，只需冲洗干净即可。切片鳕鱼容易变质，应趁早食用。购买较多时，可以将每一片分别包装，放在冷冻室中保存。

排毒功能

鳕鱼含有丰富的优质蛋白质，是制造肌肉和血液的原料，而鱼肉中所含钙可以制造强健的骨骼和肌肉，并可以预防骨质疏松症。维生素A有助于改善结核病，并可以预防夜盲症。维生素D则可以帮助人体吸收钙和磷，以增强骨骼和牙齿，预防老年人常见的骨质疏松症。

营养面面观

主要营养成分	营养价值	100g中的含量
维生素B_1	■□□□□□□□□□	0.1mg
维生素B_2	■■□□□□□□□□	0.1mg
维生素D	■■■■■■□□□□	70IU
维生素E	■□□□□□□□□□	0.8mgα-TE
钙	■□□□□□□□□□	44mg

速配MENU

鳕鱼的口感清淡，可以和任何材料搭配。若鳕鱼和含有丰富钙的乳制品和海藻类同时摄取，其中的维生素D将有助于钙质吸收。

功效：降低胆固醇
热量：132.6千卡／1人份

豆腐鳕鱼锅

材料

鳕鱼片300克，鸡蛋豆腐1块，小白菜1小棵，高汤4～5杯，葱1段，姜2片

调味料

鲣鱼调味料1大匙，盐1小匙，味淋1大匙，胡椒粉少许

做法

1. 小白菜洗净，切小段；葱洗净，切末；鸡蛋豆腐洗净；鳕鱼洗净，去骨，切成方形块状备用。
2. 锅中倒入高汤和鸡蛋豆腐一同煮沸，加入姜片、鳕鱼片和调味料以大火滚煮，再以小火续煮20～30分钟，最后加入小白菜煮熟，撒上葱末即可。

排毒小帮手

鳕鱼含有丰富的单不饱和脂肪酸，再搭配富含植物性激素——异黄酮素的豆腐，可以降低血胆固醇。鳕鱼属于高脂肪的食物，是营养状况不佳者优质蛋白质来源之一。

功效：祛痰解热，缓解疲劳
热量：185.3千卡／1人份

梅子蒸鳕鱼

材料

鳕鱼1块，姜2片，红辣椒1个，腌渍梅6颗

调味料

鱼露1小匙，蚝油1小匙，细砂糖1小匙

做法

1. 鳕鱼洗净，用纸巾擦干备用。
2. 红辣椒洗净、去蒂及籽后切末；姜去皮、切细丝；腌渍梅去籽后切碎。
3. 红辣椒、姜丝、腌渍梅与调味料一起放入小碗中，拌匀成淋汁备用。
4. 鳕鱼放入蒸盘中，将淋汁淋在鳕鱼上，盖上保鲜膜，置于蒸锅中，放入适量水，蒸约10分钟，取出，撕去保鲜膜即可食用。

排毒小帮手

梅子能祛痰、解热、杀菌、缓解疲劳、除烦安神，且可以平衡身体酸碱度、促进新陈代谢和帮助消化，以及减少食物的油腻感。鳕鱼含有B族维生素，可以增加身体代谢的速率，缓解疲劳。

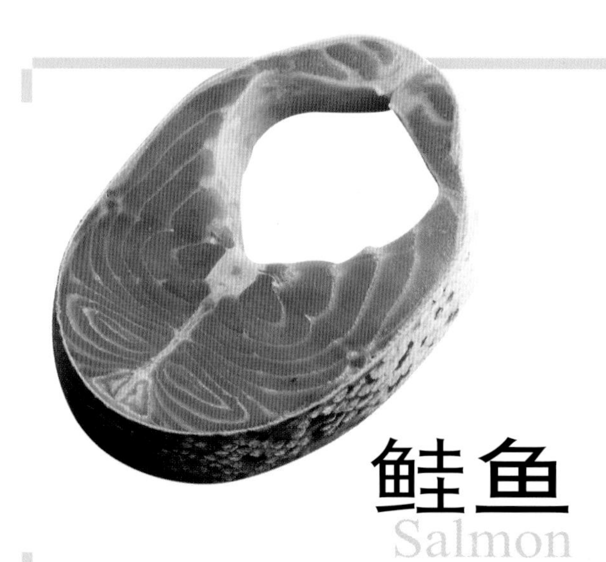

鲑鱼 Salmon

- 英文名　Salmon
- 别名　马哈鱼、大马哈鱼、鲑鳟鱼
- 热量　228.6千卡／100克
- 采购要点　切片鱼肉要呈橙红色，上有条状白色脂肪；整条鱼以鱼鳞为银色、鱼肉有弹性，鱼鳃呈鲜红色者为佳
- 营养提示　促进血液循环、活化脑细胞
- 适用者　一般人，心血管疾病患者、脑力工作者
- 不适用者　痛风及尿酸过高者

保健功效

预防动脉粥样硬化

改善虚冷症状　改善眼睛疲劳

营养成分

鲑鱼含有蛋白质、脂肪、维生素A、维生素D、B族维生素、维生素D、钙、镁、锌等矿物质。鲑鱼属于中脂鱼类，其脂肪酸的组成中约有55%是单不饱和脂肪酸，且还提供人体必需的脂肪酸EPA和DHA，因此具有清血、降低血胆固醇、预防视力减退及活化脑细胞的功效。

保健养生

鲑鱼含丰富的维生素。维生素B_2可以预防口角炎及皮肤炎。维生素A可以保护黏膜、促进皮肤健康、预防夜盲症。维生素D有助于钙的吸收，可为身体储存足够的骨质，预防骨质疏松症，还能稳定情绪。

处理保存

鲑鱼切片时，会将鱼鳞刮干净，回家后只需洗净即可。买整尾鲑鱼时，要先将鱼鳞刮净，再去除内脏和鱼鳃。保存时将鲑鱼切片后装袋冷冻。

排毒功能

鲑鱼含有优质蛋白质，且鲑鱼肉比其他鱼肉更容易被人体消化吸收。鲑鱼丰富的脂肪中含有EPA和DHA，可以促进大脑活化及血液循环、减少血栓的形成。维生素B_1可以保持神经系统正常运作，避免人体产生过多的乳酸堆积在肌肉中。矿物质含量丰富，锌可以促进味觉敏感、减少盐的摄取、减少高血压等疾病的发生。

营养面面观

主要营养成分	营养价值	100g中的含量
维生素A	■■□□□□□□□□	233μgRE
维生素B_1	■■■□□□□□□□	0.24mg
维生素D	■■■■■■■■■■	1300IU
维生素E	■■□□□□□□□□	1.3mgα-TE
烟酸	■■■■■■■□□□	11.7mg

速配MENU

鲑鱼的维生素D含量丰富，搭配牛奶煮成鲑鱼火锅等，可使身体充分吸收钙。搭配洋葱，洋葱中的蒜素可以促进B族维生素的吸收。

功效：增强血管弹性，预防骨质疏松
热量：446.8千卡 / 1人份

炸鲑鱼球

材料

鲑鱼300克，土豆300克，洋葱100克，鸡蛋1个，面粉1杯，面包粉2杯，油3杯

调味料

A料：盐1/2小匙

B料：盐1/2小匙，胡椒粉1/4小匙，糖1小匙

做法

1. 鲑鱼洗净；鸡蛋打入碗中搅成蛋汁备用。
2. 洋葱去皮、洗净，切丁；鲑鱼放入盘中，加A料，蒸熟，取出，切碎备用。
3. 土豆放入滚水中煮至软烂，取出，剥去外皮，用刀背压成泥；洋葱放入大碗中加入土豆泥、鲑鱼及B料搅匀，并搓成圆球形，依序蘸裹面粉、蛋汁及面包粉。
4. 锅中倒入3杯油以中火烧热，放入鱼球炸至表面呈金黄色即捞出，沥干油分，盛入盘中即可。

排毒小帮手

土豆营养价值非常丰富，含有钾、钙和镁元素，可以增强血管弹性，减少罹患高血压和中风的风险。土豆还有利水消肿、保护肠胃的功能。鲑鱼含有烟酸，可以帮助消化，促进肠胃功能。

功效：增强体力，保健抗老
热量：222千卡 / 1人份

银纸烤鲑鱼

材料

鲑鱼肉500克，口蘑200克，大蒜2瓣，柠檬1/2个

调味料

A料：米酒1大匙，盐1小匙，胡椒粉1/4小匙

B料：色拉油1大匙

做法

1. 鲑鱼肉洗净，放入碗中加A料腌10分钟；口蘑泡水洗干净后，切片；大蒜切片；柠檬洗净、对半切开，挤出柠檬汁备用。
2. 铝箔纸均匀涂上B料，放入鲑鱼，淋入腌鱼汁，再撒上口蘑片及大蒜片。
3. 将铝箔纸对折包好，放入烤箱以200℃烤约10分钟后取出。
4. 食用时打开铝箔纸，盛入盘中，淋上柠檬汁即可。

排毒小帮手

口蘑含有多糖体，可以刺激体内巨噬细胞活化，分泌肿瘤坏死因子、白细胞介素－2、淋巴激素与干扰素，促进抗体产生。

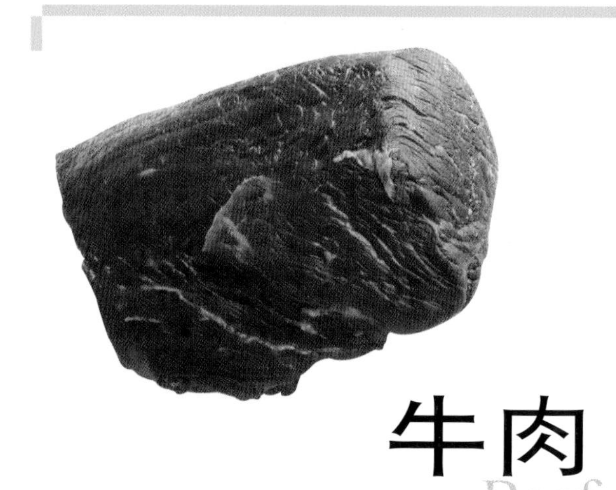

- 英文名　Beef
- 别名　无
- 热量　242.9千卡／100克
- 采购要点　应选外观完整、色泽鲜红、湿润有弹性、脂肪处为白色或奶油色者
- 营养提示　益气血、强筋骨
- 适用者　一般人、身体瘦弱及酸软无力者
- 不适用者　热性体质、过敏、湿疹者

牛肉
Beef

保健功效

预防贫血	增强体力
增强免疫系统	促进生长发育

营养成分

牛肉营养价值丰富，含有蛋白质、脂肪、维生素A、维生素E、B族维生素、铁、钙、锌等矿物质，都是生长发育所不可或缺的营养素，尤其适合成长中的孩童、孕妇及老人。牛腱肉属于低脂的肉类，且含有丰富的铁，是怕胖者补充铁的最佳选择。

保健养生

牛肉属于铁含量丰富的食物，且易于吸收，可预防缺铁性贫血。此外，牛肉还富含锌元素，可协助人体吸收利用糖类和蛋白质，加速伤口愈合、强化免疫系统，也可以促进骨骼发育和毛发生长。

处理保存

洗净后即可。保存时应切割成适当大小，防止牛肉结霜、脱水及氧化，密封后放入冷冻室，最好2～3天内吃完。

排毒功能

牛肉属于高铁食物，是补充铁的优良食物来源，且含有制造血红素的维生素B_6和维生素B_{12}，尤其适合缺铁性贫血患者、孕妇和妇女。牛肉富含蛋白质和锌，可以建构身体组织并增强生殖系统功能。

营养面面观

主要营养成分	营养价值	100g中的含量
维生素B_6	■■□□□□□□□□	0.18mg
维生素B_{12}	■■□□□□□□□□	1.83μg
铁	■■□□□□□□□□	3.0mg
锌	■■■□□□□□□□	8.5mg

速配MENU

牛肉富含铁，与富含叶酸的蔬菜搭配，可以预防贫血。也可以与富含铜的坚果类、豆类、番茄搭配，可以改善肤色。

功效：维护精子品质，恢复活力
热量：183.1千卡／1人份

卤牛腱

材料

牛腱500克，西芹200克，红辣椒2个，大蒜4瓣，洋葱1个，老姜10片，油适量

卤料

八角2个，月桂叶2片，肉桂1个，丁香10个，花椒15粒

调味料

酱油500毫升，冰糖2大匙，米酒200毫升，豆瓣酱4大匙

做法

1. 西芹洗净，切大块；大蒜去皮，拍碎；红辣椒洗净，去蒂切段；洋葱去皮，切块。
2. 牛腱切块，汆烫去血水，洗净；卤料装入纱袋中扎紧。
3. 锅中倒入适量油烧热，放入老姜煸干，倒入3.5升清水，加入牛腱肉、卤包及调味料煮开，改小火约1小时卤至牛肉熟烂捞出，切片后盛盘即可。

排毒小帮手

牛腱属于低脂的肉类，且锌的含量非常丰富，可以提升免疫力，是影响男性生殖功能最重要的矿物质，足够的锌能使精子发育更健康。西芹和牛腱均含有钾元素，可以缓解疲劳、恢复活力。

功效：淡化斑点，红润肌肤
热量：301.6千卡／1人份

红烧牛腩

材料

牛腩肉600克，胡萝卜200克，白萝卜200克，葱2段，姜15克，八角2粒，红辣椒1个，油2大匙

调味料

A料：黄砂糖2大匙

B料：酱油4大匙，白胡椒粉1小匙，米酒1小匙

做法

1. 牛腩切块，葱洗净、切段；姜去皮、切片；红辣椒洗净、切斜片；牛腩放入滚水中烫去血水，捞出，沥干水分；胡萝卜、白萝卜分别去皮、洗净、切块。
2. 锅中倒2大匙油烧热，加入A料，炒至糖熔化，加入牛腩炒匀，再加入葱、姜及B料炒至牛腩五分熟。
3. 牛腩移入深锅，倒入2杯水，以大火煮开。改小火，加入八角、红辣椒、胡萝卜、白萝卜煮至牛腩熟烂，即可盛出。

排毒小帮手

胡萝卜、白萝卜均含有丰富的膳食纤维。胡萝卜富含抗氧化营养素——维生素A，可以减少有害物质堆积在体内，防止细胞老化，减少肌肤斑点，让皮肤白皙。此外，牛肉丰富的铁，可以让肌肤红润、气色更佳。

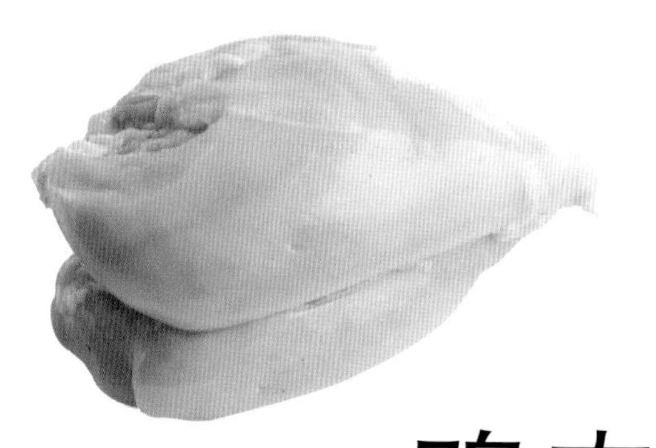

- 英文名 Chicken
- 别名 家鸡肉
- 热量 248千卡／100克
- 采购要点 以肉质结实有弹性、粉嫩有光泽、毛孔突出、鸡软骨白净者为宜
- 营养提示 增强体力、缓解疲劳
- 适用者 一般人、老人、营养不良者
- 不适用者 发热未退者

鸡肉
Chicken

保健功效

增强体力 温补脾胃

益气养血 补虚损、强筋骨

营养成分

鸡肉营养丰富，含有蛋白质、脂肪、维生素A、维生素E、维生素B_1、维生素B_2、烟酸、维生素C及矿物质等。鸡肉的营养价值在于脂肪含量低于其他肉类，且其脂肪组成多为不饱和脂肪酸。

保健养生

鸡肉属于低脂肪肉类，其饱和脂肪酸的含量较其他肉类低，不会造成血脂升高，因此不会增加心脏血管的负担，适合血脂高者和需要控制体重者。

处理保存

买后应立即包好放冷冻室保存，2天内需食用完，如放冷藏宜于当天烹调。鸡肉容易变质，必须蒸煮熟透再食用，以确保卫生安全。

排毒功能

鸡肉富含蛋白质，可以使肌肉强健，且含有丰富的B族维生素和钾元素，可以促进体内的新陈代谢、缓解疲劳、恢复体力。对于怕胖者而言，可以吃低脂肪的鸡胸肉。对于高脂血症患者而言，烹煮鸡汤时，将上面的浮油撇除即可放心食用。

营养面面观

主要营养成分	营养价值	100g中的含量
维生素B_2	■■□□□□□□□□	0.1mg
烟酸	■■■■■■□□□□	4.6mg
锌	■□□□□□□□□□	0.3mg
脂肪	■■□□□□□□□□	20g

速配MENU

烹调鸡肉时，可以使用大蒜调味，因鸡肉富含B族维生素，搭配富含蒜素的大蒜，可以增强免疫力，使皮肤滑润，抵抗力提高。

功效：促进食欲，排出体内毒素
热量：135.5千卡 / 1人份

苦瓜炒鸡丁

材料

苦瓜1/2根，鸡胸肉200克，竹笋50克，豆豉20克，老姜1小块，油2大匙

调味料

盐1/2小匙，鲜鸡粉、香油各1小匙，米酒2大匙

做法

1. 苦瓜洗净，去籽；竹笋洗净、去壳，均切大丁；老姜洗净、去皮、切末备用。
2. 鸡胸肉洗净、沥干水分，切丁，放入碗中加调匀的调味料腌5分钟备用。
3. 锅中倒入2大匙油烧热，放入苦瓜及竹笋过油一下，捞出；锅中再放入鸡丁烫一下，捞出。
4. 原锅留少许油加热，放入姜末及豆豉炒香，加入其他材料拌炒至熟，即可盛出。

排毒小帮手

苦瓜和竹笋都属于味甘苦、性寒凉的食材，膳食纤维含量高，对于促进食欲、帮助消化都有很好的效果。这道菜将两大高纤食材与滑嫩的鸡肉搭配烹调，佐以豆豉与姜丝，既可提鲜，又能中和苦瓜及竹笋的寒性。

功效：预防阿尔茨海默病，增强免疫力
热量：146.4千卡 / 1人份

咖喱鸡球

材料

去骨鸡胸肉1副，洋葱1个，胡萝卜50克，鸡蛋1个，油适量

调味料

A料：米酒1大匙，淀粉1小匙
B料：咖喱4小块，水1/2杯

做法

1. 洋葱去皮，洗净，切块；胡萝卜洗净，去皮，切片。
2. 鸡蛋滤除蛋黄，留下蛋清备用；鸡胸肉洗净，切1.5厘米见方的丁，加入蛋清及A料腌15分钟，再放入温油锅中烫熟，捞起，沥干油分。
3. 胡萝卜片及洋葱块炒熟，加入鸡丁及B料翻炒至咖喱块溶解并入味，即可盛起。

排毒小帮手

咖喱味辛辣，可以刺激食欲，富含姜黄素，可以防止脑部病变，预防阿尔茨海默病。鸡肉含有丰富的蛋白质，搭配具有含硫化物的洋葱，可以增强免疫力，预防感冒。

功效：去暑降脂，帮助消化
热量：161千卡 / 1人份

香煎柠檬鸡

材料

鸡胸肉500克，柠檬1个，油1/2杯

调味料

A料：盐1/2小匙，胡椒粉1/4小匙，米酒1大匙

B料：盐1/4小匙，糖2大匙，水2大匙，水淀粉1小匙，柠檬汁1小匙

做法

1. 鸡胸肉洗净、拍松，放入碗中加A料腌10分钟；柠檬洗净，对半切开，切片备用。
2. 锅中倒入1/2杯油以中火烧热，鸡皮朝下放入锅中煎熟。
3. 待鸡皮煎至略焦，翻面，煎至鸡肉熟软，取出，切成斜片，摆入盘中。
4. 锅中留1小匙油以小火烧热，放入柠檬片与B料煮沸，将汁淋在鸡肉上即可。

排毒小帮手

柠檬有生津止渴、去暑、降脂、消炎的作用，其所含的维生素C可润滑肌肤，用柠檬切片按摩脸部可以吸出皮肤油脂。

功效：刺激食欲，增强体力
热量：138.7千卡 / 1人份

番茄鸡片

材料

鸡胸肉300克，洋葱30克，豌豆30克，葱1段，姜3片，大蒜3瓣，鸡蛋1个，油1/2杯

调味料

A料：淀粉1大匙

B料：番茄酱2大匙，米酒1大匙，糖、醋各1/2小匙，高汤1/2杯，盐1小匙

C料：水淀粉1大匙

做法

1. 鸡胸肉洗净、切薄片，放入碗中加鸡蛋及A料腌拌；洋葱切丁，葱、姜洗净，大蒜去皮，均切成末；豌豆洗净备用。
2. 锅中倒入1/2杯油以中火烧热，放入鸡胸肉烫至肉色变白，捞出。
3. 锅中留2大匙油以大火烧热，爆香葱、姜、大蒜及洋葱，放入豌豆拌炒，加入B料炒匀，放入肉片翻炒，淋入C料调匀，即可盛出。

排毒小帮手

洋葱含有硫化合物，可以杀菌且有利于增强免疫力、降低血脂、促进肠胃蠕动。洋葱的辛辣味，搭配番茄酱酸酸甜甜的口感和富含蛋白质的鸡胸肉，可以增强体力、刺激食欲、缓解疲劳。

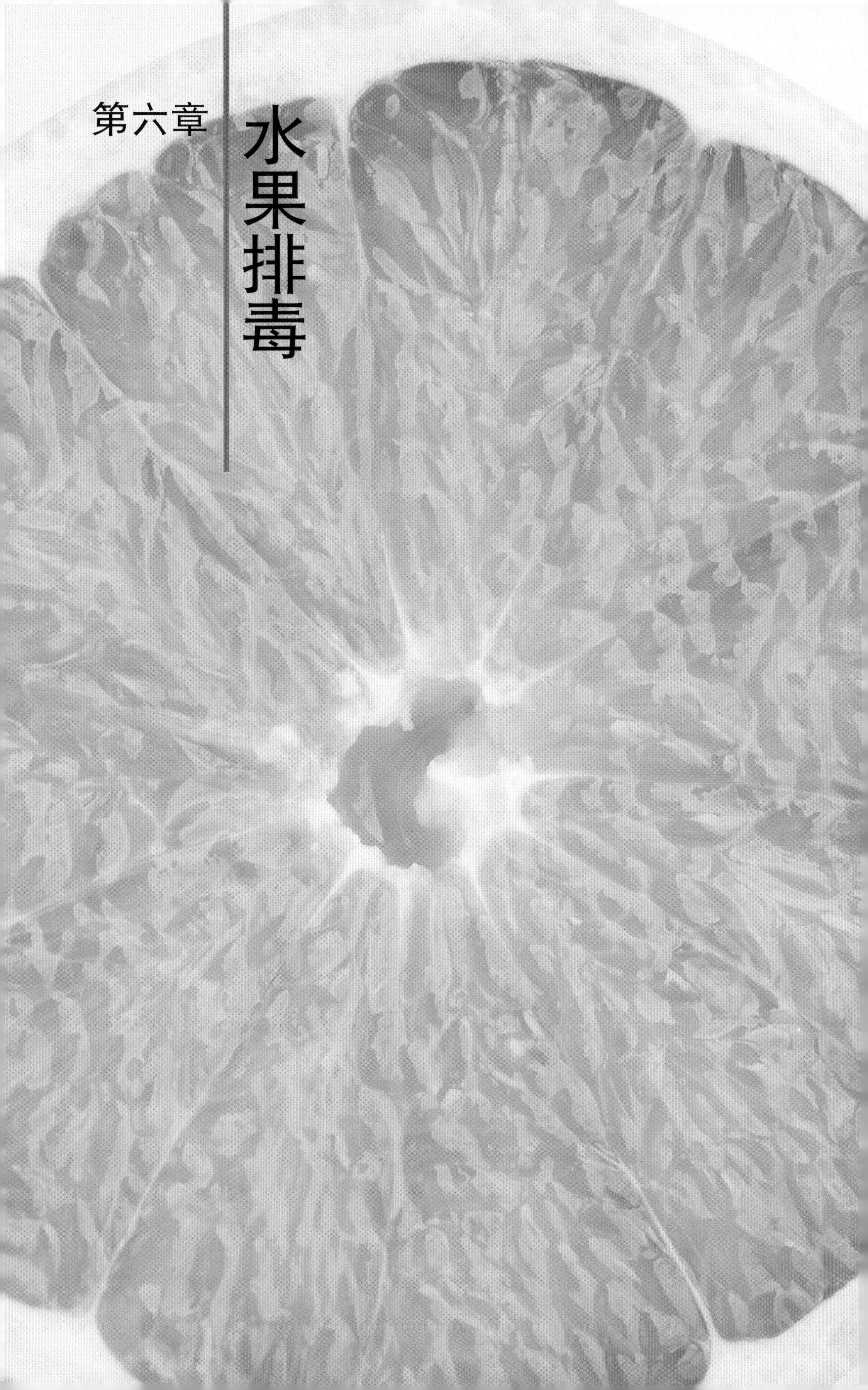

第六章

水果排毒

新鲜水果的三种酶

新鲜水果中富含
消化酶、代谢酶、食物酶

酶是所有动植物体内均存在的物质，负责维持身体正常运行、消化食物、修复组织等。酶是由蛋白质构成的，它们几乎参与所有的身体活动，目前已知的酶有数千种。事实上，尽管有足量的维生素、矿物质、水分及蛋白质，如果没有酶，仍无法维持生命。利用酶含量丰富的新鲜水果，可以有效地把堆积体内的毒素一扫而空！

酶是人不可或缺的物质

酶可分为潜在酶与食物酶两种。潜在酶在人体内生成，又可细分为消化酶与代谢酶两种。

消化酶正如字面上所看到的，用来消化分解日常生活中所摄取的食物，担任人体吸收营养物质的重要角色。代谢酶则是将人体内堆积的毒素代谢至汗液、尿液中，并随之排出体外。

食物酶存在于生鲜食物与发酵食品等食材中。生鲜食物如水果、蔬菜、生肉、鲜鱼等都含有食物酶，味噌、纳豆、腌渍品等发酵食品中也含有此类酶。食物酶能够帮助消化，并能促进蛋白质、维生素、矿物质等营养素在体内的作用。对于人体来说是不可或缺的物质。

酶极易被高温破坏活性，即使温度不高，也很容易破坏，因此要从饮食中获得酶，必须生吃这些食物。煮熟的食物中酶会流失，接触空气过久也容易产生氧化的作用，因此吃水果时，最好削好皮后立即食用，以免酶流失。

1 消化酶

消化酶所有能促进消化进行的酶的总称。能够将大分子的碳水化合物、蛋白质、脂肪分解成小分子的单糖（葡萄糖）、氨基酸、脂肪酸，小分子的状态才易被人体吸收。

2 食物酶

食物酶指存在于生鲜食品与发酵食品中的酶。在食物进入人体血液之前，食物酶能够进行事前消化。也因为食物酶是在食物被完全分解后才进入血液中，因此具有降血脂的功效。

3 代谢酶

代谢酶能够将体内堆积的毒素移到汗液、尿液中，随之排出体外，还能够将被人体吸收的营养物质送到细胞中，活化人体的新陈代谢。并且能够提高人体治愈疾病的自然恢复能力。

水果的营养价值 >> 不是只有酶

水果中不只含有丰富的酶，还含有大量的膳食纤维。

能够促进排泄的食物纤维，也是体内进行排毒时不可或缺的成分之一。

草莓

Strawberry

- 英文名 Strawberry
- 别名 红莓、地莓、洋莓、洋莓果
- 热量 39千卡／100克
- 采购要点 挑选时以果实大，长圆锥状、香气浓、鲜红有光泽、蒂头叶片鲜绿为上选
- 营养提示 降低血脂、减少肠胃垃圾
- 适用者 一般人、便秘者、高血压患者
- 不适用者 肠胃虚寒、大便滑泻者

保健功效

预防动脉粥样硬化

降低血胆固醇

改善便秘和预防痔疮

营养成分

草莓营养丰富，含有果糖、蔗糖、柠檬酸、苹果酸、花青素、鞣花酸及钙、磷、铁等矿物质。其还含有丰富的维生素C，在100克草莓中含量高达66毫克，比苹果、葡萄高7～10倍。其营养成分容易被人体消化吸收，是老少皆宜的健康食品。但皮肤过敏的人或胃肠不适者应该少食。

保健养生

草莓含有丰富的维生素C，可以防御细胞膜遭受体内自由基的破坏，有助于预防坏血病、动脉粥样硬化、冠心病及中风等疾病。胡萝卜素则有明目养肝作用。

处理保存

草莓保鲜期短暂，没吃完的草莓，可用拧干的湿毛巾盖在装草莓的容器上，放置在冰箱底部的冷藏室里。将草莓蒂头向下存放，放在冰箱内可保鲜1～2天。

排毒功能

草莓含有丰富的膳食纤维，可预防便秘和痔疮，其果胶成分可以吸附血液中的胆固醇，增加其清除率，具有降低血胆固醇的功效。花青素也是出色的抗氧化剂，可以减缓细胞老化所引起的疾病。

营养面面观

主要营养成分	营养价值	100g中的含量
维生素C	■■■■■■□□□□	66mg
烟酸	■■■□□□□□□□	1.5mg
钾	■■■■□□□□□□	180mg
膳食纤维	■■■□□□□□□□	1.8g

速配MENU

草莓含有丰富的抗氧化物质——花青素和维生素C，搭配富含维生素C的水果以及富含膳食纤维的生菜，可以加强抗氧化和体内环保。

功效：淡化斑点，体内环保
热量：117.5千卡／1人份

草莓清饮

材料

草莓6个，橙子1/2个，菠萝1/8个，水、冰块各适量

做法

1. 草莓洗净，去蒂，橙子、菠萝去皮，均切小丁。
2. 全部材料放入果汁机中打匀，倒入杯中加入冰块即可。

排毒小帮手

这道饮品含有丰富的维生素C，可以增强免疫力、预防黑色素沉淀，具有美白肌肤、淡化斑点的功能。丰富的膳食纤维可以增加有毒物质的排出，具有体内环保的作用。

功效：降低血压，美白肌肤
热量：70.1千卡／1人份

草莓虾卷

材料

草莓2个，草虾2只，芦笋3根，苜蓿芽30克，寿司海苔1片，草莓果酱少许

做法

1. 草虾洗净，挑去泥肠，放入沸水中煮熟，捞出去壳，放入冰水中冰镇备用。
2. 芦笋去老皮，洗净，切长段，放入沸水中汆烫，捞出，浸泡冰水至凉；草莓、苜蓿芽分别洗净，用冰块冰镇。
3. 待食用时，摊开寿司海苔片，依序放入苜蓿芽、芦笋，包卷成杯状，再将冰过的草莓、草虾仁置于其上，淋上适量的草莓果酱即可食用。

排毒小帮手

草莓所含维生素C和钾最多，可将盐分排出体外，降低血压，促进皮肤黏膜健康。丰富的柠檬酸、苹果酸和葡萄糖等，可促进食欲，增强人体的免疫力。草虾中含有丰富的锌，有助于预防生殖功能障碍。

功效：预防皮肤粗糙
热量：201千卡 / 1人份

草莓酸奶

材料

牛奶1杯，草莓6个，低脂酸奶50克，蜂蜜1大匙

做法

将草莓洗净切块，放入果汁机中，加入牛奶、低脂酸奶，打匀即可食用，可依个人喜好加入适当蜂蜜。

排毒小帮手

牛奶含有优质蛋白，有助于肌肤富有弹性及有光泽。维生素B_3能促进新陈代谢，也能预防水分流失，还能预防皮肤粗糙。再加上丰富的矿物质，如钙、铁、钾、镁、钠，能让皮肤变得更健康而红嫩。

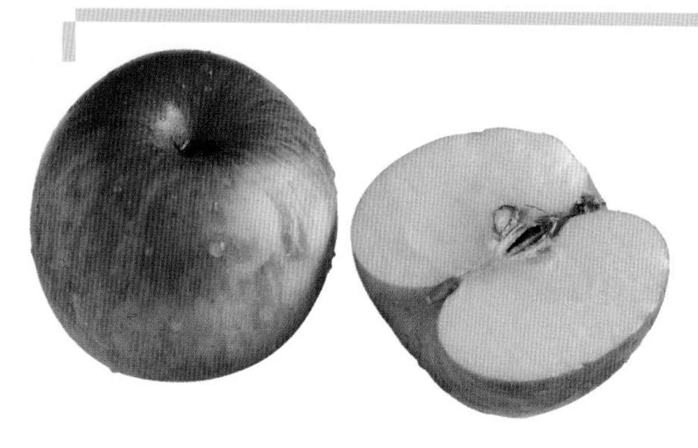

- 英文名　Apple
- 别名　沙果、平波、天然子、超凡子
- 热量　45千卡／100克
- 采购要点　用指头弹击，回声坚实沉重者，表示较为新鲜，浓浊低沉者，表示已放置过久
- 营养提示　清宿便、预防便秘
- 适用者　一般人、便秘者
- 不适用者　食用后腹胀者

苹果

Apple

保健功效

预防中风	预防心脏病
降低血胆固醇	清宿便

营养成分

苹果含有丰富的糖类、膳食纤维、B族维生素、钾等营养素，可以补充能量、促进体内新陈代谢的速率及维护血管系统的健康。苹果含有丰富的水溶性纤维——果胶，可以增加胆固醇的代谢，具有降低血脂的功效。苹果含有类黄酮物质，可以预防中风和降低罹患心脏病的危险。

保健养生

苹果含有丰富的纤维，可以增加饱腹感，以减少饥饿的不适，非常适合控制体重者，且其水溶性纤维含量很丰富，主要存在于果皮中，所以在食用苹果时，最好不去皮，才能达到降低血胆固醇的功效。

处理保存

苹果在削皮后会变色，是因为含有的多酚类有机物在酶的作用下氧化的结果，要防止变色可用少许盐水浸泡，或用保鲜膜包住后冷藏，都可以防止苹果氧化变色。

排毒功能

苹果含有丰富的膳食纤维，可以促进肠胃蠕动、清宿便、净化肠道，还可以预防便秘的发生。丰富的果胶可以吸附血液中的胆固醇，增加胆固醇的代谢，有助于降低血脂、预防动脉粥样硬化和维护心血管系统健康。苹果还富含矿物质——钾，可使体内过剩的钠排出，具有降低血压的功能，有益于高血压患者。

营养面面观

主要营养成分	营养价值	100g中的含量
维生素B_1	■■□□□□□□□□	0.02mg
烟酸	■□□□□□□□□□	0.4mg
钾	■■■□□□□□□□	110mg
膳食纤维	■■□□□□□□□□	1.8g

速配MENU

苹果富含果胶，可吸附过多的胆固醇，增加胆固醇的代谢，搭配富含维生素E、钾和镁的坚果类，可以维护心血管系统健康，预防动脉粥样硬化。

功效：美白抗老．预防便秘
热量：120.9千卡／1人份

苹果醋冰蜜茶

材料

蜂蜜2大匙，苹果醋1大匙，苹果1/2个，柠檬1/2个

做法

1. 柠檬对切一半，榨汁；苹果洗净、去皮、切小丁。
2. 茶壶中倒入500毫升热水，放入苹果丁加盖焖泡20分钟，待凉，加入苹果醋、柠檬汁和蜂蜜调匀，饮用时再加入冰块即可。

排毒小帮手

苹果醋含有苹果本身的天然果酸和谷类发酵制成的醋酸，可促进大肠收缩、排出宿便，并能保护胃肠的黏膜组织、帮助消化，加上富含B族维生素的蜂蜜，有美白抗老、减少脂肪、降低胆固醇等健康功效。

功效：降低胆固醇．美白肌肤
热量：172.9千卡／1人份

苹果燕麦甜汤

材料

苹果、猕猴桃各1个，燕麦片50克，脱脂奶粉2大匙，枸杞子10克，葡萄干2小匙，糖2大匙

做法

1. 苹果、猕猴桃洗净，去皮，以挖球器挖成球状；枸杞子洗净备用。
2. 燕麦片与奶粉放入碗中，加入500毫升的热水冲开，放入枸杞子及糖拌匀，待凉，食用时加入葡萄干和水果球即可。

排毒小帮手

苹果含有丰富的果胶，搭配富含水溶性纤维的燕麦，可以吸附血液中的胆固醇，增加胆固醇的代谢，具有降低血脂、预防动脉粥样硬化和维护心血管系统健康的功能。

- 英文名 Cherry
- 别名 荆桃、含桃、莺桃、朱樱
- 热量 71千卡／100克
- 采购要点 以果皮色相亮丽、果粒硬实的较新鲜。红色品种中，颜色暗红呈黑色者风味较好
- 营养提示 养颜美容、消炎止痛
- 适用者 一般人、贫血及病后体虚者
- 不适用者 过敏者

樱桃 Cherry

保健功效

美白肌肤　止痛消炎

提高睡眠品质

营养成分

樱桃营养价值很高，含有蛋白质、脂肪、碳水化合物，膳食纤维，钙、磷、铁、钾、钠、镁，胡萝卜素、维生素B_1、维生素B_2、维生素C、烟酸，柠檬酸、酒石酸等维生素，以及重要的活性物质鞣花酸。樱桃是养颜美容的圣品，可以润泽肌肤、预防黑斑。

保健养生

樱桃含有褪黑激素，易于人体吸收，可帮助身体愈合及提高睡眠质量。樱桃含有维生素A和维生素C，可防止黑色素沉淀、预防斑点形成，具有淡化斑点、美白肌肤的功效。

处理保存

洗净即可食用。若无法一次吃完，最好在－4℃的冷藏条件下保存。樱桃属浆果类，容易损坏，所以一定要轻拿轻放。

排毒功能

樱桃含有大量的抗氧化剂——维生素A、维生素C及花青素，可以预防心脏疾病和关节炎，还具有止痛消炎的功效。

营养面面观

主要营养成分	营养价值	100g中的含量
维生素C	■■□□□□□□□□	12mg
维生素A	■□□□□□□□□□	1.2μgRE
铁	■□□□□□□□□□	0.3mg
钾	■■■■□□□□□□	220mg
膳食纤维	■■■□□□□□□□	1.5g

速配MENU

樱桃含有维生素C、鞣花酸等抗老化物质，搭配富含蛋白质的肉、鱼、豆、蛋类食材，可使营养更均衡。

功效：养颜美容，淡化斑点
热量：179.5千卡 / 1人份

樱桃小排

材料

樱桃80克，猪小排100克

调味料

糖1/2小匙，醋1小匙，水1杯，水淀粉1小匙

做法

1. 猪小排洗净，切块，放入滚水中汆烫，捞出洗净。
2. 樱桃洗净去籽，放入小锅中，加入糖、醋及水煮沸，再放入小排煮至小排熟透，最后加入水淀粉勾芡即可盛出。

排毒小帮手

樱桃含有丰富的维生素A和维生素C，可以增强免疫力，预防细胞受到氧化伤害，还可以淡化斑点，具有美白肌肤的功能。猪小排含有丰富的蛋白质和B族维生素，可以增强体力、缓解疲劳、促进生长发育。

功效：降低血胆固醇，促进排毒，改善失眠
热量：60.8千卡 / 1人份

樱桃虾仁沙拉

材料

樱桃50克，虾仁30克，生菜2片

调味料

蒜末1小匙，辣椒末1/2小匙，水果醋1大匙

做法

1. 樱桃洗净，去籽切丁；虾仁去泥肠，洗净，切小丁；生菜洗净备用。
2. 虾仁放入滚水中烫熟，捞出，以冷水冲凉备用。
3. 虾仁丁及樱桃丁放入小碗中拌均，铺在生菜叶上，撒上调匀的调味料即可食用。

排毒小帮手

虾仁含有牛磺酸，有助于降低血液中的胆固醇，还可以维持血压的正常、强化肝脏功能和肝脏的排毒作用，也可以促进小肠的蠕动、缓解便秘。

木瓜

Papaya

- 英文名　Papaya
- 别名　番瓜、番木瓜、海棠梨、铁脚梨
- 热量　52千卡／100克
- 采购要点　果皮细致光滑，摸起来较硬，外形偏椭圆形，重量沉，颜色浅黄或鲜红者为佳
- 营养提示　丰胸美白、降低血脂
- 适用者　消化不良、胃病、风湿关节炎、脚气病患者，常用电脑者
- 不适用者　孕妇、过敏者

保健功效

帮助消化　舒缓痉挛

通乳

营养成分

木瓜含有糖类、维生素A、维生素B_1、维生素B_2、维生素C、钙、磷、钾、钠、木瓜蛋白分解酶，其中维生素C的含量非常丰富，只要吃100克的木瓜，就可以满足一天维生素C的需求量。

保健养生

木瓜中含有的β-胡萝卜素为天然抗氧化物，能对抗人体细胞的氧化，破坏使人体老化的自由基，常吃木瓜有美容养颜及延缓衰老的功效，许多化妆品中都含有木瓜酶，有助于去除肌肤表面的老化角质。

处理保存

还没熟的木瓜为绿色，可用纸包起来，放在阴凉的地方，等2～3天后颜色变黄，若用食指中等力量按它，能留下凹印，表示已熟透，要尽快食用完。

排毒功能

木瓜含水溶性纤维，能缓解便秘，并能降低血脂，具有强心作用，可预防高血压、心脏病。木瓜中还含有蛋白分解酶（又称为木瓜酶），能帮助食物中蛋白质的分解，有助于消化，可缓解慢性消化不良、胃炎。木瓜果肉含有番木瓜碱，有消炎抗菌、降低血脂的功效。

营养面面观

主要营养成分	营养价值	100g中的含量
维生素A	■■□□□□□□□□	41μgRE
维生素C	■■■■■■■■■■	74mg
钾	■■■■■□□□□□	220mg
镁	■■■□□□□□□□	12mg

速配MENU

可取木瓜190克和牛奶200克一起打成木瓜牛奶饮用，既可清理肠胃、美容抗老，又可补充钙质、预防骨质疏松。

功效：养颜美容，改善肌肤暗沉
热量：170.5千卡 / 1人份

凉拌青木瓜

材料

青木瓜150克，大蒜2瓣，小番茄2个，豇豆1根，红椒1个，花生碎末2大匙，虾米1大匙

调味料

酸子酱2大匙，鱼露1大匙，柠檬汁1大匙

做法

1. 青木瓜去皮，洗净去籽，刨丝；大蒜去皮，切末；小番茄切瓣；豇豆洗净，切段；红椒去蒂，洗净切末备用。
2. 取一空碗，放入青木瓜、蒜末、小番茄、豇豆及红椒末，加入调匀的调味料拌匀，盛盘，撒上花生碎末及虾米即可。

排毒小帮手

青木瓜含有维生素A、维生素C及木瓜酶，能强化肝脏解毒功能，改善肤色暗沉现象。

功效：淡化斑点，养颜美容
热量：107.4千卡 / 1人份

木瓜牛奶

材料

木瓜400克，橙子1个，脱脂牛奶200毫升，冰块适量

做法

1. 木瓜、橙子去皮及籽，均切小丁。
2. 木瓜、橙子放入果汁机中，加入牛奶，打匀成汁，倒入杯中加入冰块即可饮用。

排毒小帮手

木瓜的木瓜酶搭配牛奶的蛋白质，可以帮助蛋白质分解，有利于人体吸收；木瓜和橙子含有维生素C，可以增加牛奶中铁的吸收率，还能淡化黑斑、雀斑，并防止肌肤老化。

- 英文名　Watermelon
- 别名　夏瓜、水瓜、寒瓜
- 热量　25千卡／100克
- 采购要点　敲打外皮，声音短促者过生；声音沉闷者过熟。瓜蒂鲜绿，果肉结实、颜色鲜红、籽有光泽者佳
- 营养提示　夏季水果之王
- 适用者　醉酒的人、高血压患者
- 不适用者　胃寒、易拉肚子的人

西瓜

Watermelon

保健功效

养颜美容	降低血压
消解暑热	利尿

营养成分

西瓜含有糖类、维生素A、维生素B_1、维生素B_2、维生素C、磷、钾、镁等营养素。西瓜的瓜皮具有利尿作用，西瓜籽具有清肺润肠和止渴的功能，西瓜果肉有利尿作用，可以利水消肿；其中所含抗氧化营养素（维生素A、维生素C），可以预防血管硬化并延缓衰老；钾则可以降低血压。

保健养生

西瓜中的钾对利尿有非常好的效用，可以改善水肿，还可以随着尿排除多余的盐分。配糖体还可以降低血压，对于改善动脉粥样硬化及膀胱炎有帮助。

处理保存

未切开的西瓜在干燥通风的环境中可保存3～4天，切开后应尽快吃完，冷藏时要注意卫生，应加盖或包上保鲜膜收藏，以免西瓜变质或被细菌污染。

排毒功能

西瓜的含水量丰富，约有93%为水，另外6%为糖分，是很好的解渴水果。西瓜中的维生素和膳食纤维犹如人体的清道夫，能排出人体内的毒素，清洁肾脏及输尿管，还可激化人体细胞，有延缓衰老的作用。

营养面面观

主要营养成分	营养价值	100g中的含量
维生素A	■■■■■■□□□□	127μgRE
维生素C	■■□□□□□□□□	8mg
维生素B_1	■□□□□□□□□□	0.02mg
钾	■■□□□□□□□□	100mg
镁	■■■□□□□□□□	13mg

速配MENU

西瓜果肉打成汁饮用，既可帮助身体代谢，又能美白肌肤。

功效：清热解毒．利尿消肿
热量：60千卡／1人份

瓜丝拌海蜇皮

材料

西瓜皮200克，海蜇皮300克，葱50克，红辣椒30克，大蒜20克

调味料

A料：盐1/2小匙

B料：盐1.5小匙，鲜鸡粉、砂糖各1小匙，香油1大匙

做法

1. 海蜇皮洗净，切丝，放入热水中汆烫，捞出，浸入冰水中泡凉，沥干；葱洗净，切丝；红辣椒洗净，去蒂及籽，切丝；大蒜去皮，切末。
2. 西瓜切下白肉部分，切成细丝，加入A料抓拌略腌，待出水，挤干水分。
3. 腌好的西瓜丝装在盘中，加入海蜇皮、葱丝、辣椒丝和蒜末，加入B料，全部拌匀即可。

排毒小帮手

西瓜皮的糖分含量低，很适合当减肥者的点心，对于糖尿病患者而言，也是不错的食品，不用担心吃完血糖升高的问题。此外，西瓜皮还有利尿消肿的作用，可以排出体内过多的水分。

功效：利尿消肿．美白肌肤．润肠通便
热量：86千卡／1人份

苹果醋西瓜汁

材料

西瓜300克，蜂蜜1大匙，苹果醋2大匙，水、冰块各适量

做法

西瓜去皮，切块，和其他材料放入果汁机中打匀即可。

排毒小帮手

西瓜果肉具有利尿作用，可以利水消肿。其含有维生素A和维生素C，可以预防血管硬化和延缓老化。蜂蜜具有润肠通便的功用，有助改善便秘。此道饮品含有丰富的维生素C和膳食纤维，可以润肠通便、美白肌肤。

芒果

Mango

- 英文名 Mango
- 别名 檬果、香盖、蜜望
- 热量 40千卡／100克
- 采购要点 果色鲜艳，呈金黄色，果实大而饱满完整，表皮没有黑斑病，没有压伤痕迹，气味清香者佳
- 营养提示 抑制动脉粥样硬化的高手
- 适用者 高血压、动脉粥样硬化、眼疾患者
- 不适用者 过敏者

保健功效

养颜美容

预防高血压与动脉粥样硬化

营养成分

芒果含有糖类、膳食纤维、维生素A、维生素C、烟酸、钙、磷、铁、钾、镁等，尤其维生素A含量相当丰富，以海顿芒果含量最丰富。其对眼睛与皮肤有益，电脑族及用眼过度者可多食。

保健养生

芒果的营养成分高于一般水果，含有非常丰富的维生素A，其维生素C与钾的含量也很高，有助于降低胆固醇、抑制高血压与动脉粥样硬化。

处理保存

以清水洗净后，将外皮剥除即可。置于室温下可保存7～10天；已削皮者，密封后可置于冷藏保存。尽量避免直接冷藏，因芒果在过高或过低的温度下果皮会变色。

排毒功能

芒果含有促进消化、刺激肠胃蠕动的膳食纤维，并且含有丰富的β-胡萝卜素及芒果苷，其能强化细胞活力、加强肠胃蠕动，帮助废弃物排出，而且还能保持胶原蛋白的弹性，减少皱纹的产生。饮食排毒时可把芒果榨成汁，或直接生食，但未熟的芒果有毒，可能会造成过敏现象，应小心避免。

营养面面观

主要营养成分	营养价值	100g中的含量
维生素A	■■■■■■■■■□	355μgRE
维生素C	■■■■■□□□□□	21mg
烟酸	■■■■□□□□□□	0.6mg
钾	■■□□□□□□□□	90mg
镁	■□□□□□□□□□	7mg

速配MENU

适量的芒果与猕猴桃一起打汁饮用，对于食欲不振、易疲劳的人有提振胃口和精神的作用。

功效：美容抗老，延缓衰老
热量：179.8千卡／1人份

香苹芒果冰沙

材料

芒果3个，香蕉1根，苹果1个，冰块适量

做法

1. 芒果去皮，在果肉上切格子状，均匀切开成块状；香蕉去皮，切块；苹果去皮，切丁备用。
2. 香蕉块、芒果块和苹果丁放入果汁机中，再加入适量冰块打匀，倒入杯中即可。

排毒小帮手

芒果水分含量丰富，加上富有膳食纤维，餐前食用有助于肠道蠕动，促进消化排泄，有益瘦身；加上富含维生素A和维生素C，可避免皮肤角质化，有助于发挥润肤作用。

功效：止咳化痰，预防感冒
热量：151.8千卡／1人份

芒果橙汁

材料

芒果1/2个，胡萝卜40克，橙子1/2个，冷开水1/2杯

做法

1. 芒果去皮，去籽，切小块；胡萝卜去皮，洗净，切成块状；橙子剥除外皮，去籽，切小块。
2. 所有材料放入果汁机中，加入冷开水打成汁，即可倒出饮用。

排毒小帮手

成熟芒果中含有丰富的β-胡萝卜素和维生素B_6，其有助于促进蛋白质代谢，增加免疫功能。胡萝卜和橙子的营养丰富，有助于强健体质，对抗感冒病毒。

梨
Pear

- 英文名 Pear
- 别名 玉乳、快果、果宗
- 热量 40千卡／100克
- 采购要点 体积大、形状端正、左右对称、表皮光滑、色泽均匀者为佳
- 营养提示 保护细胞的最佳果品
- 适用者 口干或便秘者、有外伤者、高血压、心脏病或肝炎、肝硬化患者
- 不适用者 脾胃虚弱者、易腹泻者

保健功效

保护皮肤	促进伤口愈合
调节血压	降低胆固醇

营养成分

梨含有糖类、膳食纤维、维生素C、维生素B_1、维生素B_2、烟酸、钾、果糖、果胶等。梨被称为百果之宗，自古以来即被视为解渴及缓解声音沙哑的圣品。

保健养生

梨所含维生素C可保护细胞、增强白细胞活动，对维持皮肤弹性与光泽及伤口愈合有益；钾有助于人体细胞与组织的正常运作，并调节血压；梨所含水溶性纤维——果胶，可降低胆固醇。

处理保存

梨的表皮上常残留农药，清洗时要特别留意，或去皮吃果肉。梨的保存不宜超过3天，如果冷藏保存，也不要超过1星期。

排毒功能

梨能祛火润肺，尤其是它含有可溶性纤维果胶，能有效降低胆固醇，对于高血压、心脏病和肝病患者出现的头晕目眩、失眠多梦有良好的辅助疗效。水梨含有膳食纤维，可以润肠通便，进而达到排出肠道有害毒素的目的。

营养面面观

主要营养成分	营养价值	100g中的含量
维生素C	■■□□□□□□□□	5mg
烟酸	■■□□□□□□□□	0.3mg
钾	■■■□□□□□□□	110mg
镁	■□□□□□□□□□	5mg

速配MENU

著名的甜品“冰糖雪梨”，即为排毒，润嗓止咳的佳品；梨外皮纤维含量丰富，连果肉一起吃，能获取完整的膳食纤维。

功效：保护嗓子，缓解疲劳
热量：80.3千卡 / 1人份

雪梨炖天山雪莲

材料

水梨1个，莲子2小匙，银耳1小匙，枸杞子少许，甜杏仁1/2大匙，冰糖适量

做法

1. 莲子、银耳、甜杏仁、枸杞子均洗净，并泡软备用。
2. 水梨洗净，切去头部，中心挖空，加入其他材料，再加入适量开水，放入蒸锅隔水加热，小火蒸约1小时即可。

排毒小帮手

莲子具有养心益肾、补脾止泻的功效；莲子心可预防高血压，不妨保留；银耳具有滋阴生津、润肺养胃的功效；甜杏仁则有镇咳除痰、润肠通便的功效。

功效：清热降火，维持代谢功能
热量：154千卡 / 1人份

酸奶双梨汁

材料

水梨2个，菠萝1/4个，酸奶1瓶，冷开水适量

做法

1. 水梨去皮，切小丁；菠萝洗净，去皮，均切小丁。
2. 全部材料放入果汁机中打匀，倒入杯中即可饮用。

排毒小帮手

水梨的含水量高达89%，是最佳的减肥食物之一，因为水梨含有膳食纤维和果胶，能促进大肠代谢，所以不用担心吃太多会囤积在体内。此外水梨还有促进胃酸分泌、帮助消化的作用。

葡萄柚
Grapefruit

- 英文名 Grapefruit
- 别名 西柚、圆柚
- 热量 33千卡／100克
- 采购要点 果实饱满、有弹性、表皮亮且有光泽者佳。外皮黄色是白肉种，外皮粉红色或黄皮有粉红斑的是红肉种
- 营养提示 美白肌肤、预防便秘
- 适用者 一般人、便秘者
- 不适用者 服用心血管药、胃肠药、抗过敏药、安眠药、支气管药者

保健功效

抗忧郁	美容抗老
降低胆固醇	预防动脉粥样硬化

营养成分

葡萄柚的主要含有维生素A、维生素C、叶酸、茄红素、钾、钙与膳食纤维等。粉红色果肉含有较多的抗氧化营养素，有非常强的抗氧化作用，可以减少自由基。膳食纤维有助于降低胆固醇、增加胃肠蠕动。

保健养生

葡萄柚含有丰富的生物类黄酮素，能将脂溶性的有毒物质转化为水溶性的，使其不易被吸收而排出体外。此外，葡萄柚有一种温和明快的芳香气味，具有抗忧郁的功能。

处理保存

保存葡萄柚时，可选用有洞的网袋，于通风处即可。如要长期储存，可放入冰箱中冷藏，约可保存一个月不变质。

排毒功能

葡萄柚除了含有丰富的维生素C，还含有抗氧化营养素——茄红素和β-胡萝卜素，而红肉种的营养素又比白肉种高。葡萄柚低脂高纤，加上丰富的维生素C，是抗老化、预防心血管疾病与助消化的好水果。

营养面面观

主要营养成分	营养价值	100g中的含量
维生素C	■■■■□□□□□□	38mg
维生素A	■■■□□□□□□□	47μgRE
钾	■■□□□□□□□□	60mg
膳食纤维	■■■□□□□□□□	1.2g

速配MENU

葡萄柚清香淡雅的香味、酸酸甜甜的口感，搭配红茶或做成果冻，都很爽口。非常适合当作饭后茶点，可以减少油腻、帮助消化。

功效：清热止渴，美容养颜
热量：143.2千卡／1人份

柚香冰红茶

材料

葡萄柚1个，红茶包1个，蜂蜜适量

做法

1. 杯中倒入500毫升热开水，放入红茶包加盖焖泡3分钟，待茶汤颜色变红，取出红茶包，静置待凉。
2. 葡萄柚切开，以榨汁器榨成汁，倒入杯中加入蜂蜜和红茶拌匀，放入冰箱冰镇或加入冰块即可饮用。

排毒小帮手

葡萄柚含有丰富的维生素A和维生素C，长期饮用有养颜美容、预防黑色素沉淀、美白肌肤的功能。

功效：降低血压，增加饱腹感
热量：103.2千卡／1人份

葡萄柚果冻

材料

葡萄柚1个，葡萄柚汁500毫升，琼脂20克

做法

1. 葡萄柚洗净，对切两半，挖出果肉备用。
2. 琼脂放入碗中加入1大匙水调匀，放入锅中加半杯水煮开，再加入葡萄柚汁及挖出的果肉，搅拌均匀后，倒入小杯容器中，放入冰箱中冷藏至凝固即可。

排毒小帮手

葡萄柚含有丰富的钾，可以降低血压、维持血压稳定，非常适合高血压患者。葡萄柚和琼脂均含有丰富的膳食纤维，可以增加饱腹感，有助于促进胃肠道蠕动、预防便秘。

- 英文名 Banana
- 别名 蕉子、甘蕉、蕉果
- 热量 91千卡／100克
- 采购要点 表皮金黄、形体肥厚、尾端圆滑、果香浓郁者
- 营养提示 清脾滑肠的功臣
- 适用者 胃溃疡、冠心病、高血压、动脉粥样硬化者、燥热便秘者
- 不适用者 易腹泻、胃酸过多者、痛经的女性、肾衰竭患者

香蕉 Banana

保健功效

改善便秘　保护肠胃

降低血压

营养成分

香蕉含有β-胡萝卜素、糖类、膳食纤维、维生素C、维生素B_6、烟酸、磷、钾、镁等。丰富的钾可以帮助调节血压，降低高血压的罹患率，减少中风的概率，也能作为利尿剂，排出身体的水和钠。此外，钾还能帮助松弛血管平滑肌、降低末梢血管阻力，降低血压。

保健养生

香蕉含有的羟色胺在神经信号传递中有着重要的作用，它能迅速将人体获得的信息传入大脑中，使人感到心情舒畅、安祥，其还有催眠作用，甚至使疼痛感下降。香蕉有助于保护肠壁不受胃酸侵蚀，避免胃溃疡的发生。

处理保存

香蕉保存在10～25℃的温度最适合，高温容易过熟变色，所以要放在凉爽的地方；温度过低会有冷害现象，因此不要放进冰箱保存。

排毒功能

香蕉含有丰富的果胶，有利于吸收肠腔中的水分，使大便成形；膳食纤维有润肠的作用，帮助消化和排便。香蕉内含有短链果寡糖，能够吸附肠道内的毒素和细菌，控制细菌和真菌生长，有效预防肠道感染。

营养面面观

主要营养成分	营养价值	100g中的含量
维生素C	■■■■□□□□□□	10mg
烟酸	■■□□□□□□□□	0.4mg
钾	■■■■■■□□□□	290mg
镁	■■■■□□□□□□	23mg

速配MENU

香蕉搭配富含镁的坚果类食物，可以调节心律、预防心肌梗死和钙化。

功效：促进毒素排出．延缓老化
热量：148.2千卡／1人份

核桃拌香蕉

材料

香蕉2根，核桃20克，柠檬汁2小匙

调味料

橙汁1大匙，原味酸奶2大匙，蛋黄酱1大匙，黑胡椒粉1/4小匙

做法

1. 香蕉剥皮，切约1厘米宽的段，加入柠檬汁略拌一下，防止香蕉变色。
2. 香蕉盛盘，铺上核桃，再加入调味料拌匀即可食用。

排毒小帮手

香蕉含有丰富的膳食纤维，可以增加肠胃蠕动，加速有毒物质的排泄；核桃含有维生素E，可以延缓细胞老化；两者搭配，可以减少体内毒素的累积和保护细胞免受毒害。

功效：调节血压．补充体力
热量：162.6千卡／1人份

香蕉牛奶

材料

香蕉100克，脱脂牛奶240毫升

做法

1. 香蕉去皮，切块，放入果汁机中加入适量水打成糊状。
2. 加入牛奶及少许水打成果汁。

排毒小帮手

香蕉含有丰富的钾，可以调节血压，高血压患者可以适量食用；脱脂鲜奶含有蛋白质和糖类，可以增强体力、补充能量，因不含胆固醇，不会造成身体负担；两者搭配可以调节血压，补充体力。

柠檬
Lemon

- 英文名 Lemon
- 别名 檬子、柠果
- 热量 32千卡／100克
- 采购要点 果皮有光泽、没有斑点，外观呈黄绿色，重量较重者
- 营养提示 润肌滑肤的超级美容师
- 适用者 一般人、结石患者
- 不适用者 胃及十二指肠溃疡患者

保健功效

生津止渴	祛暑降脂
消炎	嫩白皮肤

营养成分

柠檬含有糖类、膳食纤维、维生素B_1、维生素B_2、烟酸、维生素C、钙、钾、柠檬酸等。1个柠檬可以满足人体1天所需维生素C的一半，因为维生素C不耐高温烹调，且为水溶性，最好的方法为生食，榨成汁或取代醋来制作凉拌菜也是不错的选择。

保健养生

柠檬富含维生素C，能促进皮肤的新陈代谢、润滑肌肤、淡化黑色素沉淀，又有“美容维生素”之称，可以用柠檬汁洗脸，或切片摩擦脸部，可使脸部嫩白。

处理保存

柠檬凹处容易附着污垢，清洗时可加少许盐搓揉，再以清水洗净。整个柠檬放在冰箱可以保鲜2～3周，切片者可冷藏保存，但要尽快食用。

排毒功能

柠檬的酸味来源之一为维生素C，另一来源即为柠檬酸。柠檬酸是柠檬特有的成分，能够促进新陈代谢，减少因压力而产生的疲劳物质，有效缓解疲劳。柠檬酸也可帮助钙溶解，有助于身体吸收钙。柠檬中特有的圣草柠檬素成分，具有抗氧化的作用。饭后饮用一杯柠檬汁，能帮助消化，清理肠胃，使排便通畅。

营养面面观

主要营养成分	营养价值	100g中的含量
维生素C	■■■■■■□□□□	27mg
维生素B_1	■■□□□□□□□□	0.04mg
钾	■■□□□□□□□□	120mg
钙	■■■■□□□□□□	33mg
镁	■■□□□□□□□□	10mg

速配MENU

柠檬酸中酸的口感，适合与肉类一起烹调，可以降低肉类的油腻感。柠檬含有丰富的维生素C，与其他水果搭配，可加强美白的效果。

功效：缓解疲劳．养颜美容
热量：218.4千卡／1人份

柠檬甜椒肉片

材料

柠檬2个，猪里脊肉225克，大蒜3瓣，黄甜椒、红甜椒各1/2个

调味料

糖、鱼露各少许

做法

1. 猪里脊肉放入沸水中，以大火煮沸，再以小火煮约20分钟至熟，捞出，切片，装在盘中。
2. 大蒜去皮、切末；红甜椒、黄甜椒洗净，切条；柠檬洗净，切开，榨汁。
3. 蒜末、甜椒末、柠檬汁一起放入碗中，加入调味料混合拌匀，淋在猪肉片上即可。

排毒小帮手

柠檬的酸味加入甜椒的辛辣味，可以化解肉类的油腻口感，增加食物的风味，且柠檬还有丰富的维生素C，具有美白的功效。

功效：缓解疲劳．淡化斑点
热量：79.3千卡／1人份

蜂蜜柠檬汁

材料

柠檬1个，蜂蜜1小匙，冷开水1杯，冰块少许

做法

1. 柠檬榨汁。
2. 柠檬汁倒入杯中加入蜂蜜和水调匀，加入冰块即可。

排毒小帮手

柠檬的维生素C及柠檬酸遇热易流失，所以制作饮料时要使用凉开水或温开水调制。柠檬酸为柠檬特有的营养素，可以分解人体中的疲劳物质，促进代谢，使体力迅速恢复。

- 英文名　Orange
- 别名　柳橙、黄橙、金橙
- 热量　43千卡／100克
- 采购要点　果皮薄、果肉重实者为佳
- 营养提示　美白肌肤、增强免疫力
- 适用者　便秘、病后复原者、爱美女性
- 不适用者　胃虚弱者

橙子 Orange

保健功效

降低胆固醇　预防动脉粥样硬化
预防肿瘤　美白肌肤

营养成分

橙子含有丰富的膳食纤维，可以促进胃肠道蠕动，帮助排便，预防便秘；含有丰富的维生素C，可以预防黑色素沉积，具有美白肌肤的功效；丰富的B族维生素可以缓解疲劳、维护神经系统的健康。此外，丰富的矿物质钾，可促进过多的钠排出，从而降低血压，对高血压患者有益。

保健养生

橙子果皮具有化痰止咳的作用，急、慢性支气管炎患者，不妨试试蒸橙子。准备橙子1个，冰糖15克，将橙子切成4片撒上冰糖，入蒸锅蒸30分钟，连皮带果肉吃，早晚各1次，有助改善支气管炎。

处理保存

放在通风良好的地方，约可存放1星期，如果想要保存久一点，可以用塑料袋装好，放入冰箱冷藏，这样不容易失去水分，大约可以放2星期。

排毒功能

橙子含有抗氧化成分，可以保护人体，增强免疫系统，抑制肿瘤细胞生长；橙子还具有降低胆固醇的作用，许多研究证实，高胆固醇者每天喝3杯橙子汁，一个月后发现胆固醇降低了，所以，橙子可降低血胆固醇和预防动脉粥样硬化症。

营养面面观

主要营养成分	营养价值	100g中的含量
维生素C	■■■■□□□□□□	38mg
烟酸	■□□□□□□□□□	0.4mg
钾	■■■□□□□□□	120mg
膳食纤维	■■■■□□□□□□	2.3g

速配MENU

橙子富含维生素C，搭配富含维生素A的胡萝卜，可以加强抗氧化功能，预防细胞氧化产生致癌物质，具有防癌抗老、美白肌肤的功能。

功效：美白肌肤．促进肠胃蠕动．降低血脂
热量：124.9千卡 / 1人份

美白冰橙汁

材料

橙子3个，柠檬、苹果各1/2个，水200毫升，冰块适量

做法

1. 橙子去皮及籽，苹果去皮，均切小丁；柠檬挤汁备用。
2. 全部材料放入果汁机中打匀，倒入杯中即可饮用。

排毒小帮手

橙汁含丰富的维生素C，有益美白肌肤、淡化黑斑；丰富的膳食纤维和B族维生素，能促进肠道蠕动、帮助消化；橙子和苹果皆含有果胶，可以吸附过多的胆固醇，具有降低胆固醇的作用。

功效：淡化黑斑．美容抗老
热量：117.9千卡 / 1人份

橙香鸡

材料

鸡胸肉180克，甜橙1/2个，胡萝卜1/2根，水淀粉3大匙

调味料

橙汁1杯，橄榄油、糖、盐各少许

做法

1. 鸡胸肉洗净切成小丁，抓拌1大匙水淀粉；胡萝卜洗净、去皮，煮熟后，切小丁备用；橙皮彻底清洗，削成细丝，果肉用汤匙取出。
2. 鸡胸肉丁以热油炸熟至表面酥脆，起锅沥油，装盘。
3. 锅中倒入橄榄油烧热，放入胡萝卜丁快炒，加入橙汁、盐、糖、鸡肉、橙肉，煮至沸腾，倒入2大匙水淀粉勾芡，即可捞出盛盘，放上橙皮装饰即可。

排毒小帮手

橙子丰富的维生素C和膳食纤维，可以增强免疫力、淡化黑斑、促进肠胃蠕动及改善便秘；胡萝卜含有丰富的维生素A，可以维护眼睛健康，同时具有美容抗老的功能。

菠萝 Pineapple

- 英文名 Pineapple
- 别名 凤梨、黄梨、露兜子
- 热量 46千卡／100克
- 采购要点 基部一半呈金黄色，尾段呈浅绿色，果形饱满有重量感，表皮及叶片没有脱落或断裂，叶子呈深绿色者
- 营养提示 饱餐之后的健康帮手
- 适用者 一般人
- 不适用者 过敏者、凝血功能障碍者、肾脏病或胃溃疡患者

保健功效

促进消化	清减肠道垃圾
缓解疲劳	提亮肤色

营养成分

菠萝含有糖类、膳食纤维、维生素A、维生素B_1、维生素B_2、烟酸、维生素B_6、维生素C、钾、锰等。菠萝的香味特殊，酸甜可口，常被制作成许多加工品，如菠萝罐头、蜜饯、果酱等。

保健养生

菠萝有“肠道清道夫”之称，不妨在饱餐之后吃几片菠萝解油腻。维生素B_1可以促进新陈代谢、缓解疲劳、增进食欲；锰能促进钙的吸收、防止骨质疏松；钾含量也不少，适合高血压患者。

处理保存

菠萝在常温通风的地方约可保存2天，用塑料袋包好冷藏在冰箱中可保存3～5天，已经削皮切片的菠萝放在保鲜盒中冷藏，可保存5～7天。

排毒功能

菠萝含有蛋白酶，可分解蛋白质，并帮助蛋白质的吸收和消化，对消化不良及便秘等消化系统症状有明显的改善；此外，菠萝中含有许多膳食纤维，能带走肠道中的垃圾，缓解便秘，使皮肤变得光滑。菠萝中含有的柠檬酸能帮助消化。

营养面面观

主要营养成分	营养价值	100g中的含量
维生素A	■□□□□□□□□□	5.1μgRE
维生素B_1	■■□□□□□□□□	0.06mg
维生素C	■□□□□□□□□□	9mg
钾	■□□□□□□□□□	40mg

速配MENU

因为菠萝中的菠萝酶不耐热，所以尽量减少烹调，制作成菠萝沙拉或菠萝汁都是不错的选择，但不宜空腹食用。

功效：补充体力．帮助消化
热量：295.2千卡／1人份

菠萝鲑鱼条

材料

鲑鱼肉150克，鲜菠萝1/6个，紫色洋葱1/4个

调味料

A料：酒、淀粉、油各1大匙，葱、姜各少许，盐1小匙
B料：菠萝醋、盐各1小匙，生抽1.5大匙

做法

1. 鲑鱼肉洗净切条，拌入A料腌渍至入味；菠萝去皮切条；紫色洋葱去皮，洗净，切丝备用。
2. 鲑鱼条放入热油中过油，待熟后捞出，沥干油分，拌入洋葱丝、菠萝条及B料即可。

排毒小帮手

含有菠萝蛋白酶的菠萝，与富含蛋白质和脂肪的鲑鱼一起搭配食用，可以帮助蛋白质的消化和吸收，且可以减少油腻感；菠萝还含有膳食纤维，可以增加饱腹感，并帮助肠胃蠕动。

功效：恢复肌肤细致．晶莹水嫩
热量：118千卡／1人份

凤梨胡萝卜汁

材料

菠萝1/4个，番茄1/2个，胡萝卜1根，水100毫升，冰块适量

做法

1. 菠萝去皮，切小丁；番茄、胡萝卜去皮，切小块。
2. 全部材料放入果汁机中，搅打均匀，倒入杯中加入冰块即可。

排毒小帮手

菠萝含有菠萝酶，能帮助胃液分泌、促进消化、防止便秘等；番茄含有抗氧化营养素茄红素、类胡萝卜素等；两者搭配打汁，可以延缓细胞老化，帮助肠胃蠕动，减少宿便累积，具有养颜美容的功能。

橘子 Tangerine

- 英文名 Tangerine
- 别名 福橘、黄橘、蜜橘、朱橘
- 热量 43千卡／100克
- 采购要点 果肩部结实有弹性，表示水分充足；果顶部分结实有弹性，则新鲜度好；果实比较重者，风味也比较好
- 营养提示 防癌抗老、降低胆固醇
- 适用者 一般人，老年人，消化不良、高血压、冠心病患者
- 不适用者 风寒感冒者、腹泻者

保健功效

降低胆固醇	降低癌症复发率
预防癌症	消炎祛痰

营养成分

橘子含有丰富的抗氧化物质——维生素A和维生素C，可以增强免疫力、预防细胞氧化病变，具有防癌抗老的功能。此外，也可以防止黑色素沉淀，具有美白肌肤、淡化斑点的功能。橘子含有丰富的果胶，可以吸附血液中过多的胆固醇，增加其排出率，具有降低胆固醇的功能。

保健养生

橘皮晒干后叫陈皮，所含挥发油对消化道有刺激作用，可促进肠胃蠕动，有利于胃肠积气的排出，并可使胃液分泌增加，具有帮助消化的作用。并能刺激呼吸道黏膜，使分泌液增加，有祛痰作用。

处理保存

青皮橘子以果形匀称、果实重、感觉硬实者佳。橙黄色的橘子以形状来判别，“肩宽脐深”为要件。放在通风处保存，约可放1星期，袋装冷藏，约可放两星期。

排毒功能

橘子属于柑橘类水果，含有丰富的维生素A，能够保护细胞，对抗因氧化而导致的发炎，以及减少炎症的发生，如风湿性关节炎等。橘子富含柠檬酸，具有抗氧化效果，可抑制癌细胞生长及转移，医学研究者曾针对乳腺癌、大肠癌、直肠癌及肺癌患者调查发现，癌症患者多食用柑橘类，可减少三至四成的复发率。

营养面面观

主要营养成分	营养价值	100g中的含量
维生素C	■■■■□□□□□□	38mg
维生素A	■■■■□□□□□□	82μgRE
钾	■■□□□□□□□□	55mg
膳食纤维	■■■□□□□□□□	1.7g

速配MENU

橘子含有丰富的维生素A和维生素C，可以增强免疫力、淡化斑点。利用盐烤或做成果酱，有助于止咳化痰，润肺止咳。

功效：止咳化痰、降低胆固醇
热量：62千卡 / 1人份

盐焗香橘

材料

橘子1个

调味料

盐2小匙

做法

1. 橘子带皮剥成对半，再将每瓣橘子分开，以刀将橘肉划开。
2. 橘肉上涂上一层盐，放入已预热的烤箱，以180℃烤10～15分钟即可。

排毒小帮手

橘子属于寒性食物，但经过加热就会变成热性食物，对干咳有舒缓效果，能止咳、化痰、润肺，建议连橘络一起吃。其丰富的纤维，可以帮助消化，丰富的果胶，具有降低血胆固醇的作用。

功效：美容抗老、润喉止咳
热量：35千卡 / 1人份

冰糖橘茶

材料

橘子300克

调味料

冰糖150克

做法

1. 将橘子果肉取下切片，取一容器盛装，加入冰糖拌匀。
2. 放入蒸锅蒸到冰糖完全溶化。
3. 取出后可依个人喜好添加开水（冷热皆可）饮用。

排毒小帮手

橘子含有丰富的维生素A，能够保护细胞、预防受到氧化伤害，减少罹患风湿性关节炎的危险。冰糖有润喉的功能，搭配具有止咳润肺的橘子，可以改善感冒的不适感。

- 英文名 Longan
- 别名 桂圆、龙目
- 热量 73千卡／100克
- 采购要点 剥开时果肉透明，无汁液溢出者为佳
- 营养提示 防老抗衰的滋补佳品
- 适用者 一般人
- 不适用者 郁热、易胀气者

龙眼

Longan

保健功效

补血益智　　养颜美白

抗老防衰

营养成分

龙眼含有糖类、B族维生素、维生素C、钙、钾、磷、纤维等。龙眼的加工产品众多，如龙眼干、桂圆冰等。

保健养生

龙眼有益心、补气血、安神的功效，其滋补力强，在进补及养生方面发挥很大的作用。龙眼所含丰富的维生素C可以产生胶原蛋白，加速伤口的愈合，帮助铁的吸收。

处理保存

外皮不需清洗，可直接剥开食用，果蒂部分不宜沾水，否则容易变质。龙眼易变质，购买后宜尽快食用，常温下不耐储存，放于冰箱冷藏可保存较久。

排毒功能

龙眼肉有抗老防衰的作用，因为它能抑制使人衰老的一种酶的活性，加上它含有维生素C，可以防止细胞老化。还具有补养气血之作用，对改善神经衰弱、更年期综合征都有很好的效用。同时它是抗氧化剂，可以对抗有毒物质对身体的伤害。

营养面面观

主要营养成分	营养价值	100g中的含量
维生素B_1	■■□□□□□□□□	0.01mg
维生素C	■■■■■■■■■■	88mg
维生素B_6	■■■■■□□□□□	0.1mg
钾	■■■■■■□□□□	260mg

速配MENU

贫血者在食用富含铁的瘦肉时搭配龙眼，可以增加食物中铁的吸收率。

功效：滋润养颜，补血健脑
热量：146.9千卡 / 1人份

莲子元肉茶

材料

干莲子30克，龙眼肉、银耳各12克，冰糖30克

做法

1. 莲子、银耳均洗净，放入冷水中浸泡约4小时，捞出，沥干水分备用。
2. 锅中倒入600毫升的水，放入莲子、龙眼肉及银耳以大火煮沸，改小火续煮约40分钟，最后加入冰糖，煮至冰糖溶化即可。

排毒小帮手

此道茶饮味道甘甜，龙眼能帮助调养气血，莲子心可助心血管扩张，有降血压的功效。

功效：滋润养颜，增强体力
热量：166.8千卡 / 1人份

龙眼蛋汤

材料

龙眼肉50克，鸡蛋1个，细砂糖30克

做法

1. 锅中放入2杯水煮沸，打入鸡蛋成蛋花。
2. 加入龙眼肉，水沸后转小火煮5分钟，最后加入糖调味即可。

排毒小帮手

龙眼富含维生素C，可以让肌肤润滑和美白；鸡蛋富含蛋白质和B族维生素，可以增强体力，缓解疲劳。

猕猴桃

Kiwifruit

- 英文名　Kiwifruit
- 别名　山洋桃、奇异果、藤梨
- 热量　53千卡／100克
- 采购要点　果皮表面的茸毛完整，果实饱满，放在掌心中握起来略有弹性，不太软、不太硬者为佳
- 营养提示　美白、增强免疫力
- 适用者　便秘者、心血管疾病、癌症患者、食欲不振者
- 不适用者　易腹泻的人、肾衰竭患者

保健功效

预防癌症　　保护眼睛

预防心脏病、高血压

营养成分

猕猴桃富含维生素C，是柑橘类水果的2～3倍；含有大量的膳食纤维，能促进肠道蠕动，帮助排便，预防大肠癌，适合有便秘困扰者食用。此外，其钾含量也很高，可以调节体内水分的平衡，维持正常的血压及心脏功能。

保健养生

每天吃1个猕猴桃，就可以满足一天维生素C的需求量，摄取充足的维生素C，可以预防细胞氧化、增强免疫力，还可以减少黑色素细胞的沉淀，具有美白肌肤的功能。

处理保存

果实握起来稍软的，表示已成熟，可立即食用，如不马上食用，应该放进冰箱冷藏。果实握起来仍硬实，表示比较青涩，不妨放在室温下2～3天催熟。

排毒功能

猕猴桃富含维生素C，被人体的利用率高达94%，有助于阻断致癌因子“亚硝酸胺”的形成，以预防癌症；猕猴桃含有黄体素成分，可预防视网膜剥离、肺癌以及前列腺癌的发生，是抽烟者最佳防癌水果。猕猴桃富含钾、镁以及精氨酸，可以降低血压、放松血管肌肉及避免血管阻塞，因此可改善和预防心脏病、高血压等。

营养面面观

主要营养成分	营养价值	100g中的含量
维生素C	■■■■□□□□□□	62mg
烟酸	■□□□□□□□□□	0.3mg
钾	■■■□□□□□□	120mg
膳食纤维	■■■■□□□□□□	2.4g

速配MENU

猕猴桃可以搭配其他任意水果，因含有丰富的膳食纤维、维生素C及钾，可以加强胃肠蠕动、预防便秘、增强免疫力以及保护心血管系统。

功效：养颜美容，帮助消化
热量：209.9千卡 / 1人份

猕猴桃橙汁

材料

猕猴桃2个，橙子3个，菠萝2片，碎冰1杯，蜂蜜1大匙

做法

1. 猕猴桃洗净，去皮，切块；橙子洗净榨汁备用。
2. 水果放入果汁机中，再放入蜂蜜搅匀，倒入杯中即可。

排毒小帮手

猕猴桃、橙子均富含维生素C，且含有丰富的膳食纤维，可以美白肌肤、淡化斑点。此道饮品含有丰富的钾，可以调节体内水分的平衡，维持正常的血压及心脏功能。菠萝含有消化酶，可以预防消化不良。

功效：维护心血管系统健康
热量：153.7千卡 / 1人份

猕猴桃山药

材料

白山药1/3根，猕猴桃2个，蜂蜜3大匙，原味酸奶1大匙

做法

1. 白山药去皮，切片状，放入沸水中略焯一下，捞出。
2. 猕猴桃削皮，切块，放入果汁机，加入蜂蜜及酸奶，打匀之后，淋在山药片上即可食用。

排毒小帮手

山药含有黏液蛋白，可维持血管弹性；且含有多巴胺，有助于扩张血管，促进血液循环，因此可以维护心血管系统的健康。

葡萄 Grape

- 英文名 Grape
- 别名 蒲桃、山葫芦、草龙珠
- 热量 46千卡／100克
- 采购要点 以果粒饱满结实、有弹性、大小一致、果色深紫色、果粉均匀者为佳
- 营养提示 轻身延年的助手
- 适用者 贫血、癌症、高血压患者，孕妇，儿童
- 不适用者 脾胃虚弱者、便秘患者

保健功效

补血防癌　防老化

利尿助消化　预防心血管疾病

营养成分

葡萄含有糖类、维生素A、维生素C、维生素B_1、维生素B_6、钙、磷、钾等。葡萄的每日食用量，以10～13粒（约130克）较适当。葡萄果粉为分布均匀的白色微细蜡质，轻轻一抹即可擦去；而药斑呈浅黄色或浅蓝色的块状及斑点状，不易擦去，要注意区分。

保健养生

葡萄中富含钾元素，有益利尿，且含有维生素A和维生素C，可以预防血栓形成，可降低胆固醇与血小板凝结，预防心血管疾病。葡萄中的糖分为葡萄糖与果糖，容易为人体所吸收。

处理保存

用剪刀依食用量把葡萄一颗颗剪下，放在盆子中用清水洗净。保存时可放进有洞的塑料袋内，放进冷藏室冷藏，约可保存1星期。

排毒功能

葡萄含有多酚，多酚是一种抗氧化物质，有助于减少体内自由基，预防健康细胞的癌变。葡萄皮中含有单宁，具有增强免疫力及预防心血管疾病的功效。葡萄籽含有亚麻仁油酸，可预防动脉粥样硬化。制作葡萄汁时要整粒葡萄一起放入，才能吃到葡萄中所有的营养素。

营养面面观

主要营养成分	营养价值	100g中的含量
维生素A	■■■■■■□□□□	8μgRE
维生素B_1	■■□□□□□□□□	0.04mg
维生素C	■■□□□□□□□□	4mg
钾	■■■□□□□□□□	120mg

速配MENU

葡萄含铁量丰富，可以补血，若制成葡萄干，则所占的铁比例更大，所以其可作为补给铁的食品，但热量较高。

功效：润肠排毒，恢复肌肤嫩白
热量：136.9千卡 / 1人份

葡萄酸奶

材料

葡萄300克，水蜜桃1/2个（约150克），酸奶1杯，冰块适量

做法

1. 葡萄洗净，去皮及籽；水蜜桃洗净，去皮，切小丁。
2. 水果和酸奶放入果汁机中打匀，倒入杯中，加入冰块即可饮用。

排毒小帮手

葡萄和水蜜桃均含有果胶和膳食纤维，可以促进毒素排出体外；葡萄中的维生素A搭配水蜜桃中的维生素C，可以让皮肤嫩白、延缓老化。牛奶含有钙，三者搭配，营养更均衡。

功效：保护细胞，延缓衰老
热量：117.2千卡 / 1人份

葡萄橙香汁

材料

葡萄400克，橙子1个，香瓜1/2个（约200克），冷开水及冰块各适量

做法

1. 葡萄洗净，去皮及籽；橙子、香瓜去皮，切成丁。
2. 水果及水放入果汁机中打成汁，倒入杯中，加入冰块即可饮用。

排毒小帮手

葡萄中含有花青素，其抗氧化效果极佳；香瓜和橙子含有丰富的维生素C和膳食纤维，具有整肠功效；加入葡萄打汁饮用，可以预防细胞老化。

- 英文名 Blueberry
- 别名 山桑子
- 热量 56千卡／100克
- 采购要点 新鲜成熟的蓝莓应该在深紫色和蓝黑色之间，与外形无关
- 营养提示 保护眼睛、预防心脏病
- 适用者 一般人、用眼过度者、老年人
- 不适用者 肾脏病、胆囊疾病患者

蓝莓
Blueberry

保健功效

促进血液循环	维持血压
改善手脚冰冷	美容抗老

营养成分

蓝莓营养价值很高，含有花青素，可以预防心血管疾病、保护眼睛、增强眼睛对黑暗环境的适应能力，适合长期用眼过度者。此外，蓝莓富含维生素C和维生素A，是天然的抗氧化剂，可以预防细胞氧化病变。长期食用蓝莓可以调节神经、养颜美容、益寿延年。

保健养生

研究证实，蓝莓含有的花青素可以帮助延缓视力衰退、维持眼睛结缔组织的正常结构，强化眼睛微血管壁，对于视网膜退化、夜盲症、青光眼及糖尿病所引起的视网膜病变、白内障患者及用眼过度者，均有良好的效果。

处理保存

洗净即可食用。新鲜蓝莓最好于10天内食用完毕；冷冻时需放入密封容器中，放在冷冻室使其冰冻。

排毒功能

蓝莓含有丰富的抗氧化物质——花青素，其可以保护全身血管系统，促进血液循环、预防中风、维持正常血压、降低胆固醇。蓝莓还可使末梢微血管的血液循环顺畅，预防和改善手脚冰冷的症状。

营养面面观

主要营养成分	营养价值	100g中的含量
维生素C	■■□□□□□□□□	13mg
维生素A	■■□□□□□□□□	10μgRE
钾	■■□□□□□□□□	89mg
膳食纤维	■■■■■□□□□□	2.7g

速配MENU

蓝莓含有丰富的花青素，可以保护视力、预防视网膜退化，搭配富含乳酸菌的酸奶，可以促进胃肠蠕动，预防便秘。

功效：保护眼睛健康，促进脑部发育
热量：155.9千卡 / 1人份

蓝莓烤鲑鱼

材料

新鲜蓝莓80克，鲑鱼100克

调味料

盐少许，糖1小匙

做法

1. 鲑鱼洗净；蓝莓洗净，放入小碗中，加入糖及盐后捣碎，铺于鲑鱼上。
2. 放入已预热的烤箱中，以180℃烤熟即可。

排毒小帮手

鲑鱼含有帮助脑部发育的DHA和EPA，可以预防阿尔茨海默病以及帮助脑部发育。鲑鱼本身含有丰富的油脂，利用烤的方式烹调，可去除油腻感和腥味，又不会造成体重的增加。

功效：促进血液循环，润滑肠胃
热量：239.4千卡 / 1人份

蓝莓烩翅

材料

鸡翅2只，新鲜蓝莓80克

调味料

糖1小匙，酱油1小匙，水1杯，水淀粉1小匙

做法

1. 鸡翅洗净，切两半；蓝莓洗净，与酱油、糖及水放入果汁机打匀，倒出备用。
2. 鸡翅放入滚水中汆烫，捞出，放入打好的蓝莓酱，以小火煮熟，最后加入水淀粉勾芡即可。

排毒小帮手

蓝莓含有丰富的抗氧化物质——花青素，可以促进血液循环、预防脑中风；鸡翅含有丰富的蛋白质，可以增强体力，使肌肤更有弹性；其脂肪含量较高，有助于润滑肠胃。

第三篇 饮食对症排毒

饮食排毒助你舒缓病痛

健康是人生的财富，但是当疾病找上门时，除了接受医生的治疗外，还可以借助日常生活中的饮食来改善病情，做自己最好的医生。

第一章 改善你的饮食习惯

面对疾病

当疾病来找你，你该如何调理以助康复？

由于饮食西化、缺乏运动及生活不规律，使得心脏病、高血压、糖尿病等慢性疾病日益高发，且死亡率很高。慢性病一旦上身，绝非一朝一夕可以治愈，不只是患者本身受疾病之苦，不少家庭也因为家中有慢性病患者而造成经济上相当大的负担。除此之外，慢性病一旦没有妥善控制，将有可能引起严重的并发症，甚至导致死亡。因此，无论哪个年龄段，平时都要注意自身及家人的健康状况。

慢性病的预防要点

◆ 注意腰围

当男性腰围≥90厘米(2尺7)，女性腰围≥80厘米(2尺4)时，即代表腰部肥胖。腰围可以反映腹部脂肪的堆积程度，量腰围可以提早预测慢性病的发生，降低患病风险。

◆ 注意三高

三高指高血压、高血糖及高脂血症三种代谢症候群的症状。高血压是指收缩压≥140mmHg，舒张压≥90mmHg；高血糖是指空腹血糖≥7mmol/L；高脂血症指空腹血胆固醇≥5.2mmol/L。预防三高发生，即可降低慢性病的罹患率。

慢性病患者的生活作息

1.饮食要均衡

遵守“少盐、少糖、少油，并且三餐定时定量”的原则，多补充水分及蔬果类食物，少吃动物性脂肪及高胆固醇食物，并且要戒酒戒烟。

2.保持运动习惯

一周至少要做3～4次运动，每次要维持30分钟以上，才可达到运动的效果。

3.生活作息正常

睡眠要充足，让人体各器官能维持正常的功能。

4.定期做健康检查

经常量血压，并且定期到医院做健康检查，及时掌握自己的身体状况，才不会耽误治疗。

5.平日妥善护理

按时用药，并且遵从医生的指导，不迷信偏方。

6.保持心情愉快

心理影响生理，能正视自己的病情并常保心情开朗、积极面对，对改善病情有加分作用。

疾病期的饮食调理

常有人询问营养师，生病期的饮食应该如何规划，其实不论有没有生病，饮食最基本的原则不外乎就是“粗茶淡饭”四个字。过度的精制饮食会导致食物天然营养素的流失，长期食用这样的食物，是慢性病患病年龄越来越低，以及患病比例日渐攀升的原因之一。

饮食要健康很难吗？只要掌握以下5个原则

选择新鲜食材，不要过度烹调

适时适量地购买食材，不要过度地烹调，以免营养素流失，建议用蒸、烤、煮、清炒等方式，搭配简单的调味，就很好吃！

多选全谷类食物，每天至少5份蔬菜水果

建议把大米饭改成糙米饭或五谷杂粮，每天至少吃3份蔬菜、两份水果，增加膳食纤维的摄取，有助于远离癌症。

减少油脂的摄取

肥肉、炸排骨虽然好吃，但其中所含的油脂可能是造成血脂偏高的主要原因，不可不防。此外，中式点心所隐藏的油脂也是常容易忽略的，这一类的食物应该浅尝辄止。

三餐都很重要

女士怕胖，所以早餐不吃；糖尿病患者上一餐血糖偏高，所以决定下一餐不吃；上班族工作忙碌错过了晚餐时间，所以决定在宵夜时间好好犒赏自己。以上错误观念可能就是让血糖不稳定、身体脂肪渐增、体重居高不下的原因。其实三餐都很重要，早餐吃得饱，午餐吃得好，晚餐吃得少，就是一个简单的健康原则。

慎选保健食品

保健食品不是越多越好，尤其是正在服药的人，使用保健食品前，最好先咨询医生，以免花了大钱又伤身。

如何完整摄取食物中的营养

菜肴做得再好吃，倘若原料已经受了污染，也是白费力气。为了能完整摄取食物中的营养素，在选购、清洗及烹调方面就要特别注意。

选购食材小诀窍

除了在可靠的市场购买比较有保障之外，在选购食材时还有一些方法可以避免买到黑心食物。

蔬果类：要注意表面是否有光泽，有没有脱水的现象。

肉类：尽可能选择鲜红色、有弹性者。

海鲜类：要注意新鲜度，如果黏黏滑滑且有异味，就代表已经不新鲜了。

清洗&烹调小诀窍

在烹调时，一般建议食材的处理顺序为蔬果类、肉类、海鲜类。

蔬果类：建议以流水清洗，习惯使用蔬果清洁剂的主妇们，要确认清洁剂是否已完全冲洗

干净。烹调时，不要完全都用水烫，否则容易造成营养素流失，可用少许的油大火翻炒，除了可以保持蔬菜的色泽，也有助于营养吸收。

肉类：肉类在使用前要先以清水清洗，也可以在烹调前稍过水，借此去除肉表面的杂质，让菜肴更美味。虽然使用“过油”的手法可以把肉汁封存于肉中，但由于会吸附较多的油脂，所以不提倡使用。

海鲜类：处理海鲜类时要特别注意卫生，尤其要避免使用放过生海鲜的碗盘去盛装熟食，或让生、熟食材直接接触，造成食物中毒。为了保留海鲜的鲜味及营养素，建议用葱、蒜及盐等简单的调味，以清蒸的方式烹调。

另外，如果买回来的数量超过一次使用的分量，建议先分成适当分量的小包装后再冷冻。此外，还有一些辨别食材好坏的小窍门，害怕买到黑心食品的话，也可以询问一些对于购买食材比较有经验的人或多多询问卖家，详加比较之后，一定可以成为聪明又健康的消费者。

慢性病患者饮食宜与不宜

病症	优良营养素	优良食材	不宜食用的食材
糖尿病	铬	糙米、全麦面包、酵母粉、新鲜蔬菜	操作过度的食物，如稀饭、粉丝、西米、勾芡食物及精致甜食等
高血压	钙、钾	奶类、全谷类、含钾丰富的水果如香蕉、橙子、橘子、草莓、芒果、油桃、哈密瓜及木瓜	腌渍、卤制、熏制食品，如火腿、熏鸡、鱼肉松、香肠及卤味等；罐制食品、速食品，如炸鸡、肉丸、腌渍蔬菜及蜜饯、水果干等
高脂血症	ω-3脂肪酸	深海鱼类、豆制品、全谷类	猪油、牛油、肥肉、猪鸡鱼皮、油炸及油煎的食物
肝病	维生素A、B族维生素、维生素C、维生素E、氨基酸	全谷类食品、酵母、新鲜蔬菜水果	酒、药物、腌熏食物、零食等高热量食物、不当的油炸食物及过量咖啡因
痛风	水	每日2～2.5升的水	海鲜、内脏、浓肉汤、豆类、菇类、酒
肾脏病	钙、维生素B_6、维生素C、维生素D、叶酸、铁	适量选择高品质的蛋白质食物，如牛肉、羊肉、猪肉、鸡肉、鱼肉、鸡蛋、奶类	钠盐、高钾食物及高磷的食物，如全谷类、内脏、奶类、巧克力、汽水、可乐、肉松、浓肉汤

生机饮食食疗法

什么是生机饮食？

生机与有机到底有何不同？生机、生食以及素食又有何差异？许多人在进入生机饮食时，总有这些疑惑。简单来说，相同点在于都是选用植物性食材；不同点在于烹调的原则以及人工食材的接受程度。

生机饮食

生机饮食在于选用有机食品，不吃动物性食品，在烹调上不用油炸、油煎，不加鸡精，也不放人工添加物。坚持清淡原则：少油、少盐、少糖。生食、熟食皆可，但更重视食材的生食食疗功效。

生机饮食三大原则：

1.选择农药化肥使用率小、具有安全性的食材。

2.不强调吃全素，可选择无抗生素、无激素污染的荤食。

3.以熟食搭配增加变化。

只要掌握这三大原则，就能轻松选用生机饮食，回归自然、改善体质、保证身心健康。

有机食品

有机食品是指农作物在栽培过程中，完全不使用化学肥料与农药，采用自然栽培中的各种无毒除虫法。在采收、包装过程中，也完全不添加人工物质，如漂白剂、防腐剂等。

生食

生食只选用植物性食材，烹调方法为百分百生食，并且不添加化学物质，使用的油、盐等调味料，也是从天然食物中提取而来。因为是百分百生食，所以有些食材不建议选用，如黄豆芽、空心菜等。

素食

同样是选用植物性食材，但依宗教或特殊原因，蛋、奶、葱、蒜等食品，会造成个人饮食选择的差异。传统的素食烹调多为油炸、煎煮，并可能添加人工色素、防腐剂，并以熟食为主，较少生食。

生机饮食的优点

生机饮食是一种追求健康的生活方式，主要目的在于帮助人体恢复自然治愈能力、增强免疫系统、恢复身体的正常功能，找回失去的健康。

生机饮食对人体主要有三大好处：

保持身体洁净，抗拒毒素进入

饮食中多选用了膳食纤维、无污染、少人工的食品，因此可帮助人体正常排便、排尿，并减少有毒物质侵入，从而保持身体自然的洁净。

改变酸性体质，均衡摄取营养

健康的身体呈现弱碱性的体质，体内各种生化作用才能进行，废物才能顺利排出。生机饮食减少摄取酸性食物，如猪肉、鸡肉，而以碱性食物为目标，如坚果、菇类等食材，因此有利于改变体质，并均衡摄取六大类食物，达到营养的完整。

提升血液带氧量，增强身体抵抗力

生机饮食中的生食，能使食物中的酶免遭破坏，进而有效分解血液中的脂肪与蛋白质，使得红细胞的携氧量恢复正常，形成人体健康的有氧环境，使身体不易疲劳，还能预防疾病、抵抗癌症。而抵抗力的提升，自然可使得疾病远离，增强抗病能力。

生机饮食怎么吃?

现今许多人往往等到疾病上身时，才真正发现饮食的重要性。但必须注意：生机饮食只是辅助，不能全盘接受生机饮食中的所有食品，而应依自身症状及病症的饮食宜忌，来选择并设计适合个人的生机食谱，千万不要胡乱食用，造成更大的饮食错误，反而延误了病情。更重要的是，在身体健康时，就应选择增强免疫力、保健人体系统的生机饮食。

了解自己体质，掌握食材属性

生机饮食的吃法，并非所有人都一样，应根据自己的体质及食材的属性，选择适合自己的饮食疗法。

人体主要可分为六大体质：

热性体质——喜欢喝冷饮或吃冰，口干舌燥、易口臭，全身经常发热、怕热，容易紧张、面露潮红等。建议选择凉性食物，如绿豆、海带、丝瓜等。

寒性体质——怕冷、怕风、经常手脚冰冷，不喜欢喝水，行动较无力，脸色易苍白，较喜爱热饮。建议选择温性食物，如大蒜、花生、木瓜等。

实性体质——活动量较大，气粗力足，说话声音洪亮，常伴有排便及排尿障碍等。建议选择泻性物质，如西瓜、香蕉、芦笋等。

虚性体质——元气不足，脸色易苍白，对病毒的抵抗力较差，夜晚常流冷汗，行动无力。建议选择补类食物，如山药、糙米、小麦等。

燥性体质——经常便秘，常感口渴体燥，容易空咳无痰。建议选择润性食物，如苹果、柚子、牛奶等。

湿性体质——身体容易水肿，经常腹泻，并且多痰及血压易高。建议选择燥性食物，如红豆、番茄、韭菜等。

生机饮食的小叮咛

生机饮食中强调饮用的精力汤及其他蔬果汁，对于慢性肾衰竭、肾透析患者来说不宜多用，这些人应避免摄取过多的水分及高钾含量的蔬果汁，否则将影响水分在体内的滞留及治疗的效果，甚至危及生命。

水分代谢不良或肝硬化有腹水者，水分摄取也需谨慎，建议不要饮用大量汤汁或其他蔬果汁，以免影响治疗。

此外，过量的膳食纤维会干扰食物中钙、铁及其他矿物质的吸收。因此，服用钙片或其他营养补充剂时，不建议和高纤维的食物同时食用，以免影响矿物质的吸收效果。

血液排毒

血液排毒是什么？

常常可以听到病人询问医生，血液是不是很浓稠？这是一般人的普遍概念，血液浓稠代表血脂过高，其易造成血液变浓且黏稠，导致血管阻塞，从而引起心血管疾病或中风，因此要预防动脉血管疾病，首先要把血脂当成最重要的控制指标。

此外，造成血液黏稠还有以下因素。

1 低密度胆固醇

血脂中的低密度胆固醇经过氧化后会形成氧化低密度胆固醇，容易沉积于血管壁内，造成动脉硬化，并且留在血液中，黏附周围的物质、细胞以及血管壁，造成血管阻塞。

2 中性脂肪和糖分

血脂中的中性脂肪过高，或摄入过多甜食时，中性脂肪和糖分会通过代谢后产生的废弃物质黏附血小板，容易造成血小板凝集而阻塞血管。

3 糖尿病血糖控制不佳者

血液中的红细胞一般都是以带负电的形式存在于血液循环中，凭借负电荷之间的相斥原理而保持红细胞之间的适当距离，进而维持血液循环的畅通。然而长期血糖过高时，身体的新陈代谢会异常，从而造成红细胞的负电荷消失，以致红细胞彼此黏附，导致血液循环不良。

4 吸烟和压力

吸烟、压力过大和长期睡眠不足都会导致交感神经过度兴奋。交感神经的刺激会使白细胞的黏附性增强，而易彼此黏附在一起或黏附在血管壁上。

导致心血管疾病的最大因素

高脂血症和高胆固醇是导致心血管疾病的最大因素

胆固醇值异常的高脂血症，是血液中潜藏的隐形杀手。随着高蛋白、高油脂饮食的增加，加上活性量降低，血中脂肪常无法消耗而堆积，最后导致高血脂。当血脂堆积于血管壁时，便造成血管硬化狭窄，引起脑部和心血管疾病。因此，高脂血症和高胆固醇是导致心血管疾病的最大因素。

血液排毒 让你更健康

从人出生第17天起，血管便开始硬化，中年过后，心血管疾病才开始发作。胆固醇浓度越高，发病时间便越早。近年来，全球不同国家的流行病学研究报告已经证明，血液中总胆固醇和低密度脂蛋白胆固醇浓度越高，罹患冠状动脉心脏病的危险性就越高。降低胆固醇，尤其是降低低密度胆固醇浓度，就可以减少动脉硬化，降低冠心病的发生率和死亡率。

现代人血脂异常率大幅攀升，就疾病所导致的严重性而言，高脂血症对家庭及社会所造成的伤害更甚于癌症，但它是一种可以预防、治疗的疾病，因此要提前观察和预防才是首要任务。

降低 慢性病的死亡率

肾脏功能不良的患者常伴随各种不同程度的血脂异常，随着肾脏功能的退化，血脂异常发生率更高。研究指出，在慢性肾衰竭进入尿毒症阶段的患者，有一半以上都患有高脂血症。尿毒症患者的高脂血症，是由于肾脏功能不良而造成脂肪的代谢分解产生缺陷，使得血脂上升，最常见的是甘油三酯上升，并且常伴随着胆固醇升高。据美国的研究指出，心血管疾病是尿毒症、肾衰竭者的死因之一，而血脂过高是造成心血管疾病的重大危险因素之一。55岁以上者是心血管疾病的高发人群，因此，降低血脂便可以降低肾衰竭者心血管疾病的死亡率。

糖尿病为最常见的慢性疾病之一，占男性死亡原因第五位，女性死亡原因第三位。糖尿病的各种慢性并发症是糖尿病患者死亡的主因，尤其是心血管疾病，糖尿病患者罹患心血管疾病的机会比一般人高出2～4倍，尤其影响到大血管的冠心病、心绞痛甚至心肌梗死；影响脑血管，造成中风，包括脑梗死、脑溢血，影响下肢血管，造成循环障碍、下肢疼痛、走路无法久走；影响小血管，如视网膜血管，造成眼底出血、青光眼、白内障、视网膜剥离、玻璃体出血，甚至导致失明；影响肾脏血管肾丝球硬化而造成蛋白尿、水肿及尿毒症等。因此，有效控制血脂可以降低糖尿病患者罹患心血管疾病和其他并发症的危险。

血液排毒的明星食材

燕麦

燕麦营养价值非常高，含有丰富的B族维生素，可以促进新陈代谢、维护神经系统的健康，还可以缓解疲劳、提振精神。含有维生素E，可以防止细胞受到氧化伤害，减少罹患心血管疾病的危险。此外，燕麦含有丰富的水溶性纤维β-葡聚糖，是一种非淀粉的多糖类物质，可以增加胆汁酸的清除率，具有降低胆固醇的能力，尤其是坏胆固醇（低密度脂蛋白胆固醇），可以降低中风的危险。

研究证实，高胆固醇者，每天食用含有3克水溶性纤维的燕麦片，可以降低8%～23%的总胆固醇。每降低1%的胆固醇，可以减少2%罹患心血管疾病的风险。降低胆固醇浓度可以显著降低心血管疾病和中风的危险。此外，燕麦含有抗氧化物质，可以减少自由基，降低心血管疾病的发生率。

黄豆

黄豆的脂肪组成中，以多不饱和脂肪酸为主，其饱和脂肪酸含量低，且不含胆固醇，不会造成身体胆固醇的负担。黄豆含有异黄酮，可降低血清总胆固醇、低密度脂蛋白胆固醇以及甘油三酯等浓度，还可以抑制体内合成胆固醇的酶的活性，降低内源性胆固醇浓度。因此，摄取异黄酮含量越高的食物，如黄豆、豆腐、纳豆等黄豆制品，对于降低总胆固醇和低密度脂蛋白胆固醇的效果越好，越可降低罹患心血管疾病的风险。另外，日本京都大学和东亚大学的临床研究证实，40～60岁的女性每日服用约40毫克的异黄酮，连续4星期后，其血压及血清胆固醇含量均显著降低。尤其对于高血压、高脂血症、高胆固醇患者，具有相当好的效果，显示大豆异黄酮对心血管系统疾病的抑制效应。

深海鱼类

科学家在20世纪70年代发现，因纽特人心血管疾病的发生概率非常低，关键可能在于他们的主要食物来源是富含ω-3脂肪酸的海鱼。荷兰的学者研究发现，平均每天吃一盎司（约28克）的鱼，就可减少50%罹患心脏病的机会。美国一项长达25年的研究指出，不吃鱼的人比吃鱼的人死于心脏病的概率高出1/3。深海鱼的脂肪以ω-3脂肪酸（EPA和DHA）为主，可以通过抑制肝脏中甘油三酯和低密度脂蛋白胆固醇的合成，进而可以影响血脂组成，达到降低甘油三酯浓度、减缓血液凝集速度、保护心血管的目的，降低了心脏病的发生率和死亡率。深海鱼中的鲑鱼、金枪鱼、鲭鱼、秋刀鱼、海鳗等鱼类，均含有丰富的ω-3脂肪酸，每周吃两份，就可以达到降低血脂、保护心血管的作用。

此外，在其他的研究中也发现，每天摄取4克的ω-3脂肪酸，可以降低25%～30%的血液甘油三酯浓度。因此，高脂血症患者，每天蛋白质来源不妨以鱼类替代肉类，可以达到降低血脂的功效。

红曲

明朝李时珍所著的《本草纲目》中，点出红曲有活血的功能。根据研究发现，天然食品——红曲含有红曲菌素K，具有抑制还原酶的作用，可以抑制胆固醇合成，尤其能优先降低导致动脉硬化的坏胆固醇（低密度脂蛋白胆固醇），进而达到降低血脂的功效。在1000多位高脂血症患者食用红曲的试验中证明，食用红曲后的高脂血患者，血胆固醇下降11%～32%，而且无任何副作用。不过医生呼吁，孕妇不建议使用此方式。此外，美国《临床营养学期刊》在1999年2月发表了人体试验报道，每人每天吃2.4克红曲粉，8周后低密度脂蛋白胆固醇浓度会明显降低。

目前市面上的红曲制品有很多，除红露酒、红糟肉、红糟鱼外，还有红曲香肠、红曲麻薯、红糟肉丸、红糟排骨及红曲面等。红曲除了色泽艳丽、甘甜美味外，科学的验证

还显示，红曲菌会产生多种对人体有益的重要物质，在保健及医疗上极受重视。除了食品外，目前市面上还有红曲胶囊出售，在自然情况下红曲菌会同时合成两种形态的红曲菌素K，因此要选择同时含有两种型态的红曲菌素K的天然红曲产品，才是最佳的选择。

茶

茶是中国人的传统饮料，研究指出，茶中含丰富的茶多酚，具抗氧化、防癌、瘦身、降血脂、降血糖等功效，一天喝1.8升，可以有效增进健康。茶中含有儿茶素、无色花青素等多酚类化合物，具有除臭、抗氧化、抗肿瘤、降血压、降血脂及胆固醇等功效。在动物实验中发现，市售的绿茶粉可降低甘油三酯及肝脏胆固醇、延缓低密度脂蛋白胆固醇的氧化，还可以使动物恢复胰岛素的敏感性，有助控制糖尿病。此外，从分子生物学观点的研究中发现，茶多酚可以抑制脂质合成酶的活性，进而抑制肥胖与肿瘤的形成，因此具有瘦身与防癌的功效。每一种茶都含有茶多酚，绿茶的茶多酚称为儿茶素，红茶的则称为茶黄素，普洱茶的称为茶红素。一项最新研究发现，普洱茶、乌龙茶的降血脂效果比绿茶还好。

第二章 对症排毒

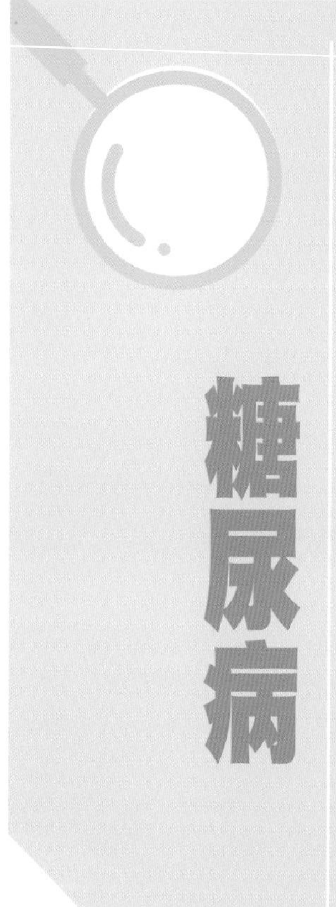

疾病放大镜

糖尿病是因为饮食太甜的关系吗?

糖尿病，顾名思义就是尿中带糖、尿中带有甜味，这是由于糖类代谢异常造成的。人所吃入的食物在消化成葡萄糖后，会通过血液送到胰脏，再刺激胰岛素分泌，以帮助葡萄糖进入组织中，或转变为能量，或储存起来；若缺乏胰岛素，或细胞对胰岛素无反应，葡萄糖便无法转化成能量，而存在血液中，造成血糖浓度逐渐上升，就会导致糖尿病的发生；当血糖浓度高于10mmol/L，肾脏无法过滤掉这么多的血糖，于是糖分就排在尿液中，因而造成尿糖。

在医学上糖尿病又分为两种类型：

1型糖尿病——胰岛素依赖型： 胰脏不分泌或是只分泌很少的胰岛素，以致病人需要每天注射胰岛素来维持生命。胰岛素依赖型糖尿病可发生在任何年龄，但通常发生于儿童和青少年。

2型糖尿病——非胰岛素依赖型： 罹患非胰岛素依赖型糖尿病者，其胰脏通常会产生一些胰岛素，但身体组织却不能对胰岛素的作用产生良好反应，所以无法正常代谢葡萄糖，此情况称为胰岛素抵抗，胰岛素抵抗是构成非胰岛素依赖型糖尿病的重要因素。

糖尿病的饮食原则

吃得好、动得少，吃太油，太精致，外加抽烟，喝酒、熬夜、高压力等，这些都是造成糖尿病的原因，并不是因为吃太多甜食所造成的！尤其是精致饮食与西化饮食，才是值得大家警惕的。此外，肥胖也会使患糖尿病的风险增高，特别是习惯“吃得太好”的年轻人，临床上甚至有不到10岁的孩子出现糖尿病的案例。由此可知，饮食控制是糖尿病患者控制血糖的不二法门。以下几种糖尿病饮食的原则一定要遵循，才能避免可怕的并发症。

■ 均衡饮食并维持理想体重

均衡饮食的目的在于维持合理体重，这样才能有效控制血糖、血脂和血压。通常体重只要减轻5%～10%就可以改善葡萄糖的利用，以控制病情。

■ 饮食要定时定量

在正常的饮食基础上，控制含糖食物的摄取量，如奶类、主食类以及水果的分量，通过调整糖类的摄取量，让血糖值得到良好的控制。

■ 多摄取膳食纤维

充足的膳食纤维能延缓餐后血糖的上升速度且能增加饱腹感，有利于血糖的控制。因此，应多选用未加工的豆类和蔬菜，以及适量摄取水果和全谷类食物。

饮食停看听 可食与不可食

■ 学习糖类计算方法

糖类的控制是糖尿病患者的首要课题，认识饮食中糖类的食物和分量，并且知道其计算方法，才能使血糖控制良好。

■ 少油、少盐、少糖饮食原则

糖尿病患者新陈代谢的紊乱，会影响到血脂的控制，所以应少吃油炸、油煎、油酥类食物，以及猪皮、鸡皮等含油脂高的食物。尤应控制盐的摄取（每日小于3克，相当于7.5克的高级精盐）。

■ 尽量避免吃富含精制糖类或加糖的食物

这类食品会使血糖迅速上升，嗜甜食者可选用代糖等甜味剂。

■ 饮酒要适量，并禁止空腹饮酒

甘油三酯偏高及血糖控制不良的人应严格禁酒。血糖控制良好者，饮酒也需列入脂肪类代换，男性每日不宜超过2个酒精当量、女性每日不宜超过1个酒精当量。1个酒精当量约等于15克酒精量。

■ 注意食用油的使用

烹调用油宜选用富含单不饱和脂肪酸高的植物性油脂，如橄榄油、色拉油，较不易引起心血管疾病，可降低血脂。

■ 外食尽可能浅尝即止

不需遍尝每道菜，并要避免勾芡的汤品，减少摄取操作过度的食物（如羹汤、浓汤等）以及糖醋类的食物，以避免血糖不正常上升。

推荐饮食区

■ 蔬菜：不可勾芡或加糖、只能烫不能炒、低油或用蔬菜油，可做蔬菜汤。此外，苦瓜可以提升胰岛素的敏感度，帮助控制血糖，且含有膳食纤维，可以增加饱腹感，适合糖尿病患者食用。

■ 水果：每日2份（1份约含糖15克），因为水果富含膳食纤维，能增加胆固醇的排出率，促进胃肠蠕动，具有降低胆固醇和预防便秘的功能。此外，水果含有丰富的维生素C，每日2份水果，就可以满足1天维生素C的需求量。

■ 主食：可多食用燕麦（含丰富膳食纤维）、全麦食品、五谷等，以增加膳食纤维的摄取，延缓血糖升高。

■ 肉类：宜选用油脂含量较低的鱼类、瘦肉、鸡肉。少吃高油脂的肉类，如五花肉等肥肉。

禁忌饮食区

油炸食物、蜂蜜、蛋糕、肥肉、鸡皮、蛋黄、动物内脏、糖果、汽水、蜜饯、炼乳、蛋卷、腌制品、番茄酱、糖醋酱等高糖、高油、高脂肪类的食物。

不可不知 糖类计算方法

1份糖类以含15克糖为计算基准。一般食物中含糖类的有牛奶、五谷根茎类及水果类，这3类食物中1份的分量皆等于1份糖类，而调味用糖一平匙约15克，也等于1份糖类。

假设营养师建议你一餐有4份五谷根茎类和1份水果，就等于此餐共有5份糖类。若餐前你吃了个芋圆，正餐就要从5份糖类中先扣除1份。

一般营养标示中的碳水化合物也是糖类，若食品上标示着碳水化合物45克，而1份糖类含15克糖，所以吃掉这包食物后你就要减掉那一餐的3份糖类！

健康饮食有一套

凉拌黄秋葵

材　料 黄秋葵200克

调味料 生抽、鱼片各少许

做　法

1. 将黄秋葵去蒂及绒毛，放入热水中烫熟，捞出沥干。
2. 淋上生抽、撒上鱼片即可。

对症功效

秋葵属于低糖食物，可避免血糖升高。秋葵嫩荚含有黏滑汁液，此黏液由水溶性纤维果胶、半乳聚糖和阿拉伯树胶等组成，可延缓血糖上升。秋葵的热量相当低，可以避免肥胖型糖尿病患者摄取过多的热量。

营养分析

糖类	14.7克	脂肪	0.6克
蛋白质	3.9克	热量	80千卡

抹茶冻

材　料 抹茶6克，琼脂1包（8.5克）

调味料 代糖适量

做　法

琼脂加热水搅拌溶化，加入抹茶拌匀，放入代糖使之溶化后，倒入模型中，等凝结后切块即可。

对症功效

琼脂可延缓糖类吸收、减轻胰岛素负担；含有水溶性纤维，可以吸水膨胀，增加饱腹感。日本大阪大学调查研究显示，1天喝6杯以上绿茶者比每周不满1杯的人，罹患糖尿病的危险度减少33%左右，抹茶保留绿茶的纤维，因此协助控制血糖的效果更佳。

营养分析

糖类	1.41克	脂肪	0.03克
蛋白质	0.14克	热量	6.48千卡

疾病放大镜

高血压

引起心血管疾病及死亡的重要原因！

何谓高血压？所谓的高血压，是指血压超过正常范围。一般舒张压（俗称低压）超过90mmHg，或收缩压（俗称高压）超过140mmHg，就称为高血压。

高血压的一般症状为后颈部僵硬、耳鸣、头痛、晕眩、发胀、顶骨发紧等。

常见影响血压升高的原因有：

◆**体重过重：**高血压比较常见于体重过重的人。因此，理想体重的维持是预防高血压的重点之一。

◆**抽烟：**抽烟者的红细胞会与一氧化碳结合，心脏为了输送这些毫无搬运氧气能力的血液，而加强脉博跳动，使血压上升。

◆**喝酒：**饮酒后血压上升，尤其是收缩压，大多数患者的血压在戒酒后会下降为正常，一旦开始喝酒就又会上升。

◆**太咸、胆固醇太高或刺激性食物：**临床报告指出，食盐的摄取量过多时，高血压罹患率相对升高；胆固醇太高的食物如内脏类、蛋黄、猪油、牛油等，容易造成动脉狭窄、失去弹性，而加速血压的升高。刺激性食物如辣椒、咖啡或茶，会刺激血管收缩、升高血压。

◆**缺乏运动：**适当运动可以促进血液循环，改善心肺功能，并可增加热量消耗、避免肥胖、减轻心脏负担。

◆**经常生活在压力之下：**家庭、职业、社会、文化等压力造成情绪紧张，是环境中影响血压升降的因素之一。

高血压的饮食原则

■ 提供足够且均衡的营养

如何达到或保持理想体重呢？应采用多样化的均衡饮食，每日从各类食物中均衡地摄取各类营养素以提供身体所需，养成不偏食、不暴饮暴食的习惯。热量的摄取应视各人身高、体重及活动量的实际状况而定，忌食任何高热量及浓缩食物，尤其是甜腻、油炸、油煎及油酥的食物，如糖果、蛋糕、中西式咸点心、甜点心及含脂肪量高的坚果类等。每日以三餐为主，平均分配，不可偏重任一餐，饥饿时最好选择食物体积大，热量低又有饱腹感的食物。

■ 维持理想体重

理想体重（千克）＝22×身高（米）×身高（米），由以上的公式即可算出理想体重，在这个计算所得数值加减10%以内都属理想体重。体重减轻，血压就会显著下降，其效果有时比降压药物更有效。

■ 预防并发症的产生

在临床的饮食建议中，高血压患者应摄取低钠饮食，以降低钠的摄取，即1天的食盐摄取量控制在5克以下，有助于延缓高血压并发症的发生！而要达到这个目的，除了做菜少加盐之外，最重要的是要避免加工食品的摄取，并多食用天然食品。每100克的腌制食品就含有8克盐，若是食用60克以上，便超过每日限盐5克的标准了。

类别	可食用食品	少食用的食品
奶类	各种奶类或奶制品，最好使用低脂奶类，每日限饮两杯	乳酪
蛋豆鱼肉类	1. 新鲜肉、鱼及蛋类 2. 新鲜豆类及其制品（如豆腐、豆浆、豆干等）	1. 腌制、卤制、熏制的食品，如火腿、香肠、熏鸡、卤味、豆腐乳、鱼肉松等 2. 罐制食品，如肉酱、沙丁鱼及金枪鱼罐头等 3. 速食品，如炸鸡、汉堡、各式肉丸、鱼丸等
五谷根茎类	自制米、面食	1. 面包、蛋糕及甜咸饼干、奶酥等 2. 油面、米线、方便面、方便米粉、方便粉丝等
油脂类	植物油，如色拉油、玉米油等	奶油、沙拉酱、蛋黄酱等
蔬菜类	1. 新鲜蔬菜 2. 自制蔬菜汁，无须再加盐调味	1. 腌制蔬菜，如榨菜、酸菜、酱菜等 2. 加盐的冷冻蔬菜，如豌豆、毛豆仁等 3. 各种加盐的加工蔬菜汁及蔬菜罐头
水果类	1. 新鲜水果 2. 自制果汁	1. 干果类，如蜜饯、脱水水果等 2. 各类加盐的罐头水果及加工果汁
其他	1. 白糖、白醋、五香料、杏仁露等 2. 茶	1. 豆瓣酱、辣椒酱、沙茶酱、甜面酱、蚝油、陈醋、番茄酱等 2. 鸡精、牛肉精 3. 炸薯片、爆米花、米果 4. 运动饮料 5. 酸梅汁

烹调不用盐的小提示

1. 酸味的利用：在烹调时使用醋、柠檬、菠萝、番茄等，可增加风味。
2. 糖醋的利用：烹调时使用糖醋来调味，可增添食物甜酸的风味。
3. 甘美味的利用：使用香菜、草菇、海带来增添食物的美味。
4. 鲜味的利用：用烤、蒸、炖等烹调方式，保持食物的原有鲜味，以减少盐及鸡精的用量。
5. 低盐佐料的利用：蒜、姜、胡椒、八角、花椒及香草片等低盐佐料，或味道强烈的蔬菜，如洋葱，利用其特殊香味，达到变化食物风味的目的。
6. 低盐调味品的利用：可使用市售的低钠盐、低盐酱油或无盐酱油等代用，但须按照营养师指导使用。

调味品中的钠含量换算使用方法

1小匙的食盐量约为5克，因为每1克的食盐中含有400毫克的钠，所以吃了含有1小匙食盐的食物后，相当于吃进约2克的钠。

1小匙食盐＝2大匙酱油　1小匙食盐＝5小匙味精

1小匙食盐＝5小匙陈醋　1小匙食盐＝12.5小匙番茄酱

健康饮食有一套

芹菜烩香菇

材料 芹菜200克，香菇100克，胡萝卜20克，姜片5片，油适量

调味料 A料：淀粉1小匙
B料：盐、香油各适量

做法

1. 芹菜、香菇及胡萝卜处理干净，切块，分别放入滚水中汆烫2分钟。
2. 锅中加入少许油烧热，炒熟所有材料，淋上A料勾芡，起锅前加入B料炒匀即可盛出。

对症功效

芹菜、香菇皆属高钾食物，有降血压的功效。香菇有特殊的鲜味，可用来蒸、煮、炒，非常方便可口，可以减少盐、调味料的使用。芹菜富含β-胡萝卜素、维生素C、膳食纤维等，被认为具有镇静降压、醒脑利尿、清热凉血、润肺止咳的功效。

营养分析

糖类	7.46克	脂肪	1.7克
蛋白质	4.4克	热量	62.74千卡

土豆炒魔芋

材料 土豆80克，魔芋30克，豌豆10克，油适量

调味料 糖1小匙，低盐酱油、去油高汤各少许

做法

1. 土豆去皮，切块，浸入水中。
2. 魔芋及豌豆分别放入热水中汆烫，捞出，魔芋切小段，豌豆放入冷开水中待凉。
3. 热锅后倒入油，放入土豆、魔芋略炒，加入去油高汤及糖，盖上锅盖，焖煮4～5分钟至软，再加入低盐酱油调味，起锅前放入豌豆炒匀即可。

对症功效

土豆、魔芋皆属高钾食物，有降血压的功效。魔芋是植物中含膳食纤维量相当高的食物，其热量很低，还有低糖、低脂肪、无胆固醇等优点。土豆含有淀粉、蛋白质、磷、铁、多种维生素，兼具蔬菜、主食的双重优点。土豆可提供蛋白质，以避免摄取动物蛋白时，一并摄入过量的钠和脂肪。

营养分析

糖类	18.1克	脂肪	0.25克
蛋白质	3.36克	热量	88千卡

高脂血症

疾病放大镜

引起动脉硬化的危险因子!

血脂主要从食物中摄取，由肝脏细胞合成。血脂分为胆固醇和甘油三酯（中性脂肪）两种，高脂血症也因不同的血脂种类可分为3种：

◎高胆固醇血症：为总胆固醇（TC）＞5.16mmol/L。

◎混合型：为总胆固醇（TC）＞5.16mmol/L，而甘油三酯（TG）＞2.26mmol/L。

◎高甘油三酯症：为甘油三酯（TG）＞2.26mmol/L。

高胆固醇血症为引起动脉硬化的凶手之一，过多的胆固醇会变成动脉硬化斑块，阻塞血管，如心肌梗死及中风为最典型的因为动脉硬化所导致的疾病。

造成动脉硬化疾病的危险因子

1.高胆固醇血症 2.高血压 3.糖尿病 4.年龄在55岁以上 5.抽烟 6.早发动脉硬化疾病家族史

有上述情况的人更应控制胆固醇的摄取及定期测量血中总胆固醇的含量。

高脂血症的饮食原则

1.少吃胆固醇含量高的食物： 每日摄取胆固醇低于300毫克；少吃各种鱼卵、蟹黄等，蛋类每周以不超过4个为原则；少吃内脏类、肥肉、腊肠类食物；少吃鱿鱼、虾、蟹、蚌；各种动物油脂及椰子油、棕榈油，以其他植物油取代；少食用全脂牛奶、巧克力牛奶，多食用脱脂奶及豆浆。

2.选用富含膳食纤维的食物： 如未加工的豆类、蔬果、全谷类等，因这些食物富含的膳食纤维可帮助胆固醇代谢，从而降低心血管疾病发生的概率。

3.炒菜宜选用单不饱和脂肪酸高的食用油： 如橄榄油、菜籽油、花生油等。

4.烹调多用低油烹调方式： 采用清蒸、水煮、凉拌、烤、烧、炖、卤等方式烹调。

5.控制油脂摄取量： 少吃猪皮、鸡皮、鸭皮、鱼皮及油炸、油煎或油酥的食物。

6.慎选肉类： 选择肉类为蛋白质来源时应以鱼肉、鸡肉、猪肉、牛肉为先后顺序。

7.维持理想体重。

8.戒烟、少喝酒。

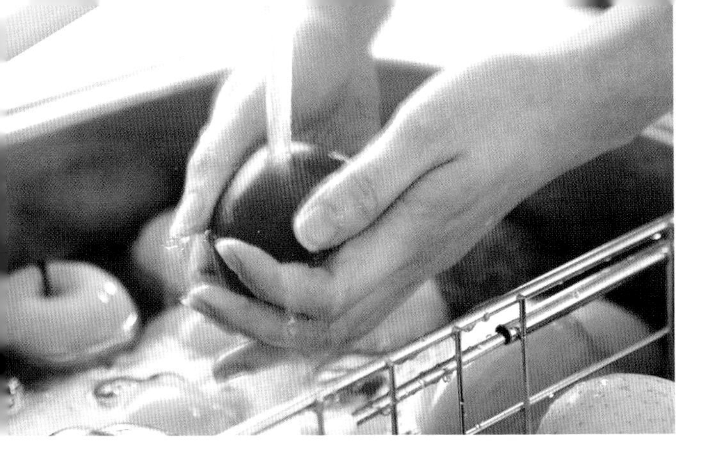

高脂血症的饮食治疗

1.多食用多糖类食物：如五谷根茎类，并尽量避免摄取精制的甜食，如含有蔗糖或果糖的饮料、各式糖果或糕饼、水果罐头等加糖制品。

2.维持理想体重：控制体重可明显降低血液中甘油三酯的浓度。

3.多摄取富含ω-3脂肪酸的鱼类：如秋刀鱼、鲑鱼、花鲭鱼、鳗鱼、白鲳鱼等。

4.少吃油酥点心、各种坚果种子类：如开心果、核桃、腰果、瓜子及其制品等，都应尽量少吃。

5.不宜饮酒。

6.烹调宜多采用低油烹调方式：如清蒸、水煮、凉拌、烤、烧、炖、卤等。

7.控制油脂摄取量：少吃油炸、油煎或油酥的食物，以及猪皮、鸡皮、鸭皮、鱼皮等食物。

8.外面用餐应注意：点菜选择低油烹调的食物；多吃蔬菜少吃肉；点用低胆固醇食物；避免含糖饮料，选用无糖饮料。

降低脂肪摄取的进食小妙招

1.以米饭等五谷类为主食：采取“吃饭配菜”的模式，而非吃菜配饭。

2.牛奶的脂肪可减少：喝牛奶时选用脱脂奶，如觉得脱脂无味，可以先改成低脂奶，或以半杯或1/3全脂奶混合脱脂奶一起喝，再慢慢增加脱脂奶的量。

3.可见的脂肪应避免：吃肉或裹粉油炸的食物时，有皮去皮，吃瘦不吃肥，吃蛋糕时除掉外层及夹层中的鲜奶油。

4.额外的油脂不要加：吃面包时不要涂奶油、花生酱，可改用含脂量低的果酱。另外，吃面时不要加过多的香油或沙茶酱等。

5.糕饼点心要节制：通常点心类的食品都是高油、高糖、高热量的，所以一定要节制食用。例如月饼、蛋黄酥等。

6.多选用植物性蛋白质食物：以毛豆、黄豆及一些豆制品取代部分肉，这些含植物性蛋白质的食物含不饱和脂肪酸，不含胆固醇，而且膳食纤维含量比较高。

7.多吃蔬菜：每日最好能吃3碟蔬菜，不但含有膳食纤维，增加饱腹感，还可提供维生素及矿物质等营养。

8.食用新鲜水果：新鲜水果含丰富的维生素C及膳食纤维，若打成果汁，需要水果量多，而且通常1杯果汁是由3个新鲜水果打成的，会提高热量，且在过滤时会把部分膳食纤维过滤掉，所以不宜用果汁代替水果。

9.先吃菜再吃肉：把进餐顺序改成先吃菜再吃肉，不但可以增加蔬菜摄食量，还可以减少肉的食用量。

10.喝汤时捞掉浮油：在排骨汤、鸡汤中最容易出现浮油，食用前最好先将浮油捞掉，以减少脂肪摄取。

11.吃汤面时不要把汤喝完：面摊的汤面通常都加肉臊、香油来增加滋味，所以最好先将浮油捞掉或不要将汤全部喝完，以免摄取过多的油脂。

12.减少油包的使用：吃市售加工食品或方便面时，所附的油包可斟酌使用，不需全部用完。

健康饮食有一套

番茄丁鳕鱼

材　料 鳕鱼200克，红番茄（大）200克

调味料 盐适量，白醋2大匙，糖、柠檬汁各1小匙，胡椒粉1/2小匙

做　法

1. 番茄洗净，切小丁，放入碗中，加入调味料调匀即为淋料。
2. 鳕鱼洗净，放入烤箱烤熟，取出，将淋料淋入即可。

对症功效

脂肪酸按照饱和程度，根据双键数量的多少，可分为饱和脂肪酸、单不饱和脂肪酸及多不饱和脂肪酸。多不饱和脂肪酸具有降血脂的作用。由于鳕鱼属于深海鱼类，含高量多不饱和脂肪酸——EPA和DHA，即一般通称的ω-3不饱和脂肪酸，其具有降血脂的功能。

营养分析

糖类	15克	脂肪	23.4克
蛋白质	29.8克	热量	389.8千卡

大蒜鸡汤

材　料 去皮鸡肉200克，大蒜10瓣

调味料 盐适量

做　法

1. 鸡肉切块，洗净；大蒜去皮备用。
2. 高压锅中加入鸡肉块、大蒜，以及清水使淹过鸡肉，煮熟后再加入盐调味即可。

对症功效

大蒜中含有硫化物，每天吃适量的大蒜，高脂血症患者的血脂、血胆固醇就能不同程度的降低。大蒜还有抗氧化的功能，可避免脂质过氧化，以避免高脂血患者容易并发的心脏病。鸡肉属于白肉，原本饱和脂肪就较少，去皮后油脂大幅下降，可避免摄取过多的脂肪。

营养分析

糖类	1.4克	脂肪	2.2克
蛋白质	44.8克	热量	204.6千卡

肝病

疾病放大镜

肝若不好，人生是黑白的！

每秒钟大约有1.5升的循环血液流经肝脏。肝脏的功能包括：**1.**代谢三大营养素：糖类、脂肪及蛋白质。**2.**储存及活化维生素与矿物质。**3.**制造及分泌胆汁。**4.**将血胺转变为尿素。**5.**代谢固醇类物质。

由于肝脏没有痛觉，所以当感觉腹部右上方不舒服时，就很危险了！觉得疲倦、皮肤变黄或小便颜色很深，就是肝病的信号。

常见的肝脏疾病：

◆**病毒性肝炎：**常见的病毒性肝炎为乙型肝炎，可分为母子间垂直感染及水平感染，防治之道即为杜绝感染途径。水平感染可能通过皮肤伤口接触病原的血液、体液而感染，如性行为、针灸、刺青、穿耳洞等方式，近年来推广一次性注射器以及卫生习惯的养成，都可以降低水平感染的机会。

◆**由酒精引起的肝病：**这是最常见的与饮食相关的肝脏疾病。酒精的代谢类似油脂代谢，但是在代谢后会产生乙醛，乙醛带有毒性且会伤害细胞，饮酒无节制或患有肝炎却没有妥善照料时，即会使肝炎演变为肝硬化，使肝脏产生纤维化及结节，持续恶化则转变为肝癌。

肝脏疾病的饮食原则

1.摄取足够的热量及优质蛋白质：饮食上需有足够热量及优质蛋白质来帮助肝脏恢复功能，每千克体重要摄取1.2～1.3克的蛋白质。但肝硬化已经有一段时间的患者，就要减少蛋白质的摄取，若发生肝昏迷的现象，则必须立刻限制蛋白质的摄取，必要时可采用高糖饮食（如食物可用果汁加糖或水果来增加热量摄取）。

2.禁止饮酒。

3.采取低盐饮食：肝病引起腹水或下肢水肿者，应采取低盐饮食治疗（食用盐每日小于2400毫克，相当于6克的高级精盐），若有尿量减少现象，则需严格控制水分，配合低盐饮食，并且每日测量体重。烹调时以食物原味为主，少盐、鸡精、酱油、沙茶酱等调味料。

4.避免太糙的食物：肝病引起食管静脉曲张者，应避免粗糙、坚硬或过烫的食物，饮食要注意细嚼慢咽。

5.补充优良营养素：补充富含B族维生素、维生素C、维生素A、维生素D及维生素K的食物。

6.少食多餐：因为会有食欲不佳的情形，患者可尽量采取少食多餐的方式。

饮食停看听
可食与不可食

推荐饮食区

所有新鲜的食材是肝脏的最爱，以下几点需要留意。

1.优质蛋白质

包括蛋、牛奶、鱼、肉类，其中又细分为植物性蛋白质和动物性蛋白质。植物性蛋白质如大豆类制品、蔬菜中的蛋白质，以及牛奶中的酪蛋白，皆含有较多的支链氨基酸。肝病患者可以摄取较多的植物性蛋白质，少吃香肠、火腿、乳酪及奶油等富含苯环氨基酸的食品。

2.蔬菜

深绿色蔬菜含有丰富的B族维生素；黄红色蔬菜含有丰富的维生素A；葱、姜、蒜含有丰富的抗氧化物质，可提高抗氧化酶活性，同时活化肝脏解毒系统。

3.水果

所有的水果均含有丰富的维生素C及矿物质，可以协调体内的平衡。

4.核果类

芝麻含有丰富的芝麻素，能节省维生素E，还具有保肝作用，同时能提高体内抗氧化酶的活性。但芝麻属于油脂类，每周吃2汤匙就够了。

5.植物性脂肪

炒菜选择植物油，肉类选用瘦肉，可以减少动物性脂肪及饱和脂肪酸的摄取。

禁忌饮食区

酒、油炸物或烧烤类食品，以及含有添加物的食品，如香肠、火腿、腊肉、板鸭等，或腌渍物，如雪里蕻、榨菜、冬菜、蜜饯等食物都应少吃。

试算你每日蛋白质的需求量

位体重60千克的男性或女性，每天需摄取60×1.2 克＝72克蛋白质。每天平均吃3碗饭（主食类）会摄取到24克的蛋白质。每天喝1杯240毫升的牛奶或豆浆可摄取到8克蛋白质。所以剩下可摄取72－24－8＝40克的蛋白质，也就是约5份的肉类及豆制品。

基本概念

※主食类每份含热量70千卡（糖类15克、蛋白质8克、脂肪0克）

※低脂肉类及豆制品每份含热量55千卡（糖类0克、蛋白质7克、脂肪3克）

※脱脂奶类每份含热量80千卡（糖类12克、蛋白质8克、脂肪0克）

※蔬菜类及水果类的蛋白质含量较少。

蛋白质换算表

类别	份量
低脂肉类及豆制品	1/2巴掌大的瘦肉类（猪、牛、鸡、鱼）约35克
	20个蛤蜊（中）
	5～6只虾仁
	1/3片豆包（大）
	1/2条面肠
中脂肉类及豆制品	1/2巴掌大的猪排肉、鸡排、鸡翅，约35克
	2个贡丸（中）
	50克（连皮）鳕鱼
	1块豆腐
	2块五香豆干

肝脏问题小叮咛

要保养肝脏，只要有充足的休息时间、食用新鲜的食物，就是最健康的!

健康饮食有一套

双黄排骨汤

材　料 排骨60克，黄花菜、黄豆各30克，生姜1片

调味料 盐适量

做　法

1. 黄豆用水泡软；黄花菜去根部，洗净；生姜洗净备用。
2. 排骨放入热水中汆烫，去血水，捞出。
3. 深锅放入所有材料，加入水使淹过排骨，焖煮至熟，起锅前加入盐调味即可。

对症功效

黄花菜的营养价值很高，富含胡萝卜素和酶，有止血消炎、养肝健脾、促进食欲、安神清肠的功效。黄豆中的卵磷脂可维持肝脏的正常功能，加速脂蛋白协助脂肪代谢作用，尤其对酗酒引发的肝硬化更具临床功效。

营养分析

糖类	11.44克	脂肪	16.53克
蛋白质	22.96克	热量	286.37千卡

保肝海鲜锅

材　料 蛤蜊150克，金针菇50克，胡萝卜50克，小油菜100克，生姜1片，葱1根，油适量

调味料 香油、盐、糖各1小匙

做　法

1. 蛤蜊泡水吐沙；金针菇去根部，洗净；姜及胡萝卜去皮，切片；小油菜洗净；葱洗净，切段。
2. 油锅烧热，爆香葱、姜，再放入其他材料炒熟，最后加调味入料即可盛出。

对症功效

蛤蜊汤有保肝的疗效已流传许久，主要是蛤蜊含有许多必需氨基酸、肝糖，对于肝脏的修复和再生，都有正面的功效。蛤蜊所含的牛磺酸，对于脑部、神经组织损伤有一定疗效，酗酒者补充牛磺酸，还能有抑制酒瘾的功效。

营养分析

糖类	10.95克	脂肪	1.75克
蛋白质	20.3克	热量	140.75千卡

心脏病

疾病放大镜

毫无预警地发生猝死的可怕疾病!

成人心脏病最常见的是冠状动脉狭窄和阻塞，就是所谓的冠状动脉疾病，俗称冠心病，其最常见的症状是心绞痛。像身体所有的器官一样，心脏也需要靠自己供给含氧血液，心脏的含氧血液靠着三条分枝的冠状动脉供给，只要这些血管保持健康，心脏功能就能保持完整。然而，当冠状动脉狭窄，阻断血液对心脏的氧气供应时，就会引起胸痛，心肌缺氧，进而抑制心肌收缩，使心脏不能搏出正常量的血液，有时甚至会损害控制心律的传导系统，引起心脏衰竭或心律不齐而导致死亡。

冠心病的成因： 由于冠状动脉血管壁的内膜下有脂性物质沉积并逐渐硬化，造成粥样硬化。当动脉内膜破裂，血管病变就会迅速发展。动脉内的血液一旦与粥样硬化斑接触，很快就会形成血块。早期血块是由黏性的血小板所组成，随后，血中蛋白酶渗入，形成如同绳索般的纤维，使血小板更易附着于动脉管壁而形成血块，这种血块，我们称之为“血栓”，它会完全阻塞供给心脏血液的血管，造成心肌的坏死，临床上称此现象为心肌梗死，必须立即送医急救。

形成心脏病的危险因素

年龄增长；男性；遗传倾向；抽烟；高血压；体重过重；缺乏运动；饮食脂肪含量过高（尤其是动物性脂肪、反式脂肪酸）；高脂血症、高胆固醇血症患者；糖尿病患者。

心肌梗死发作时常见的症状

1. 胸口觉得有压力，或者压力感来自身体上半部，包括颈部及下巴。
2. 在胸口及身体上半部觉得疼痛、灼热或紧迫感。
3. 胸痛超过30分钟以上，舌下含硝酸甘油无法缓解。
4. 有消化不良或无法呼吸的感觉。
5. 冒冷汗。
6. 恶心或呕吐。
7. 晕眩。
8. 疲倦。

心脏病饮食原则

1. 维持理想体重，控制体重可明显降低血脂浓度。
2. 以均衡饮食为基础，均衡摄取六大类食物。

3. 多食用多糖类食物，如五谷根茎类，避免摄取精制的甜食、含有蔗糖或果糖的饮料、各式糖果或糕饼等加糖制品。
4. 控制油脂摄取量，少吃油炸、油煎或油酥制品，以及猪皮、鸡皮、鸭皮、鱼皮等食物。
5. 少吃胆固醇含量高的食物，如内脏（脑、肝、腰子等）、蟹黄、虾卵、鱼卵等。若血胆固醇过高时，每周以不超过2个蛋黄为原则。
6. 常选用富含膳食纤维的食物，如未加工的豆类、蔬菜、水果及全谷类。
7. 炒菜宜选用单不饱和脂肪酸含量高者（如花生油、色拉油、橄榄油等）；少用饱和脂肪酸含量高者（如猪油、牛油、肥肉、奶油等）。烹调宜多采用清蒸、水煮、凉拌、烤、烧、炖、卤等方式。
8. 尽量少喝酒。

推荐饮食区

■ **燕麦：** 建议每天可以食用燕麦片来取代一餐的主食。因为燕麦的水溶性纤维β-聚葡萄糖，可以减少肠道吸收胆固醇，改变血中脂肪酸的浓度，降低坏胆固醇（低密度脂蛋白）和甘油三酯的含量。平均来说，一天摄取可溶性纤维素5～10克，约可降低5%低密度脂蛋白胆固醇。其他富含水溶性纤维素的食物还有：大麦、四季豆、苹果、瓜类、菇类、海带、黑木耳、银耳、紫菜等。

■ **坚果：** 杏仁、花生、核桃、腰果等坚果类含有多不饱和脂肪酸，可以降低胆固醇，且含有钙、镁等矿物质，能维持动脉血管的健康和弹性。此外，坚果类含有维生素E，可以预防脂质氧化，降低罹患心血管疾病的危险。坚果类属于油脂类，可用来替代烹调用油，健康又不会胖。8克的坚果类(相当于握在手心松松1把的

量)，约等于1小匙的油脂。

■ **黄豆：** 黄豆的饱和脂肪酸含量低，且不含胆固醇，用黄豆蛋白质取代动物性蛋白质，可降低血中总胆固醇、低密度脂蛋白胆固醇、甘油三酯的含量，而又不影响高密度脂蛋白胆固醇。此外，黄豆含有异黄酮与膳食纤维，也具有降低胆固醇的作用。每天摄取20～50克黄豆蛋白质，可降低4%～8%的坏胆固醇和甘油三酯。

■ **深海鱼类：** 鲑鱼、金枪鱼、鲭鱼、秋刀鱼、海鳗等深海鱼类，含有丰富的ω-3脂肪酸，可降低甘油三酯浓度、减缓血液凝集速度、发挥心血管的保护作用，进而达到降低冠心病的罹病率和死亡率。每周至少要吃2份深海鱼类，如果是高甘油三酯患者，不妨以其作为主要的肉类来源。

■ **单不饱和脂肪酸：** 以含有大量单不饱和脂肪酸的橄榄油饮食为主，可使心血管疾病危险度降低25%左右；以单不饱和脂肪酸稍低的花生油为主的饮食，也可降低16%～20%心血管疾病的危险。

改变你的 生活方式

◆**戒烟：** 专家估计大约30%心脏病的发作与抽烟有关，烟中的有害物质会使小血管狭窄，血液中一氧化碳含量的增加，会使心脏及身体其他组织供氧量降低。此外，烟草中的尼古丁会使脉搏加快，造成心律不齐。

◆**保持规律运动：** 坐办公室的人或常久坐的人，也是罹患心脏病的高危险人群。保持规律的运动是很重要的，好的运动能使心跳加快、呼吸速度增加、出汗。例如快走、慢跑、游泳、有氧舞蹈、脚踏车等有氧运动，对心脏有益，且能帮助减轻体重。

◆**减少压力：** 找出生活中压力的来源并设法避免，多花时间与家人共度假期，好的家庭生活永远是有益心脏的。

健康饮食有一套

凉拌黑木耳

材 料 黑木耳100克，海带100克，西芹50克

调味料 蒜末、酱油各适量

做 法

1. 黑木耳与海带洗净，泡软，待泡发后切成丝状，放入滚水中汆烫，捞出备用。
2. 芹菜洗净，切丝，放入滚水中烫3分钟，捞出。
3. 所有材料放入碗中混合，拌入调味料即可。

对症功效

黑木耳含有高量的腺嘌呤核苷酸，可抑制血小板聚集，因此有抗血栓、抗凝血、降低血液黏稠度、预防冠状动脉粥状硬化的功效。黑木耳胶质中富含酸性多糖体及膳食纤维，有助于降低胆固醇，预防心脏病和中风的发生。

营养分析

糖类	12.5克	脂肪	0.65克
蛋白质	2.05克	热量	64.05千卡

红酒鸡块

材 料 鸡胸肉200克，香菇30克，洋葱1/4个，橄榄油适量

调味料 红酒1/2杯，盐、糖各1小匙

做 法

1. 鸡胸肉去皮，切块；香菇洗净，和洋葱分别切块备用。
2. 锅中加橄榄油烧热，放入鸡肉炒至变色，加入香菇、洋葱炒匀，加入调味料以小火烹煮，煮至汤汁剩一半即可。

对症功效

红酒在酿造过程中未去除葡萄皮，而葡萄皮中含有白藜芦醇，是红酒中常见的一种成分，又名葡萄红醇。白藜芦醇是强有力的抗氧化剂，有抗凝血、抗发炎、舒张血管、促进血液循环等功能，因此对于心脏病患者来说，可以预防病情的恶化。

营养分析

糖类	12.3克	脂肪	1.95克
蛋白质	47.1克	热量	255.15千卡

疾病放大镜

别因一时疏忽 失去终身健康!

【乳腺癌】癌症

乳腺癌是比较容易早期发现的癌症，只要每月利用几分钟的时间自我检查，就能及时发现。乳腺癌好发于40～50岁的女性，一般女性将乳房视为“女性私防区”，若有硬块往往羞于告人。拖延或害怕切除乳房，是耽误黄金治疗时机的主因。一般临床诊断多为发现有硬块或瘤，通常不痛、有乳房外形改变、皮肤红肿或溃烂等，若早期发现、早期治疗，治愈率高达90%～100%。

乳腺癌的饮食原则

1.少量多餐：因食欲的改变，可加糖、柠檬汁或中药材来引起食欲。

2.充足的热量及蛋白质：可以通过肉类、蛋、鱼、牛奶、豆等食物补充足够的热量和蛋白质。

3.限制脂肪摄取量不超过总热量的15%～20%：避免过量的糖及脂肪，建议多选择清淡少油的烹调方式，选用单不饱和脂肪酸含量高的烹调油，如橄榄油、花生油。

4.养成规律运动的习惯：每天至少走路30分钟，可以帮助控制体重、增强心肺功能、减少罹患乳腺癌的概率。

5.适量补充维生素及矿物质

饮食停看听 可食与不可食

推荐饮食区

1.新鲜蔬果：蔬果营养以空腹时吸收效果较佳，以“彩虹原则”搭配红、橙、深绿、蓝紫等多种颜色的蔬果，以多种类、多变化为原则，效果最佳。

2.植物性食物：植物性食物具有提高免疫功能等生物学效应，如灵芝、香菇、米糠、冬虫夏草、黄芪等食物中的多糖、硒、茶多酚、番茄红素、叶酸等成分，都有防癌、抗氧化的生物效果。

3.含硒食品：玉米、小米、南瓜、大白菜、萝卜、韭菜、大蒜及内脏类、奶制品、海产类食物都富含硒。

4.含丰富叶酸的蔬果：如菠菜、菜花、土豆、豌豆、番茄、柑橘类水果、香蕉、香瓜等。

5.膳食纤维：每天摄入量须达25～35克，能增加排便量、减少致癌物滞留。

禁忌饮食区

1.避免摄取过多的热量：有乳腺癌家族史的高危人群，从小就应注意热量的摄取，以预防乳腺癌发生或复发。但是正在接受癌症治疗的患者，不要刻意快速减重，以免影响治疗效果。

2.减少动物性脂肪及肉类蛋白质的摄取。

3.减少红肉摄取：红肉摄取每周勿超过3次，每次约110克。

4.避免反式脂肪酸的摄取：反式脂肪酸多存在于植物油中，例如人造奶油、酥烤油等，由于成本较低，被大量运用在快餐及各类酥炸食品中，如炸鸡、甜甜圈、炸薯片等。

5.避免酒精。

疾病放大镜

【肝癌】

肝癌是十分恶性的癌，如果未经治疗，病人半年内就可能死亡。肝癌好发年龄在45～55岁，正值壮年期，若临床上有症状时才诊断出的肝癌，平均存活时间只有6～9个月。肝癌发生的三步曲为慢性肝炎→肝硬化→肝癌。发生肝癌的最重要原因是慢性乙型肝炎及丙型肝炎病毒的感染，以及会使肝脏受损的肝毒性物质作用，其中最具代表性的就是由霉菌所产生的黄曲毒素，它主要存在于发霉的五谷类食物中，如米、花生、玉米，但目前人们都注意选择新鲜食物，因此由黄曲毒素引起的肝癌比例已大为减少。

饮食停看听 可食与不可食

推荐饮食区

1.新鲜蔬果：饮食宜新鲜、清淡、高纤、均衡；多食用含维生素A、维生素C的黄绿色蔬菜及水果，每天至少食用5份以上的蔬果。

2.植物性蛋白质：动物性蛋白质含量高的饮食，可能会使肝病患者急速陷入肝性脑病变的状态，故肝癌病情不稳的病人，需降低饮食中的蛋白质比例，降至10%～15%之间，而且其只能吸收植物性蛋白质。

3.体积小但蛋白质及热量高的食物：因肝癌病人通常食欲不佳，且接受治疗时，可能会造成食物摄取量的降低。所以应食用不含筋的嫩肉、精致五谷类及其制品等。

4.提高热量的摄取：制作食物时可用葡萄糖或葡萄糖聚合物来取代蔗糖，以提高热量的摄取。

5.多摄取膳食纤维：摄取含膳食纤维多的食物，如蔬菜、水果、全谷类、未加工的豆类，可预防便秘。

6.适量补充维生素：尤其可适时补充综合B族维生素。

禁忌饮食区

烟、酒、发霉的食物、动物性油脂及胆固醇高的食物、加工食品、香辛料、烟熏烤制的食物，如香肠、火腿、腊肉、花生酱、乳酪及动物筋皮类、坚硬的食物、炸薯条、腌制蔬菜、蜜饯、可乐、糖果等。

【大肠癌】

疾病放大镜

您知道"肠"保健康的方法吗?

您今天排便了吗？其实只要吃得下、睡得着、排便顺畅，身体自然就健康。根据研究显示，饮食中的脂肪，尤其是动物性脂肪愈高，钙、叶酸和纤维素比例越低，得大肠癌的机会就越高；更重要的是，有大肠癌家族史、家族性大肠息肉症以及患有大肠息肉的患者，都是大肠癌的高危人群。若想及早预防肠癌，必须保持大便通畅，避免便秘以及培养规律的运动习惯。

饮食停看听 可食与不可食

"肠道年龄"会决定你的健康与美丽！肠癌的形成与饮食习惯有着密切关系。要预防大肠癌得先从饮食着手，建议常吃膳食纤维及含益生菌的食物，则有助于保持肠道的健康与活力！

推荐饮食区

1.食物纤维：可促进大肠蠕动，加速食物移动，帮助粪便早日排出，例如甘薯、胡萝卜、香菇、金针菇、魔芋、无花果、苹果、香蕉等食物中的食物纤维含量很高。

2.黏性食物：可让食物缓慢进入消化道，防止血糖急速上升；含有多糖类，具有整肠通便的作用，如川七、秋葵、味噌、发菜、芦荟等。

3.芝麻：含优质的食物纤维，能利用亚麻仁成分清洁肠道。

4.维生素：可营造益生菌环境。维生素B_1、维生素B_2有益肠道蠕动，维生素C能增强免疫力，维生素E能调整控制肠道自主神经。

5.乳酸菌：可使糖类发酵，并制造乳酸，有效抑制致病菌的生长，让肠道活起来。

6.发酵食品：可整肠，提高免疫力，降低粪便不良的气味，例如纳豆、味噌、红葡萄酒等。

7.寡糖：为益生菌提供营养，使肠道益生菌大量生长。多存在于大豆、洋葱、香蕉等食物中。

禁忌饮食区

高动物性脂肪食物、高蛋白及精致食物、烟、酒等都应禁食。钙摄取缺少也可能引发大肠癌，因为钙可以结合胆酸和脂肪酸，进而减少大肠壁与胆酸接触的时间，防止大肠癌的发生。

不可不知 膳食纤维分类

◆**水溶性纤维**：包括部分半纤维素、果胶、植物胶。如蔬菜、水果、全谷类（糙米、燕麦）、豆类、魔芋、果冻等。

功效：吸收水分，刺激肠道蠕动，缓解便秘，降低癌症罹患率，降低胆固醇，延缓饭后血糖上升。

◆**非水溶性纤维**：纤维素、木质素、部分半纤维素。如全谷类、蔬菜、豆类、根茎类。

功效：吸收水分，使大便体积增加，稀释致癌物质浓度，增加饱腹感，预防便秘，降低肠癌罹患率。

疾病放大镜

【前列腺癌】

男人的禁区，你有“男癌之隐”吗？

前列腺位于膀胱的正下方，围绕着尿道，大小与形状如同一个胡桃状腺体。前列腺液有维持精子生命力、保护尿道、防止细菌感染、形成精液等作用。前列腺癌的形成原因与家族史、老化、慢性前列腺炎、高脂肪饮食、刺激性饮食、性激素平衡失调皆有相关性。根据调查，前列腺癌在美国癌症罹患率中仅次于肺癌，可见这个男人特有的器官如果没有保养好，可能会夺走大部分男人的健康及生活，尤其随着年龄的增加，前列腺癌的发生率也在直线上升。

前列腺癌饮食原则

1.饮食应涵盖六大类食物，每日至少5份蔬果。

2.以黄豆及其制品取代部分肉类。

3.秉持均衡饮食原则，并且多选用有益于前列腺功能的天然食物。

4.研究发现，平日摄取较多豌豆及大蒜的男性，较不易患前列腺癌。

5.多摄取富含硒的食物。不妨把它们列入平日饮食计划。

6.南瓜子油对于治疗前列腺疾病有益，且无副作用。

饮食停看听 可食与不可食

推荐饮食区

■ **南瓜子油：**是目前除了抗氧化剂之外，被视为保护男性前列腺的另一热门食品。它不但是维生素E及锌的最佳食物来源，同时也含有许多有益于人体的植物性化学物质，能帮助改善括约肌的功能、调节尿液的排泄，并增加膀胱肌肉的弹性。

■ **锌：**在男性的前列腺中含量极高，当出现慢性前列腺炎时，前列腺中的锌含量会明显降低，显示锌对前列腺有积极的保护作用。

■ **富含番茄红素的食物：**如番茄及番茄制品、红色西瓜、葡萄柚、木瓜、葡萄、樱桃、红甜椒、番石榴等。

■ **富含硒的食物：**如啤酒酵母、大蒜、洋葱、金枪鱼、鲱鱼、西蓝花、小麦胚芽、全谷物、芝麻、红葡萄、蛋黄、香菇等。

禁忌饮食区

1.减少精制糖类，这些食物过量摄取时，与前列腺癌的产生有关联性，如中西式糕饼类食物。

2.节制摄取动物性脂肪含量高的红肉和高油饮食，否则会提高前列腺癌的发生概率。

3.摄取过量的酒精、咖啡及浓茶，与前列腺癌的产生也有关联，故应避免。

健康饮食有一套

乳腺癌 咖喱西蓝花

材 料 西蓝花200克，土豆100克

调味料 橄榄油2大匙，咖喱粉4大匙，盐1小匙，糖1大匙

做 法

1. 西蓝花洗净，去老皮，切小朵，放入滚水中汆烫；土豆去皮，洗净切块备用。
2. 橄榄油烧热，放入土豆炒熟，加入适量清水、咖喱粉炒匀，加入西蓝花拌匀，加盐、糖调味即可。

对症功效

西蓝花含有许多抗癌的物质，可减少与雌激素相关的乳腺癌及子宫癌的发生。西蓝花中的防癌物质，主要通过抑制癌细胞的分裂与生长，并且促进可以杀死癌细胞的蛋白质的分泌，进一步抑制癌细胞。

营养分析

糖类	26.5克	脂肪	0.9克
蛋白质	12.3克	热量	163.3千卡

肝癌 藕汁炖鸡蛋

材 料 藕汁30毫升，鸡蛋1个，冰糖少许

做 法

鸡蛋打入碗中，搅散，加入藕汁拌匀，视个人口感加入少许冰糖稍蒸熟即可。

对症功效

藕汁有凉血止血、止痛散瘀、解毒护肝的功效。肝癌患者容易因为食欲不振造成营养不良，藕汁有促进食欲的功效。肝癌患者需要优质蛋白质，因此鸡蛋是最佳的选择。肝癌患者需要高热量的饮食，可利用冰糖增加摄取量。

营养分析

糖类	1.5克	脂肪	3.7克
蛋白质	3.5克	热量	53.3千卡

健康饮食有一套

大肠癌 净肠牛蒡

材　料 牛蒡100克，黑芝麻1大匙，油适量

调味料 盐适量

做　法

1. 牛蒡削皮，洗净后切丝，泡盐水。
2. 油锅烧热，放入牛蒡炒熟，加入盐调味，再加水焖煮，起锅后撒上芝麻即可。

对症功效

牛蒡含有丰富的牛蒡酸、牛蒡酚、菊糖、棕榈酸、膳食纤维等多种物质，可帮助排除宿便，避免毒素累积。牛蒡是维护人体健康的温和植物，无毒、无副作用，对肠道菌群平衡有一定功效。《中药大辞典》记载，牛蒡有促进生长、抑制肿瘤和抗菌的作用。

营养分析

糖类	21.8克	脂肪	10.7克
蛋白质	2.5克	热量	193.5千卡

前列腺癌 番茄炒蛋

材　料 红番茄（大）约200克，鸡蛋2个，油适量

调味料 盐适量

做　法

1. 番茄洗净，切块；鸡蛋打入碗中，搅散备用。
2. 油锅烧热，放入鸡蛋炒散，加入番茄拌炒，最后放入盐调味即可盛出。

对症功效

番茄所含的番茄红素是一种抗氧化剂，有助预防细胞受损，抑制前列腺癌细胞增生。番茄越红，所含的番茄红素越多，而番茄红素经过加热、加油烹调之后，人体吸收率更好，因番茄红素在食物中相当稳定，不会因为烹调而流失。

营养分析

糖类	14克	脂肪	17.8克
蛋白质	8.8克	热量	251.4千卡

肾脏病

疾病放大镜

肾脏是体内废物及水分排出体外最重要的器官，肾脏发生疾病时，不但可能使身体产生的废物排不出去，也可能使一些体内必需的重要物质无法过滤，而被排出体外。

慢性肾脏疾病主要包括肾炎、**慢性肾衰竭及肾病症候群**等。肾炎病因有可能是肾小管受细菌感染，一般认为与链球菌感染有关。另外，体内免疫系统失调、高血压、糖尿病、红斑狼疮都有可能引起肾炎。肾炎可分为急性和慢性两种，急性肾炎会有血尿、少尿、水肿、血压高、厌食等症状，如没有及时治疗，可能造成肾衰竭或成为慢性肾炎。肾衰竭或尿毒症的患者通常是因罹患糖尿病慢性并发症、高血压、药物滥用等引发，最后导致肾衰竭的憾事。

肾脏病的症状：肾脏病常见的症状就是水肿。当有眼皮、脸部及下肢水肿等症状时，就很可能罹患了肾脏病。肾脏病在早期症状并不明显，可能有食欲不振、倦怠失眠、头晕目眩及轻微水肿等，但不容易由这些症状来判断肾脏病。肾脏病的症状还包括有泡沫蛋白尿、高血压、高脂血症、贫血等，而以上这些病症，又会持续破坏肾功能。

肾脏病饮食原则

肾脏病患者除了需要药物治疗外，饮食控制也占有相当重要的位置，饮食如果没有控制好，很容易转变为肾衰竭。肾脏病的饮食原则应掌握“五少”，就是“少盐、少钾、少钠、少蛋白、少饱食”。肾炎、肾衰竭者使用食盐时要特别注意，如果使用以钾取代钠的低钠盐会造成电解质失调，而全身无力。果汁、茶、咖啡、运动饮料也含钾，须特别注意。另外，每天最好不要摄取超过4种含钾量高的蔬菜和水果。

1.限制蛋白质食物：选择优质蛋白质食物，如牛奶、鸡蛋、瘦肉、鱼等。

2.采取低盐饮食：有水肿和高血压的病人应采用低盐饮食，腌渍物、泡菜、咸蛋等都应避免。

3.限制含钾量高的食物：含钾高的蔬菜及水果有黄豆芽、韭菜、青蒜、西芹、菠菜等。蔬菜宜切小片以热水汆烫后捞起，再以油炒或凉拌，这样可减少钾的摄取量。食物煮熟后，钾会流失于汤汁中，故勿食用汤汁。

4.限制含磷高的食物：肾脏病会造成过多的磷堆积，从而引起骨骼病变，因此饮食中要限制磷的摄取。通常蛋白质含量高的食物，含磷量也会较高，例如肉类、豆类、动物内脏等。花生、瓜子、莲子等，不仅含磷量高，含钾量也高，都要避免食用。

5.限制水分的摄取：液体摄取量应根据每天的尿量多少来控制，一般的补充方法是以前一日排出尿量，再多加

500毫升。平日如果口渴难耐，可以含小冰块、柠檬片、薄荷糖或嚼口香糖，促进唾液分泌，以消除口渴感。

6.控制血糖： 目前糖尿病肾病患者日渐增多，必须有效控制血糖，才能抑制肾脏病的恶化。平日宜养成定食定量的饮食习惯，少吃精致食物，如糖果、蛋黄酥、梨、汽水、罐装果汁，嗜食甜食者，可选用代糖。

7.供给适量热能和脂肪： 每天，每千克体重至少要供给35千卡的热量，才能使吃入的蛋白质有效利用，且热量的主要来源为淀粉和脂肪，油脂类应以多不饱和脂肪酸的植物油为主。若患者食欲不佳，可将玉米粉、甘薯粉、西米、粉圆等当点心。

8.供给充足的维生素： 由于限制含钾较高的食物，相对地蔬菜和水果的摄取量就要减少，因而使维生素的摄入量降低，容易造成维生素缺乏，可以通过维生素补充剂来弥补不足。

饮食停看听 可食与不可食

推荐饮食区

1.蔬菜： 大白菜、圆白菜、苦瓜等。

2.水果： 苹果、葡萄柚、梨等。

3.主食： 米、面、玉米等。

4.肉类： 鸭、牡蛎等。

禁忌饮食区

红豆、绿豆、肥肉、鸡皮、蛋黄、动物内脏、果汁、运动饮料、水果干、蔬菜汤、茶、咖啡等。

容易造成肾衰竭的病症

◆肾小球肾炎： 患者会有持续的蛋白尿、血尿，肾小球滤过率下降等现象，早期若能调整饮食中的蛋白质和磷的摄取，可避免发展成尿毒症。

◆糖尿病： 每3个糖尿病病人中就有1个会产生尿毒症，因此糖尿病是肾衰竭的主要原因之一。

◆高血压： 高血压会导致肾脏供血不足，而使肾功能下降，因此除了按时量血压外，更应定时监测肾功能。

◆肾结石： 有些肾结石会堵住肾脏通路，常常因为初期没有疼痛的症状而延误了治疗时机，到就诊时已变成肾衰竭。

不可不知 高钾食物表

肾脏病会使肾脏排泄钾的能力降低，所以血钾偏高的机会较一般病人高，因此选择食物时，应避免选择高钾食品。

食物类别	食物名
五谷根茎	莲子、红豆、绿豆
奶类	牛奶、奶粉及奶制品
肉类	牛肝、猪腰、猪肝、牛肉、猪肉、中式火腿、肉松、肉汁、鸡精、牛肉精
海产类	白鲳、鳕鱼、乌鱼、龙虾、金枪鱼、鲨鱼、河鳗、生鱼片
豆类	毛豆、黄豆
蔬菜类	竹笋、苋菜、西蓝花、菠菜、空心菜
水果类	香瓜、哈密瓜、桃子、木瓜、番石榴、香蕉、各种果汁、各种水果干
坚果类	花生、芝麻、胡桃、瓜子
其他	巧克力、酱油、新鲜酵母、运动饮料、咖啡、茶、浓肉汤、人参精、梅子汁、番茄酱等

健康饮食有一套

黑豆汤

材　料 黑豆50克，花生30克

调味料 红糖适量

做　法

1. 前一夜先将花生泡水备用。
2. 深锅中放入黑豆及花生，加入适量清水煮至豆类熟软，可视个人口味添加红糖调味。

对症功效

肾脏病要限制蛋白质的摄取，动物性食品（指鱼、肉、蛋、奶类）内含动物性脂肪，摄取过量除影响血脂外，还可增加肾脏的负荷，因此属于植物性蛋白的黑豆就是不错的选择，而黑豆也有补肾明目、解毒活血的功效。

营养分析

糖类	25.62克	脂肪	19.6克
蛋白质	26.07克	热量	383.16千卡

低蛋白藕饴

材　料 藕粉100克，面粉100克，熟淀粉10克，冷水150克

调味料 白砂糖50克

做　法

1. 藕粉、面粉及糖放入碗中，加入冷水混合均匀，放入小锅中边搅拌边以小火加热，快速拌至半透明糊状，熄火。
2. 将做法1倒入铁盘中，以蒸锅蒸熟，取出，切成易入口的大小，沾上炒熟的淀粉即可食用。

对症功效

肾脏若有病变，则摄取蛋白质所产生的含氮废物无法排出，就会堆积在血中，从而引起尿毒症。因此，肾脏病人的当务之急就是减少含氮废物的产生。选择低蛋白饮食，才能减少含氮废物，属于低蛋白的澄粉、藕粉、粉丝等淀粉类食物是肾脏病人的最佳选择。

营养分析

糖类	83.6克	脂肪	0.1克
蛋白质	0.1克	热量	335.7千卡

感冒

疾病放大镜

感冒和流行性感冒有什么不同?

感冒传染途径通常为呼吸道，在咳嗽或打喷嚏时，通过飞沫来传染，但偶尔也会通过直接接触来传染。通常家中若有一人感冒，则其他人有可能被传染。部分抵抗力较弱的年长或年幼的患者，可能会并发气管炎、肺炎等，严重者可能危及生命。曾经罹患心肺疾病、糖尿病、中风、肺结核或重大伤病的高危险人群，一旦感染流行性感冒病毒，也很容易引发出严重的并发症。因此，在感冒流行前，应及时接种疫苗。

感冒主要可分为两种。

普通感冒： 普通感冒通常从鼻塞开始，喉咙痛的情况并不严重，通常不会发烧，一周内可以痊愈。

流行性感冒（流感）： 流感是一种由滤过性病毒所造成的疾病，症状比一般感冒严重很多，包括发烧、头痛、流鼻涕、喉咙痛、咳嗽、全身酸痛、容易疲倦等。每年春季是流感的高峰期，流感只要患过1次，即具有免疫能力，不过只限于此种病毒，若病毒发生变种，则易再度被传染。

解决感冒的方法

✓这是对的： 对于普通感冒和流感并没有特效药，尤其流感病毒有许多种类型，大约每隔数年就会有新的病毒出现，因此只能通过药物缓解症状。一般给予镇痛剂、止咳化痰药物，再多补充水分、维生素，保证足够的睡眠及均衡的营养，患者很快就会病愈。

X这是错的： 自行到药房购买抗病毒药物治疗，这是不正确的做法。当有流鼻涕、咳嗽等类似感冒症状的时候，并不一定是病毒感染所造成的感冒，有可能是肺炎、过敏性鼻炎、气喘等疾病，也有可能是其他并发症，例如中耳炎、鼻窦炎、肺炎等，忽略了这些并发症的严重性，而随意买抗病毒药来吃，可能会延误治疗的时机。

感冒饮食原则

感冒时的饮食宜清淡，并且多喝水。多吃蔬果可以补充维生素C及其他维生素。如果果汁或水果太过冰冷，可能会造成支气管收缩，使咳嗽加剧，不适合感冒期间食用。感冒时肠胃通常较弱，热粥容易被消化吸收且有护胃功能，可以帮助排汗，也是很好的感冒食疗。

1.选择容易消化的流质食物，例如菜汤、稀粥、蛋汤等。

2.烹调以清淡、爽口为宜，尽量减少油、盐的使用，这样才能减少肠胃负担。

3.每餐不宜吃太多，食欲较佳时可将流质食物改为半流质，如肉泥粥、肉松粥、蛋花粥等。

4.除了多喝开水外，也可以多喝富含维生素C的稀释果汁，例如猕猴桃汁、橙汁等。

5.多吃增强免疫力的蔬果，如菠菜、胡萝卜、番茄、葡萄、草莓等。

6.如有腹泻症状，不宜摄取乳制品。

7.老年人如果每天吃200国际单位（IU）的维生素E，可以预防流感，尤其是上呼吸道的感染。

8.多摄取富含维生素C及锌的食物，对于增强抵抗力会有加乘效果。

舒缓感冒不适小妙招

感冒咳嗽时，可在睡觉时把头垫高，或者拍背，使痰液容易咳出，并随时喝温水会比较舒服。如果已经喉咙痛，则应少说话，并经常饮用温盐水、柠檬水。鼻塞者可用生理盐水湿润鼻腔和口腔，流鼻涕者则应注意是否为过敏所造成，并立即治疗。不要一直误吃成药，也不要过度擤鼻涕。发烧者应注意体温的变化，洗澡时不要用太热的水，可用冷毛巾擦拭身体。

饮食停看听 可食与不可食

推荐饮食区

1.蔬菜：多摄取富含胡萝卜素的食物，可以保护呼吸道，例如胡萝卜、南瓜。

2.水果：多摄取富含维生素C的水果，可增强免疫力，例如番石榴、橙子等。

3.主食：以容易吸收的热粥为主，肠胃如果没有不适，可煮甘薯粥食用。

4.肉类：可选择低脂且容易吸收的的肉类，如瘦肉、去皮鸡肉等。

禁忌饮食区

禁食油炸食物、辛辣食物、蛋糕、肥肉、汽水、腌制品、全脂牛奶等食物，高油、高脂肪、冰冷的食物也应避免。

不可不知 食物属性分类表

感冒咳嗽时，不适宜吃橘子。喉咙痛时，则不可吃温热的蔬果。感冒流鼻涕时，不适合吃太过寒凉的蔬果。

食物属性	动物性食物	植物性食物
温热	羊肉、鸡肉、牛肉、火腿、虾、鳝鱼、海参	蔬菜：葱、韭菜、生姜、洋葱、大蒜 水果：桂圆、荔枝、樱桃、榴莲 香辛料：肉桂、茴香、八角
寒凉	鸭肉、蛋白、蟹、蛤、蚌	蔬菜：番茄、竹笋、冬瓜、黄瓜、丝瓜、苦瓜、西芹、大白菜、菠菜、空心菜、黄花菜、茄子、莲藕、茭白、马蹄、白萝卜 水果：香瓜、西瓜、葡萄柚、橘子、橙子、枇杷、猕猴桃、杨桃、柚子
平和	鹅肉、牛奶、鲤鱼	蔬菜：甘蓝、洋菇、土豆、豌豆 水果：苹果、葡萄、菠萝、木瓜

健康饮食有一套

芦笋百合

材　料 芦笋400克，鲜百合1头，素火腿50克，红椒60克，油适量

调味料 盐适量

做　法

1. 芦笋洗净，汆烫后切段；百合洗净，切片后汆烫，捞出备用。
2. 素火腿切丝；红椒洗净，去籽后切丝。
3. 油锅烧热，放入素火腿略炒，加入其他材料及调味料炒匀即可。

对症功效

百合有润肺止咳、解热补虚、清心安神、滋补安眠等功效。芦笋含有维生素B_1、维生素B_2、维生素E、胡萝卜素，有润肺清热的功效。芦笋含有高量的叶酸，对于细胞的修复、细胞的再生都有不错的功效。红椒富含维生素C和胡萝卜素，可以增强免疫力，缩短感冒病程。

营养分析

糖类	6.4克	脂肪	4.9克
蛋白质	2.4克	热量	79.3千卡

皮蛋香菇粥

材　料 米饭1/2碗，胡萝卜25克，圆白菜100克，香菇5朵，皮蛋1个

调味料 盐适量

做　法

1. 香菇泡软，切丝；圆白菜洗净，切碎；皮蛋切瓣备用。
2. 胡萝卜去皮，洗净切丝，放入适量滚水中煮软，再依序放入香菇、圆白菜、米饭、皮蛋，煮至米饭成糜状，加入盐调味即可盛出。

对症功效

免疫力是身体对抗外来病菌的第一道防线，免疫力弱就容易患许多感染性疾病。免疫力提升的首要物质就是蛋白质，而皮蛋就是很好的蛋白质来源。香菇含有多糖体，为一种大分子活性物质，能增强免疫力，预防再次感冒。

营养分析

糖类	35克	脂肪	5克
蛋白质	11克	热量	229千卡

疾病放大镜

痛风

20余岁的年轻患病者人数急骤上升

痛风是由于体内嘌呤代谢出现问题，以致尿酸生成过多所产生的疾病。体内产生的尿酸过高，未能完全排出时，就会有过多的尿酸盐沉积于血液和组织中，尤其是关节处。侵袭部位以足部的大趾关节最多，其次为踝关节、足背、膝关节，甚至全身各处关节。男性每100毫升血液中的尿酸值在7毫克以上、女性在6毫克以上时，便称为高尿酸血症。

痛风的临床症状分为四个阶段

1.无症状的高尿酸血症：患者没有关节炎或肾结石的症状，只是血液中的尿酸值较高。

2.急性痛风：有九成的病人有关节肿痛的症状，约50%疼痛部位出现在大脚趾，其次为足背、脚踝、手腕等关节。

3.不发作期：痛风不再复发并非代表痊愈，此时期为二次痛风发作期间之无症状期，再复发的疼痛部位会变为多关节，多半更严重，时间也较长。

4.慢性痛风性关节炎：常发生于20～30岁患有高尿酸血症的年轻人，关节已被严重破坏且变形，并且有长期慢性疼痛的问题。

痛风的饮食原则

痛风除了关节疼痛外，还可能导致肾结石、痛风性肾病等。由于产生的嘌呤部分来自于食物，因此除了通过药物来帮助尿酸的排泄或抑制尿酸的形成外，还要配合低嘌呤的饮食。

1.控制体重，避免过重。

2.避免暴饮暴食。

3.避免摄取嘌呤较高的食物，包括内脏、肉汁。

4.蛋白质来源要以嘌呤含量较少的牛奶为主。

5.缺乏维生素E，会使尿酸增加，因此要适时补充。

6.多吃碱性食物，尤其是蔬菜汁、无盐番茄汁。

7.补充大量水分，可帮助尿酸排出体外，也可避免痛风引起的肾结石。

8.避免饮酒和食用鸡精。

9.非急性发病期间仍应注意饮食的均衡。

饮食停看听 可食与不可食

推荐饮食区

1.蔬菜：可多吃利尿的蔬菜，包括冬瓜、苦瓜等。

2.水果：可选择利尿的水果或果汁，包括西瓜、番茄汁等。

3.主食：不一定要吃米饭，可把薏米、绿豆、甘薯、芋头当作主食。

4.肉类：可吃去皮鸡肉、秋刀鱼、海参、海蜇皮、旗鱼、黑鲳鱼等。

禁忌饮食区

禁吃鸡肝、鸡肠、鸭肝、猪肝、猪小肠、猪脾、牛肝、鱿鱼、草虾、牡蛎、蛤蜊、干贝、小鱼干、卤肉汁、火锅汤、菇类等食物。

高嘌呤食物

由于高嘌呤食物是造成痛风主因，因此想要控制痛风不再发作，患者在急性发作期，禁食高嘌呤食物，平日则可适量吃低、中嘌呤食物。

痛风小常识

★痛风最常发作的时间？

痛风常在病人饮酒后发作，尤其是冬季酒足饭饱之后。最主要的原因是酒精经人体代谢后会产生乳酸，而乳酸会抑制尿酸排泄，以致造成尿酸堆积。因此，痛风病人要严格限制含酒精类的食物。

★痛风可以完全治愈吗？

目前痛风无法根治，虽然可以减少发作时的疼痛，也能预防它再度发生，但是致病的根本原因却不会消失。有些患者忽视痛风的存在，则会造成关节变形，甚至压迫神经造成麻痹，万一破裂容易细菌感染，甚至还需截肢。

含嘌呤食物选择参考表

第一组低嘌呤食物	第二组中嘌呤食物	第三组高嘌呤食物
0～25毫克嘌呤 / 100克	25～150毫克嘌呤 / 100克	150～1000毫克嘌呤 / 100克
奶类及其制品：各种乳类及乳制品	奶类及其制品：无	奶类及其制品：无
肉、蛋类：鸡蛋、鸭蛋、皮蛋、猪血	肉、蛋类：鸡胸肉、鸡腿肉、鸡心、鸡肫、鸭肠、猪肚、猪心、猪腰、猪肺、猪脑、猪皮、猪肉（瘦）、牛肉、羊肉、兔肉	肉、蛋类：鸡肝、鸡肠、鸭肝、猪肝、猪小肠、猪脾、牛肝
鱼类及其制品：海参、海蜇皮	鱼类及其制品：旗鱼、黑鲳鱼、草鱼、鲤鱼、秋刀鱼、鳝鱼、鳗鱼、墨鱼、虾、螃蟹、蚬子、鱼丸、鲍鱼、鱼翅、鲨鱼皮	鱼类及其制品：白鲳鱼、鲢鱼、虱目鱼、罗非鱼、带鱼、鳗仔鱼、鲨鱼、海鳗、沙丁鱼、鱿鱼、草虾、牡蛎、蛤蜊、蚌、干贝、小鱼干、白带鱼皮
五谷根茎类：糙米、白米、糯米、米粉、藕粉、小麦、燕麦、麦片、面粉、面条、通心粉、玉米、小米、高粱、土豆、甘薯	五谷根茎类：无	五谷根茎类：无
豆类及其制品：无	豆类及其制品：豆腐、豆干、豆浆、味噌、绿豆、红豆、花豆、黑豆	豆类及其制品：黄豆、发芽豆类
蔬菜类：大白菜、菠菜、芥菜、空心菜、苋菜、芥蓝菜、圆白菜、西芹、雪里蕻、西蓝花、韭菜花、西葫芦、苦瓜、黄瓜、冬瓜、丝瓜、茄子、青椒、萝卜、洋葱、番茄、木耳、豆芽、榨菜、香菜、葱、姜、蒜头、辣椒	蔬菜类：小油菜、茼蒿、四季豆、豇豆、豌豆、洋菇、平菇、海藻、海带、笋干、黄花菜、银耳、蒜、罗勒	蔬菜类：豆苗、黄豆芽、芦笋、紫菜、香菇
水果类：橘子、橙子、柠檬、莲雾、葡萄、苹果、梨、杨桃、芒果、木瓜、枇杷、菠萝、番石榴、桃子、李子、西瓜、哈密瓜、香蕉、红枣、黑枣	水果类：无	水果类：无

丝瓜茶汤

材 料 丝瓜150克，绿茶茶叶20克，葱1根

调味料 盐适量

做 法

1. 丝瓜去皮，切成1厘米厚的薄片；葱洗净，切段备用。
2. 锅中放入适量水，先放入丝瓜、葱及盐，待丝瓜煮软后，放入绿茶茶叶浸泡入味即可。

对症功效

痛风是由于体内尿酸生成过多，或尿酸排泄受阻，以致有过多的尿酸盐沉积于血液和组织中，从而引起肿痛的病症，因此需要选择加速尿酸排泄或抑制尿酸的食物，而低嘌呤和利尿的丝瓜、茶叶都有加速排出尿酸、避免尿酸形成的功效。

营养分析

糖类	6.8克	脂肪	0.4克
蛋白质	2克	热量	38.8千卡

鲜绿拼盘

材 料 生菜50克，小黄瓜50克，番茄100克，玉米粒20克

调味料 橄榄油1大匙，苹果醋1大匙

做 法

1. 生菜叶洗净沥干，用手撕成碎片；小黄瓜、番茄洗净后切丁。
2. 调味料放入小碗中调匀，即为酱料。
3. 所有材料放入大碗中，加入酱料拌匀即可。

对症功效

喜吃肉类者的尿液通常呈酸性，比较容易诱发痛风。吃素者的尿液呈中性或弱碱性的概率较高，比较能抑制痛风。生菜、小黄瓜、番茄、苹果醋皆为碱性食物，有助于尿酸的排出和抑制痛风产生。

营养分析

糖类	8.2克	脂肪	16.8克
蛋白质	1.6克	热量	190.4千卡

附录

菜肴和热量一览表

	菜肴名称	功效	每份热量（千卡）	页码
0～49.9千卡	抹茶冻	糖尿病患者适用	6.48	P246
	冰糖橘茶	美容抗老 · 润喉止咳	35	P221
	凉拌菜花	清理肠道	28.9	P128
	甜椒拌双茄	清热解毒 · 促进新陈代谢	35.3	P119
	丝瓜茶汤	痛风患者适用	38.8	P273
	醋味葱段	祛风散寒 · 促进血液循环	40	P147
	苋菜豆腐羹	清热镇静 · 提振精神	43.2	P064
50～99.9千卡	蒜香五色蔬	促进肠道蠕动 · 预防便秘	51	P101
	清炒红凤菜	补铁养身 · 促进子宫收缩	51.8	P071
	藕汁炖鸡蛋	肝癌患者适用	53.3	P263
	西瓜芦荟汁	补水嫩白 · 清肠胃	54	P135
	芥末西芹	清肠 · 通便	55	P077
	瓜丝拌海蜇皮	清热解毒 · 利尿消肿	60	P205
	樱桃虾仁沙拉	降低血胆固醇 · 促进排毒 · 改善失眠	60.8	P201
	盐焗香橘	止咳化痰 · 降低胆固醇	62	P221
	西芹烩香菇	高血压患者适用	62.74	P249
	明日叶沙拉	养颜美容 · 缓解疲劳	63	P073
	活力蔬果汁	提神醒脑 · 强心明目	64	P079
	凉拌黑木耳	心脏病患者适用	64.05	P258
	清炒三蔬	健胃助消化	68.9	P082
	圆白菜炒香菇	增强免疫力 · 控制血脂	69.1	P082
	草莓虾卷	降低血压 · 美白肌肤	70.1	P196
	排毒蔬菜汤	促进肠胃蠕动 · 体内排毒	78	P029
	排毒果菜汁	促进肠胃蠕动 · 体内排毒	79	P029
	蜂蜜柠檬汁	缓解疲劳 · 淡化斑点	79.3	P215
	芦笋百合	感冒患者适用	79.3	P270
	凉拌黄秋葵	糖尿病患者适用	80	P246
	开胃牛蒡丝	平衡新陈代谢 · 排毒瘦腿	80	P099
	雪梨炖天山雪莲	保护嗓子 · 缓解疲劳	80.3	P209
	山芹菜烘蛋	润肺止咳 · 减轻疲劳 · 恢复体力	81.3	P172
	拌什锦鱿鱼	增进食欲 · 促进循环	84.6	P181
	苹果醋西瓜汁	利尿消肿 · 美白肌肤 · 润肠通便	86	P205
	彩椒拌芦笋	增强免疫力 · 养颜美容	86.2	P097
	土豆炒魔芋	高血压患者适用	88	P249
	蒜香甘薯叶	保护眼睛 · 预防便秘	88.7	P067
	双笋炒香菇	增强免疫力 · 润肺止咳	89.7	P130
	丝瓜煮蛤蜊	清热祛湿 · 增强体力	90	P107
	酸辣鱿鱼丝	维护眼睛健康 · 降低血胆固醇	91	P181
	五彩双菇	滋养皮肤 · 增强免疫力	94.7	P131
	蛤蜊豆花羹	降低血脂 · 帮助消化 · 减轻脂肪肝	99.2	P174
	白玉豆腐	养颜保湿 · 促进肌肤细嫩	99.3	P174
100～149.9千卡	青苹炒鸡丁	改善便秘 · 增进肌肤水嫩	100	P114
	洋葱泡菜	抗菌 · 预防便秘 · 增强代谢功能	100	P087
	凉拌秋葵	保护肠胃 · 养颜美容	101.3	P123
	莲藕核桃甜品	止咳化痰 · 增强免疫力	102.5	P162
	拔丝甘薯	清除宿便 · 促进肠胃蠕动	102.6	P085
	葡萄柚果冻	降低血压 · 增加饱腹感	103.2	P211
	蛤蜊蒸蛋	增强免疫力 · 缓解疲劳	103.9	P172

续表

	菜肴名称	功效	每份热量（千卡）	页码
100～149.9千卡	蒜味甜椒	促进血液循环，增强活力	104	P115
	韭菜拌核桃	预防血管栓塞 · 预防皮肤干裂	104.6	P163
	椰香西蓝花	明目 · 保护心血管	105.7	P128
	木瓜牛奶	淡化斑点 · 养颜美容	107.4	P203
	圆白菜苹果汁	整肠健胃 · 嫩白肌肤	109.8	P081
	蚝油生菜	预防癌症 · 降低血脂	110	P079
	雪白红凤菜	保护眼睛 · 使脸色红润	111.9	P071
	凉拌金银丝	益气润肠 · 开胃健脾	112.5	P147
	脆炒明日叶	保护眼睛 · 帮助排便	114	P073
	辣味海参	降低血脂 · 预防动脉硬化	115.9	P179
	葡萄橙香汁	保护细胞 · 对抗老化	117.2	P227
	草莓清饮	淡化斑点 · 体内环保	117.5	P196
	银杏烩海参	改善血液循环 · 预防血栓 · 增强记忆	117.6	P179
	橙香鸡	淡化黑斑．美容抗老	117.9	P217
	凤梨胡萝卜汁	恢复肌肤细致 · 晶莹水嫩	118	P219
	双菇拌鸡肉	增强免疫力 · 改善便秘	119.9	P130
	牡蛎味噌锅	延缓细胞老化	120.1	P177
	百合南瓜盅	明目养颜 · 增强免疫力	120.3	P112
	苹果醋冰蜜茶	美白抗老 · 预防便秘	120.9	P199
	美白冰橙汁	美白肌肤 · 促进肠胃蠕动 · 降低血脂	124.9	P217
	糖醋圆白菜	养颜美容 · 养生抗老	128.2	P081
	香菇蛤蜊鸡汤	增强免疫力 · 缓解疲劳	129.1	P131
	双色甘薯汤	防癌抗老 · 养颜美容	130.4	P085
	豆腐鳕鱼锅	降低胆固醇	132.6	P185
	苦瓜炒鸡丁	促进食欲 · 排除体内毒素	135.5	P191
	小黄瓜菠萝虾仁	消炎止肿 · 淡化斑点	135.7	P109
	青椒炒蛋	保护眼睛 · 帮助肠胃蠕动	136.8	P171
	葡萄酸奶	润肠排毒 · 恢复肌肤嫩白	136.9	P227
	番茄鸡片	刺激食欲 · 增强体力	138.7	P192
	甘薯叶味噌汤	预防癌症 · 强健骨骼	140.7	P067
	保肝海鲜锅	肝病患者适用	140.75	P255
	凉拌茄子	防止老化 · 保护血管	142.9	P119
	大黄瓜酿干贝	柔润肌肤 · 增强体力	143.2	P109
	柚香冰红茶	清热止渴 · 美容养颜	143.2	P211
	豌豆炒鱿鱼	缓解疲劳 · 预防慢性病	144	P121
	豌豆鸡柳	驻颜美容 · 改善黑斑 · 乌发	144	P121
	姜丝银鱼苋菜	补血 · 促进骨骼发育	144	P145
	番茄菠萝汁	抗氧化 · 缓解疲劳	146	P117
	咖喱鸡球	预防阿尔茨海默病 · 增强免疫力	146.4	P191
	莲子元肉茶	滋润养颜 · 补血健脑	146.9	P223
	核桃拌香蕉	促进毒素排出 · 延缓老化	148.2	P213
150～199.9千卡	养生炒紫玉	帮助消化 · 提振精神	150	P115
	炸牛蒡	利尿消炎 · 缓解便秘	150	P099
	梅香南瓜片	保护视力 · 保护心脏	151.2	P111
	芒果橙汁	止咳化痰 · 预防感冒	151.8	P207
	猕猴桃山药	维护心血管系统健康	153.7	P225
	酸奶双梨汁	清热降火 · 维持代谢功能	154	P209
	脆皮苦瓜	消炎退火 · 改善便秘	155.4	P103
	辣拌鱼丝	降低胆固醇 · 预防动脉硬化	155.5	P183
	蓝莓烤鲑鱼	保护眼睛健康 · 促进脑部发育	155.9	P229
	白豆炒双菇	皮肤健康光滑 · 促进肠道蠕动	157	P140
	杏仁虾球	降低胆固醇 · 增强体力	160.3	P168

续表

	菜肴名称	功效	每份热量（千卡）	页码
150～199.9千卡	香煎柠檬鸡	去暑降脂·帮助消化	161	P192
	消肿冬瓜茯苓汤	排出水分·强健肌肉	162	P105
	香蕉牛奶	调节血压·补充体力	162.6	P213
	咖喱西蓝花	乳腺癌患者适用	163.3	P263
	苦瓜苹果汁	清热降火·促进血液循环	163.3	P103
	龙眼蛋汤	滋润养颜·增强体力	166.8	P223
	芦荟三圆露	补充活力·健胃通便	168	P135
	醋拌莲藕	舒压降火·增进食欲	169.2	P095
	芦笋番茄牛奶	养生补钙·抗老化	169.3	P097
	养生山药面	帮助消化·促进新陈代谢	170	P140
	凉拌青木瓜	养颜美容·改善肌肤暗沉	170.5	P203
	清煮南瓜	控制血糖·预防便秘	172	P112
	苹果燕麦甜汤	降低胆固醇·美白肌肤	172.9	P199
	脆嫩萝卜丝	安抚神经．降低胆固醇	173	P101
	土豆玉米沙拉	增强血管弹性·降低血脂·预防便秘	173.4	P089
	华尔道夫沙拉	预防动脉硬化·润肠通便	178.2	P162
	樱桃小排	养颜美容·淡化斑点	179.5	P201
	香苹芒果冰沙	美容抗老·延缓衰老	179.8	P207
	卤牛腱	维护精子品质·恢复活力	183.1	P189
	木须豆腐	预防便秘·降低胆固醇	183.4	P175
	丝瓜面条	清热解毒·利尿消肿	184.2	P107
	梅子蒸鳕鱼	祛痰解热·缓解疲劳	185.3	P185
	鲜绿拼盘	痛风患者适用	190.4	P273
	咖喱翠笋山药	健胃整肠·促进食欲	193	P093
	净肠牛蒡	大肠癌患者适用	193.5	P264
	甜蛋卷	增强记忆·促进脑部发育	195.4	P171
	香甜燕麦浆	润肠止汗·强身健体	198	P155
200～249.9千卡	辣子鸡丁	瘦身·排毒	200	P143
	草莓酸奶	预防皮肤粗糙	201	P197
	草莓杏仁冻	使脸色红润有光泽	201.3	P167
	豆腐蒸鲑鱼	降低胆固醇·活化脑细胞	202	P175
	黄金白玉	利尿消肿·养颜美容	203	P105
	大蒜鸡汤	高脂血症患者适用	204.6	P252
	凉拌韭菜	清脂排毒·美颜享瘦	205	P075
	猕猴桃橙汁	养颜美容·帮助消化	209.9	P225
	苋菜炒金银蛋	预防皮肤干裂·维护眼睛健康	212	P064
	滑蛋洋葱	美化肌肤．缓解疲劳	215	P087
	芋头粥	补充体力·促进肠胃蠕动	215.5	P091
	银鱼苋菜羹	强健骨骼·预防便秘	215.8	P065
	苋菜炒羊肉	补血养气·补肾壮阳	216.2	P065
	柠檬甜椒肉片	缓解疲劳·养颜美容	218.4	P215
	全麦红枣饭	补脾益肾·养生抗老	220	P155
	银纸烤鲑鱼	增强体力·保健抗老	222	P187
	皮蛋香菇粥	感冒患者适用	229	P270
	蓝莓烩翅	促进血液循环·润滑肠胃	239.4	P229
	猪肝补血粥	补肝·明目养血·利水通便	242.5	P159
	银耳烩山苏	利尿消水·滋阴养胃	245	P137
	莲藕麦片粥	增加活力·养颜美容	245.4	P095
	法式酿番茄	美容养颜·吃出好气色	248	P089

续表

	菜肴名称	功效	每份热量（千卡）	页码
250～299.9千卡	番茄炒蛋	前列腺癌患者适用	251.4	P264
	红豆西米露	利尿消肿 · 清热解毒	255	P157
	红酒鸡块	心脏病患者适用	255.15	P258
	红豆糙米饭	整肠利便 · 促进排尿	260	P157
	绿豆稀饭	消暑降火 · 利尿解毒	260	P160
	三菇拌凉面	防癌抗老 · 增强免疫力	276	P133
	黄金南瓜豆奶	养生美容 · 抗老化	279.2	P111
	双黄排骨汤	肝病患者适用	286.37	P255
	甘薯汤圆	补中益气 · 止泻去湿	287.4	P084
	芋泥薏米盅	明目养神 · 增强免疫力	287.9	P091
	杏仁浓汤	促进血液循环 · 强健骨骼	290.7	P167
	清炒西蓝花	促进食欲 · 美化肌肤	295	P127
	菠萝鲑鱼条	补充体力 · 帮助消化	295.2	P219
300～349.9千卡	红烧牛腩	淡化斑点 · 红润肌肤	301.6	P189
	薏米红枣粥	利水消肿 · 健脾补肺	306	P153
	糖冬瓜炖银耳	利水消肿 · 提升免疫力	316	P137
	低蛋白藕饴	肾脏病患者适用	335.7	P267
	排骨糙米粥	补充体力 · 强化骨骼健康	340	P151
	绿豆沙牛奶	止渴消暑 · 利尿润肤	340	P160
	牡蛎海鲜粥	调节肝脏机能 · 降低胆固醇	344	P177
	芹菜炒豆干	促进肠道蠕动 · 帮助消化	346	P077
	坚果果醋凉面	促进排便 · 降低血脂	348.4	P165
350～399.9千卡	黄花菜炒肉丝	使注意力集中. 预防动脉阻塞	355	P125
	山药薏米糊	健脾开胃 · 美颜护肤	357	P153
	甘薯麦米粥	促进肠胃蠕动 · 减少废物堆积	358.6	P084
	炒菠菜	养颜美肤 · 预防癌症	359	P069
	黑豆汤	肾脏病患者适用	383.16	P267
	番茄丁鳕鱼	高脂血症患者适用	389.8	P252
400～499.9千卡	香菇糙米饭	促进肠胃蠕动 · 增加活力	413	P151
	松仁枸杞炒饭	降低胆固醇 · 补充铁	416.7	P165
	猪肝炒菠菜	增强体力 · 预防贫血	422	P069
	绿豆薏米炒饭	清热除湿 · 利水消肿 · 美容养颜	440	P159
	香菜皮蛋肉片汤	缓解胀气 · 健胃开脾	443	P148
	炸鲑鱼球	增强血管弹性 · 预防骨质疏松	446.8	P187
	紫薯甜汤圆	解毒利尿 · 健肾补血	488	P145
	韭菜水饺	养颜滋补 · 佳蔬良药	454	P075
	黄花排骨汤	预防便秘 · 降低胆固醇	465	P125
	番茄猪肝汤	抗老补血 · 给你好气色	466	P117
	山药红枣排骨汤	养颜美容 · 养生益气	488	P093
500～599.9千卡	菜花煮鲜贝	明眼护心 · 帮助消化	509	P127
	甜椒肉末炒饭	保护视力 · 使皮肤白皙亮丽	525	P114
	三菇炒面	改善肠道功能 · 预防便秘	530	P133
	蒜头干贝田鸡汤	预防高血压	541	P142
600千卡～	培根炒秋葵	保护胃肠 · 排出毒素	630	P123
	金枪鱼通心面	预防眼睛病变	689.2	P183
	糖冬瓜炖银耳	利水消肿 · 提高免疫力	950	P137

饮食功效和营养素一览表

功效	营养素需求	适合食材	对症食谱	页码
增强免疫力	蛋白质	蛋豆鱼肉类	山药红枣排骨汤	P093
	免疫多糖体	香菇、金针菇、平菇、蟹味菇、洋菇	五彩双菇	P131
	维生素C	芒果、橙子、甜椒	皮蛋香菇粥	P270
	维生素A	南瓜、芒果、青椒、甜椒、芦笋	百合南瓜盅	P112
	牛磺酸	蛤蜊、牡蛎、鱿鱼、墨鱼等海鲜类	双笋炒香菇	P130
	B族维生素	全谷类、小麦胚芽、豆类、牛奶、肉类	芒果橙汁	P207
	大蒜素等含硫化合物	大蒜、洋葱、葱	芋泥薏米盅	P091
			咖喱鸡球	P191
			松仁枸杞炒饭	P165
			洋葱泡菜	P087
			香菇蛤蜊鸡汤	P131
			三菇拌凉面	P133
			圆白菜炒香菇	P082
			彩椒拌芦笋	P097
			蛤蜊蒸蛋	P172
			莲藕核桃甜品	P162
			醋味葱段	P147
			双菇拌鸡肉	P130
			糖冬瓜炖银耳	P137
			芦笋百合	P270
预防癌症（抗氧化）	含硒有机化合物	大蒜	大蒜鸡汤	P252
	维生素A	甘薯、南瓜、橘子、葡萄柚、芒果、甘薯叶、菠菜、西蓝花、番茄、枸杞子	甘薯叶味噌汤	P067
			全麦红枣饭	P155
	维生素C	猕猴桃、橘子、橙子、番茄、葡萄柚	炒菠菜	P069
	膳食纤维	蔬菜、水果、燕麦、黄豆、甘薯、南瓜	活力蔬果汁	P079
	异黄酮	黄豆、豆腐、味噌	红酒鸡块	P258
			核桃拌香蕉	P213
			三菇拌凉面	P133
			凉拌茄子	P119
			净肠牛蒡	P264
			番茄炒蛋	P264
			番茄菠萝汁	P117
			番茄猪肝汤	P117
			甘薯麦米粥	P084
			咖喱西蓝花	P263
			葡萄橙香汁	P227
			辣子鸡丁	P143

续表

功效	营养素需求	适合食材	对症食谱	页码
预防癌症 （抗氧化）	异黄酮	黄豆、豆腐、味噌	双色甘薯汤	P085
预防便秘	乳酸菌 大蒜素等含硫化合物 膳食纤维	酸奶 大蒜、洋葱、葱 蔬菜、水果、五谷类、豆类	三菇炒面 木须豆腐 白豆炒双菇 甘薯汤圆 银鱼苋菜羹 芋头粥 咖喱翠笋山药 拔丝甘薯 芹菜炒豆干 芥末西芹 金针排骨汤 青椒炒蛋 青苹炒鸡丁 美白冰橙汁 洋葱泡菜 炸牛蒡 红豆糙米饭 香菇糙米饭 脆皮苦瓜 脆炒明日叶 玉米土豆沙拉 坚果果醋凉面 培根炒秋葵 排毒果菜汁 排毒蔬菜汤 凉拌菜花 清煮南瓜 净肠牛蒡 甘薯麦米粥 葡萄酸奶 蒜香五色蔬 蒜香甘薯叶 双菇拌鸡肉 蓝莓烩翅 芦荟三圆露 苹果醋冰蜜茶 苹果醋西瓜汁	P133 P175 P140 P084 P065 P091 P093 P085 P077 P077 P125 P171 P114 P217 P087 P099 P157 P151 P103 P073 P089 P165 P123 P029 P029 P128 P112 P264 P084 P227 P101 P067 P130 P229 P135 P199 P205
强健骨骼	异黄酮 钙 维生素D	黄豆、豆腐、味噌 排骨、银鱼、苋菜、杏仁 鲑鱼	甘薯叶味噌汤 炸鲑鱼球 银鱼苋菜羹 杏仁虾球 排骨糙米粥 姜丝银鱼苋菜	P067 P187 P065 P168 P151 P145
保护眼睛	维生素A	南瓜、芒果、青椒、甜椒、芦笋、西蓝花、红凤菜、苋菜、甘薯叶、猪肝、内脏类、蓝莓	百合南瓜盅 芋泥薏米盅 菜花煮鲜贝 青椒炒蛋 脆炒明日叶	P112 P091 P127 P171 P073

续表

功效	营养素需求	适合食材	对症食谱	页码
保护眼睛	维生素A	南瓜、芒果、青椒、甜椒、芦笋、西蓝花、红凤菜、苋菜、甘薯叶、猪肝、内脏类、蓝莓	梅香南瓜片	P111
			甜椒肉末炒饭	P114
			雪白红凤菜	P071
			酸辣鱿鱼丝	P181
			椰香西蓝花	P128
			苋菜炒羊肉	P065
			蒜香甘薯叶	P067
			猪肝补血粥	P159
			金枪鱼通心面	P183
			蓝莓烤鲑鱼	P229
			蚝油生菜	P079
缓解疲劳（提振精神、增强体力）	蛋白质	蛋豆鱼肉类	大黄瓜镶干贝	P109
	B族维生素	全谷类、小麦胚芽、豆类、牛奶、肉类、内脏	山芹菜烘蛋	P172
	大蒜素等含硫化合物	大蒜、洋葱、葱	杏仁浓汤	P167
			芋头粥	P091
			明日叶沙拉	P073
			金针菜炒肉丝	P125
			香甜燕麦浆	P155
			香菇蛤蜊鸡汤	P131
			香蕉牛奶	P213
			消肿冬瓜茯苓汤	P105
			脆嫩萝卜丝	P101
			排骨糙米粥	P151
			梅子蒸鳕鱼	P185
			苋菜豆腐羹	P064
			雪梨炖天山雪莲	P209
			番茄菠萝汁	P117
			番茄鸡片	P192
			蛤蜊蒸蛋	P172
			滑蛋洋葱	P087
			蜂蜜柠檬汁	P215
			菠萝鲑鱼条	P219
			卤牛腱	P189
			蒜味甜椒	P115
			银纸烤鲑鱼	P187
			莲藕麦片粥	P095
			豌豆炒鱿鱼	P121
			猪肝炒菠菜	P069
			养生炒紫玉	P115
			丝瓜煮蛤蜊	P107
			柠檬甜椒肉片	P215
			芦荟三圆露	P135
			蚝油生菜	P079
降低胆固醇	含硫化合物	大蒜、洋葱、葱	大蒜鸡汤	P252
	单不饱和脂肪酸	坚果类、鳕鱼	木须豆腐	P175
	牛磺酸	牡蛎、蛤蜊、虾仁	银杏烩海参	P179
	ω-3多不饱和脂肪酸	鲑鱼、金枪鱼等深海鱼类	炸鲑鱼球	P187
	多糖	海参	杏仁浓汤	P167
	膳食纤维	蔬菜、水果、五谷类、豆类	豆腐蒸鲑鱼	P175
	维生素C	樱桃、猕猴桃、西瓜、橙子、橘子	牡蛎海鲜粥	P177
	异黄酮	黄豆、豆腐、味噌	猕猴桃山药	P225

续表

功效	营养素需求	适合食材	对症食谱	页码
降低胆固醇	花青素 腺嘌呤核苷	蓝莓、樱桃、草莓 黑木耳	松仁枸杞炒饭 菜花煮鲜贝 黄花菜炒肉丝 黄花排骨汤 美白冰橙汁 番茄丁鳕鱼 韭菜拌核桃 香甜燕麦浆 活力蔬果汁 脆嫩萝卜丝 玉米土豆沙拉 圆白菜炒香菇 梅香南瓜片 凉拌茄子 凉拌黑木耳 豆腐鳕鱼锅 酸辣鱿鱼丝 华尔道夫沙拉 蛤蜊豆花羹 椰香西蓝花 辣味海参 辣拌鱼丝 豌豆炒鱿鱼 金枪鱼通心面 苹果燕麦甜汤 樱桃虾仁沙拉 盐焗香橘	P165 P127 P125 P125 P217 P252 P163 P155 P079 P101 P089 P082 P111 P119 P258 P185 P181 P162 P174 P128 P179 P183 P121 P183 P199 P201 P221
改善贫血	铁 叶酸 维生素B_6 维生素B_{12}	红凤菜、苋菜、牛肉、猪肝、内脏类、枸杞子 绿叶蔬菜、肝脏 全麦、糙米、豆类、菠菜、土豆、西蓝花、菜花以及香蕉等 主要来源为动物性食品，主要以肝脏、肉类等含量较丰富	松仁枸杞炒饭 苋菜炒金银蛋 清炒红凤菜 番茄猪肝汤 紫薯甜汤圆 莲子元肉茶 猪肝炒菠菜 猪肝补血粥 姜丝银鱼苋菜	P165 P064 P071 P117 P145 P223 P069 P159 P145
调节肝功能	牛磺酸 B族维生素 卵磷脂	牡蛎、蛤蜊、虾仁 全谷类、小麦胚芽、豆类、牛奶、肉类、内脏 黄豆	牡蛎海鲜粥 双黄排骨汤 保肝海鲜锅	P177 P255 P255
调节血压	钾	蔬菜、水果、土豆、肉汤和鸡汤	猪肝补血粥 芹菜烩香菇 土豆炒魔芋 香蕉牛奶 草莓虾卷 葡萄柚果冻 蒜头干贝田鸡汤	P159 P249 P249 P213 P196 P211 P142
调节血糖	水溶性膳食纤维 铬 膳食纤维	琼脂、魔芋 南瓜 蔬菜	藕汁炖鸡蛋 抹茶冻 清煮南瓜 凉拌黄秋葵	P263 P246 P112 P246

各类食物营养成分分析总表

营养成分 食物名称	热量 千卡(kcal)	蛋白 克(g)	脂肪 克(g)	糖类 克(g)	膳食纤维 克(g)	维生素A 微克(μgRE)	维生素B1 毫克(mg)	维生素B2 毫克(mg)	维生素B6 毫克(mg)	维生素 微克(μ
白吐司面包	299	9.4	7.5	49	2.2	13.5	0.12	0.1	0.06	-
干面条	357	12.3	1.6	71.7	0.7	0	0.15	0.04	0.04	-
蜜汁腰果	595	18	44	34	2	0.4	0.3	0.1	0.5	-
松子	683	17	71	8.7	4.9	1.4	0.6	0.1	0.2	-
栗子	186	3.5	0.6	42	6.3	4.3	0.3	0.1	0.8	-
花生	553	29	43	23	7	0.7	0.6	0.1	1.2	-
莲子	321	24	1	57	8.3	0	0	0	0.2	-
杏仁	664	20	58	18	9.3	0.5	0.1	1.1	0.5	-
薏米	373	13.9	7.2	62.7	1.4	0	0.39	0.09	0.06	*
白芝麻	591	19	53	20	9.2	0	1.1	0.2	0.5	-
粳米	353	7	0.6	77.7	0.2	0	0.1	0.03	0.02	-
糙米	354	7.4	2.8	73.1	2.4	0	0.38	0.06	0.17	-
小米	368	11.1	2.7	73.3	1.8	0	0.39	0.07	0.31	-
黑糯米	353	9.3	3.3	70.1	2.8	0	0.34	0.1	0.19	-
小麦	361	14.3	2.8	68.4	11.3	0	0.4	0.1	0.31	-
燕麦	402	11.5	10.1	66.2	5.1	0	0.47	0.08	0.03	0.02
荞麦	360	10.8	3.2	70.7	3	0	0.48	0.19	0.3	-
中筋面粉	359	12.1	1.4	72.8	0.8	0	0.12	0.12	0.05	-
圆白菜	23	1.2	0.3	4.4	1.3	5.7	0	0	0.1	-
大白菜	15	1.6	0.4	2	1.3	18	0	0	0	-
小油菜	16	1.7	0.3	2.2	2.1	198	0	0.1	0	-
空心菜	24	1.4	0.4	4.3	2.1	378	0	0.1	0	-
甘薯叶	30	3.3	0.6	4.1	3.1	1269.2	0.03	0	0.04	-
油菜	14	1.5	0.4	1.9	1.3	370	0	0.1	0	-
菠菜	22	2.1	0.5	3	2.4	487	0.05	0.1	0	-
韭菜	27	2	0.6	4.3	2.4	387	0	0.1	0	-
洋葱	41	1	0.4	9	1.6	0	0	0	0	-
绿豆芽	33	3.1	0.5	5.4	1.7	0	0	0.2	0.1	-
胡萝卜	38	1.1	0.5	7.8	2.6	9980	0	0	0	-
白萝卜	21	0.8	0.2	4.5	1.3	0	0	0	0	-
山药	73	1.9	2.2	13	1	0	0	0	-	-
甘薯	124	1	0.3	29	2.4	125	0.1	0	0	-
芋头	128	2.5	1.1	26	2.3	6.7	0	0	0.1	-
土豆	81	2.7	0.3	17	1.5	0	0.1	0	0.1	-
南瓜	64	2.4	0.2	14	1.7	874	0.1	0	0	-
小黄瓜	15	1.2	0.3	2.5	0.9	21.7	0.02	0.03	0.01	-
大黄瓜	13.8	0.9	0.2	3.1	0.6	22	0.06	0.08	0.9	-
丝瓜	17	1	0.2	3.4	0.6	0	0	0	0.1	-
苦瓜	18	0.8	0.2	3.7	1.9	2.3	0	0	0.1	*
冬瓜	13	0.5	0.2	2.6	1.1	0	0	0	0	-
茄子	25	1.3	0.4	4.7	2.3	3.3	0.1	0	0	-
茭白	22	1.5	0.2	4.3	2.1	0.7	0.1	0	-	-
竹笋	22	2.1	0.2	3.8	2.3	0	0	0.1	0.1	-
芦笋	27	2.3	0.2	4.9	1.9	82	0.2	0.1	0.1	-
四季豆	34	1.9	0.2	7	2.5	0	0.1	0.1	0	-
荷兰豆	167	12	0.5	31	8.6	39	0.1	0.1	0.1	-
甜椒	25	0.8	0.2	5.5	2.2	37	0	0	0.1	-
菜花	23	2	0.1	4.2	2.2	1.2	0	0	0.1	-
西蓝花	31	4.3	0.2	4.6	2.7	103	0.1	0.1	0.1	-
玉米	111	3.8	1.9	19.4	4.6	2.4	0.07	0.09	0.1	0.21
木耳	35	0.9	0.3	7.7	6.5	0	0	0.1	0	-
香菇	40	3.4	0.4	7	3.9	0	0	0.1	0.2	-
金针菇	41	2.2	0.5	8	2.9	0	0.1	0.2	0	-

P.S. “—”表示尚未有数据；“＊”则表示数据接近零或负值（本表中数字为食材重量每100克含量）

维生素C 毫克(mg)	维生素E 毫克(mgα-TE)	烟酸 毫克(mg)	钠 毫克(mg)	钾 毫克(mg)	钙 毫克(mg)	镁 毫克(mg)	磷 毫克(mg)	铁 毫克(mg)	锌 毫克(mg)
5.6	0.49	1.2	470	108	26	29	119	1.1	0.9
-	0.05	1.5	142	105	18	35	104	0.6	0.9
0	0.7	1	12	618	46	221	508	5.7	5.2
4.8	10	3.4	7	589	12	238	620	4.2	5.9
28	0.6	0.9	2	453	24	50	93	1.1	0.7
0	2.6	5	661	546	92	230	389	30	4.3
0	0.1	0.7	589	437	166	203	667	1.7	1.6
0.9	12	3.3	212	454	258	248	496	3.8	3.9
-	0.29	1.5	1	291	8	169	118	2.7	2.5
1.2	2.7	4.8	53	449	81	379	666	8.4	2.5
-	0.13	0.7	4	74	6	19	49	0.2	1.4
-	0.65	5.5	3	273	13	106	157	0.6	1.8
0	0.12	3.19	0	205	4	91	202	3.1	2.2
-	0.61	4.9	5	295	12	106	101	0.5	1.3
0.4	1.18	5	2	335	29	138	160	2.8	2.6
0.4	1.73	0.8	5	295	39	112	160	3.2	2.2
-	0.44	4.7	4	406	14	189	229	2	1.6
0	0.29	0.8	1	103	17	26	43	0.7	0.6
33	-	0.3	17	150	52	11	28	0.3	0.2
19	-	0.4	44	120	29	10	34	0.3	0.2
32	-	0.5	37	280	80	17	28	1.7	0.5
14	-	0.7	52	440	78	21	37	1.5	0.7
19	-	0.44	21	310	85	20	30	1.5	0.6
21	-	0.6	59	280	105	15	38	1.5	0.7
9	-	0.5	54	460	77	58	45	2.1	0.6
12	-	0.4	4	360	56	20	34	1.3	0.6
5	-	0.4	0	150	25	11	30	0.3	0.2
184	-	0.3	34	190	147	22	42	0.8	0.3
4	-	0.8	79	290	30	16	52	0.4	0.3
18	-	0.4	23	200	27	10	13	0.2	0.2
4.2	-	0.1	9	370	5	13	32	0.3	0.3
13	-	0.6	44	290	34	28	53	0.5	0.3
8.8	-	0.8	5	500	28	29	64	0.9	2.2
25	-	1.3	5	300	3	25	48	0.5	0.7
3	-	0.8	1	320	9	14	42	0.4	0.4
14	-	0.3	6	170	30	15	31	0.3	0.2
15	0.91	0.4	6.7	107	15	20.4	33	0.4	0.39
6	-	0.2	0	60	10	9	26	0.2	0.2
19	-	0.5	11	160	24	14	41	0.3	0.2
25	-	0.4	5	120	6	8	25	0.2	0.1
6	-	1.2	4	200	18	14	28	0.4	0.2
6.5	-	0.6	10	180	4	9	43	0.3	0.3
3	-	0.7	1	340	7	12	41	0.3	0.4
16	-	0.6	6	220	11	11	48	0.6	0.6
13	-	0.7	8	200	41	23	45	0.6	0.5
1	-	0.9	5	400	44	69	191	2.5	1.3
94	-	0.8	11	130	11	11	26	0.4	0.2
73	-	0.6	17	240	28	11	36	0.4	0.3
69	-	0.3	21	340	47	22	67	0.8	0.5
6	-	1.4	6	240	2	31	77	0.6	0.9
0	-	0.5	28	40	33	15	17	1.1	0.1
0.2	-	3.6	2	280	3	17	86	0.6	1.1
-	-	6.2	4	430	0	16	108	0.9	0.7

营养成分 食物名称	热量 千卡(kcal)	蛋白 克(g)	脂肪 克(g)	糖类 克(g)	膳食纤维 克(g)	维生素A 微克(μgRE)	维生素B_1 毫克(mg)	维生素B_2 毫克(mg)	维生素B_6 毫克(mg)	维生素 微克(μ
枇杷	32	0.3	0.2	8.1	1.2	132	0.01	0.1	0	-
猕猴桃	53	1.2	0.3	13	2.4	17	0	0	0	-
菠萝	46	0.9	0.2	12	1.4	5.1	0.06	0	0.1	-
香蕉	91	1.3	0.2	24	1.6	2.3	0.03	0	0.3	-
番茄	26	0.9	0.2	5.5	1.2	84	0	0	0.1	-
桃子	47	1.2	0.7	10	2.4	6.7	0	0	0	-
李子	57	0.5	0.1	15	1.6	33	0.01	0	0	-
芒果	40	0.2	0.3	10	0.8	355	0.02	0	0.1	-
哈密瓜	31	0.7	0.2	7.6	0.8	118	0.03	0	0	-
香瓜	30	0.6	0.2	7.5	0.6	20	0.01	0	0.1	-
西瓜	25	0.6	0.1	6	0.3	127	0.02	0	0	-
木瓜	52	0.8	0.1	13	1.7	41	0.03	0.4	0	-
泰国番石榴	38	0.8	0.1	9.7	3	15	0.03	0	0	-
樱桃	71	0.9	0.4	18	1.5	1.2	0.01	0.1	0	-
荔枝	59	1	0.3	15	1.3	0	0.01	0.1	0	-
龙眼	73	1.3	0.9	17	1.1	0	0.01	0.1	0.1	-
葡萄	46	0.7	0.2	15	0.6	8	0.04	0	0	-
葡萄柚	33	0.7	0.3	7.8	1.2	47	0.05	0	0	-
梨	40	0.4	0.3	10	1.6	0	0.01	0	0	-
柿子	68	0.5	0.2	18	4.7	53	0.01	0	0.1	-
杨桃	35	0.8	0.2	8.6	1.1	1.3	0.03	0	0	-
莲雾	34	0.5	0.2	8.6	1	0	0.01	0	0	-
苹果	45	0.5	0.3	11	1.8	9.7	0.02	0	0	-
柠檬	32	0.8	0.3	7.5	1	0	0.04	0	0	-
柑橘	40	0.5	0.2	10	1.7	67	0.09	0.1	0	-
橙子	43	0.8	0.2	11	2.3	82	0.06	0	0	-
草莓	39	1.1	0.2	9.2	1.8	3.3	0.01	0.1	0	-
甘蔗	51	0.6	0.9	12	0.3	0	0.02	0	0	-
榴莲	162	2.8	2	38	4.4	3.3	0.03	0.2	0.2	-
猪大里脊	187	22	10	*	-	4	0.9	0.2	0.9	0.8
猪五花肉	393	15	37	*	-	33	0.6	0.1	0.3	0.9
猪大肠	213	6.8	20	1.9	-	12	0	0.1	0	0.5
猪肚	155	14	11	*	-	10	0.1	0.3	0	1.3
猪肝	119	22	2.9	2	-	11496	0.3	4.3	1.3	26
猪心	125	16	6.3	0.9	-	12	0.4	1	0.2	2.2
猪血	19	3.1	0.6	*	-	0	0	0	0	0.1
猪蹄	223	22	14	*	-	15	0.2	0.2	0	0.5
火腿	149	17	3.9	12	-	4.8	0.5	0.1	0.3	0.8
香肠	350	17	26	12	-	8	0.5	0.2	0.1	0.9
培根	372	13	36	0.7	-	19	0.4	0.2	0.1	0.8
人工养殖田鸡	94	21	0.4	0.6	-	15	0.2	0.2	0.3	6.5
羊肉	198	19	13	*	-	14	0.1	0.3	0.1	1.6
牛腩	331	15	30	*	-	32	0.1	0.1	0.2	1.2
牛腱	123	20	4	*	-	3.9	0.1	0.2	0.2	1.8
乌骨鸡	106	19	2.6	2.4	-	11	0.2	0.2	0.5	0.7
鸡肉	248	16	20	*	-	91	0.1	0.1	0.4	0.3
鸡胸肉	115	23	1.9	2	-	9	0.2	0.1	0.2	0.7
鸡心	213	15	17	*	-	65	0.2	2	0.1	0.4
鸡肝	120	18	4.6	1.6	-	6126	0.4	2.5	0.2	9.6
鸭肉	111	21	2.4	*	-	13	0.4	0.5	0.4	2.8
鹅肉	187	16	13	2.4	-	45	0.1	0.3	0.2	1.3
鲑鱼	133	22.3	4.1	0.1	-	63	0.11	0.14	0.52	7.6
鲈鱼	76	17.7	0.1	1	-	6	0.01	0.07	0.4	0.54

维生素C 毫克(mg)	维生素E 毫克(mgα-TE)	烟酸 毫克(mg)	钠 毫克(mg)	钾 毫克(mg)	钙 毫克(mg)	镁 毫克(mg)	磷 毫克(mg)	铁 毫克(mg)	锌 毫克(mg)
2	-	0.1	15	150	11	9	9	0.1	0.2
62	-	0.3	6	120	26	13	35	0.3	0.1
9	-	0.2	1	40	18	14	8	0.2	0.5
10	-	0.4	4	290	5	23	22	0.3	0.5
21	-	0.6	9	210	10	12	20	0.3	0.2
11	-	0	2	300	9	9	26	0.4	0.3
3	-	0.7	7	120	5	7	18	0.2	0.1
21	-	0.6	4	90	5	7	14	0.1	0.1
20	-	0.3	23	200	14	13	14	0.2	0.3
18	-	0.5	16	240	7	7	16	0.2	0.2
8	-	0.2	13	100	4	13	23	0.3	0.1
74	-	0.4	4	220	18	12	10	0.2	0.2
81	-	0.5	5	150	4	6	15	0.1	0.2
12	-	0.2	4	220	15	11	20	0.3	0.1
51	-	0.4	6	180	11	16	27	0.4	0.3
88	-	0.5	5	260	5	9	25	0.2	0.5
4	-	0.3	7	120	4	5	16	0.2	0.1
38	-	0.2	7	60	21	9	17	0.1	0.1
5	-	0.3	12	110	3	5	11	0.2	0.2
46	-	0.2	6	150	10	8	14	0.1	0.4
26	-	0.4	11	100	2	9	11	0.2	0.3
17	-	0.4	7	70	4	8	10	0.1	0.1
2.5	-	0.4	7	110	5	4	10	0.1	0.1
27	-	0.1	6	120	33	10	24	0.2	0.1
31	-	0.1	4	55	24	10	15	0.2	0.8
38	-	0.4	10	120	32	12	21	0.2	0.1
66	-	1.5	18	180	14	13	35	0.5	0.2
1.3	-	0	-	-	-	-	-	-	-
66	-	0.7	5	420	4	27	35	0.3	0.4
0.6	0.2	6.1	35	359	1	23	38	0.6	1.7
0.8	0.3	3.5	36	231	1	14	128	0.6	1.4
0	0.1	0.2	56	27	4	9	65	1.2	0.8
4.8	0.2	2	55	141	3	12	114	1.1	1.2
22	0.2	13	74	302	3	18	310	11	5.4
3.2	0.4	5.6	97	246	1	18	176	4.8	1.3
0	0	0.3	189	31	9	3	177	1.5	0.2
1	0.1	2.7	113	193	55	13	149	1	3.5
45	0.1	10	1050	340	3	19	303	1.1	1.8
-	0	4	974	281	2	16	102	1.1	1.8
50	0.3	4.4	841	232	6	16	158	0.5	1.3
0.8	0.1	7.9	70	249	16	27	151	0.7	1.2
-	0	3.1	73	327	8	14	117	0.6	1.2
0	0.4	2.8	58	213	5	16	177	2.3	4.8
0	0.4	3	95	208	10	20	210	3	8.5
1.9	0.4	4.5	52	286	4	24	186	1	1.7
15	0.3	4.6	44	228	1	6	72	0.4	0.3
5.4	0.2	9.4	35	346	3	31	255	0.5	0.6
1.1	0.2	4	92	174	2	14	54	3.2	1.4
19	0.4	8.3	92	290	3	17	106	3.5	2.3
0.9	0.3	3	70	317	4	27	242	3.8	1.9
0.6	0.1	2.8	54	234	11	15	137	1.9	1.5
1	2.3	8.8	53	390	15	36	260	0.4	1.8
0	0.53	0.7	55	432	4	27	204	0.6	0.4

营养成分 食物名称	热量 千卡(kcal)	蛋白 克(g)	脂肪 克(g)	糖类 克(g)	膳食纤维 克(g)	维生素A 微克(μgRE)	维生素B1 毫克(mg)	维生素B2 毫克(mg)	维生素B6 毫克(mg)	维生素 微克(μ
鳕鱼	141	18.7	7.8	0.5	-	22	0.1	0.1	0.33	0.09
鲳鱼	132	16.8	6.7	0.2	-	14	0.01	0.14	0.07	1.9
金枪鱼	94	23.3	0.1	*	-	17	0.11	0.01	0.63	2.53
带鱼	102	19.6	2	*	-	23	0.02	0.07	0.23	1.33
鳗鱼	181	18.6	10.8	0.3	-	31	0.02	0.02	0	1.3
吴郭鱼	107	20.1	2.3	*	-	0.9	0.01	0.08	0.38	2.09
石斑	83	19.9	1.06	0.05	-	18	0.01	0.03	0.45	1.56
鳝鱼	89	18	1.4	1.2	-	890	0.06	0.98	0.1	2.3
红鲟	142	20.9	3.6	6.5	-	13	0.01	0.94	0.18	4.63
草虾	98	22	0.7	1	-	0	0.1	0.1	0.07	2.54
虾米	248	57.1	2.2	*	-	17	0.03	0.15	0.03	6.11
牡蛎	77	10.7	1.6	4.9	-	19	*	0.53	0.02	40
文蛤	69	11.4	0.7	4.3	-	19	*	0.7	0.04	74.7
鱿鱼	77	60.1	0.8	7.9	-	20	0.02	0.13	0	0.3
墨鱼	71	16.8	0.2	0.4	-	2	0.01	0.03	0.07	0.81
章鱼	61	13	0.6	0.9	-	16	*	0.17	0.03	5.52
螺肉	104	18.7	1.1	4.8	-	1	0.01	1.26	0.62	2.25
鲍鱼	92	15	1	5.8	-	1	0.01	2.09	0.02	77.1
海参	28	6.9	0.1	*	-	6	*	0	*	0.08
海带	16	0.7	0.2	3.3	3	37.5	0	0	-	-
紫菜	229	27.1	*	40.5	11.7	42.3	0.42	0.4	0.5	-
鸡蛋	142	12.1	9.9	0.3	-	204	0.07	0.42	0.21	2.02
生咸蛋	181	12.5	14.7	*	-	230	0.22	0.55	0.13	1.8
皮蛋	145	12.3	9.6	2.5	-	66	0.02	0.24	0.03	0.93
牛奶	67	3.3	3.7	5.1	-	36	0	0.2	0	0.4
奶酪	298	18	21	8.8	-	201	0.2	0.4	0	0.5
酸奶	74	2.8	1.3	13	-	4	0	0.3	0	0.1
益生菌酸奶	68	1.1	*	16	-	2	0	0.1	*	0
北豆腐	88	8.5	3.4	6	0.6	0	0.1	0	0	-
豆浆	64	2.7	1.6	10	3	0	0	0	0	-
黄豆	384	36	15	33	16	0	0.7	0.2	0.7	-
黑豆	371	35	12	38	18	341	0.7	0.2	0.7	-
红豆	332	22	0.6	61	12	0	0.4	0.1	0.7	-
绿豆	342	23	0.9	62	12	9.5	0.8	0.1	0.4	-
花豆	333	19	1.2	63	16	1.1	0.3	0.1	0.8	-
葱	28	1.5	0.3	5.5	2.6	102	0.1	0.1	0	
嫩姜	21	0	0.3	4.8	1.4	3.3	0	0	-	
青蒜	36	2.8	0.4	6.5	3.5	300	0	0.1	0	
辣椒	61	2.2	0.2	14	6.8	370	0.2	0.2	-	
香菜	28	2.5	0.4	4.6	2.5	1033.3	0	0.1	0	-
罗勒	28	3	0.5	4.1	3.4	1264.2	0.1	0.2	-	
白胡椒粉	337	3.7	1.1	78.8	26.3	7.6	0.06	0.14	0.82	-
花椒粉	373	10	9.2	63.2	47.5	83.3	0.11	0.46	1.81	-
咖喱粉	414	13.9	14.1	58.5	36.4	18.4	0.18	0.37	1.14	-
陈醋	42	0.5	0	8.7	0	1.4	*	0.05	0.33	-
红糖	365	0.6	0	94.4	0	0	*	0.18	0.2	-
咖啡饮料	39	0.9	0.4	8.2	*	13	0	0.1	0.2	0
红茶	34	*	-	8.6	0	0	*	0	*	-
绿茶	0	0.1	-	*	*	0	*	*	*	-
红葡萄酒	92	0.1	*	3.8	-	0	*	0	0	-
啤酒	50	-	-	3.9	-	0	*	0	0.1	-

维生素C 毫克(mg)	维生素E 毫克(mgα-TE)	烟酸 毫克(mg)	钠 毫克(mg)	钾 毫克(mg)	钙 毫克(mg)	镁 毫克(mg)	磷 毫克(mg)	铁 毫克(mg)	锌 毫克(mg)
0.8	0.8	2.3	61.3	318	44	38	146	1.0	0.8
0	0.38	1.7	315	183	8	35	107	0.3	0.6
0	0.55	13.8	27	230	4	39	229	0.9	0.4
0.5	0.26	2.5	54	291	28	16	188	0.2	0.4
0	3.6	3.8	58.8	207	42	34	248	1.5	1.15
4.3	0.37	2.42	37	402	7	33	179	0.6	0.5
0	0.33	1.9	57.2	306	39	37	155	1.1	0.5
2	1.34	3.7	70.2	263	42	18	206	2.5	1.97
0	4.31	4.1	309	255	79	57	234	2.6	10.3
2.8	0.78	4.6	150	87	5	16	244	0.3	1.7
-	0.78	2	3186	708	1075	250	652	4.9	0.6
1.1	0.45	2.7	362	237	25	60	105	6.6	7.1
1.6	0.15	1.9	469	132	131	47	153	12.9	1.2
-	9.73	1.9	0.2	1130	62	0.61	393	4.1	1.7
1.4	0.43	2.9	146	254	4	40	198	0.1	0.3
0.5	1.47	1.2	230	55	14	44	111	6.1	0.5
0.3	0.54	1.3	289	254	68	225	162	2.7	4.7
0.4	1	1.7	327	290	46	99	255	11.4	1.4
-	0.07	0	91	2	55	30	71	0.4	0.3
-	-	0.4	606	11	87	14	8	0.2	0.1
0	3.66	3.2	2132	3054	183	181	382	90.4	4.4
0	0.52	1.4	135	123	30	11	185	1.8	1.2
0	0.67	*	1681	144	32	15	235	3.3	1.3
0	2.28	0.6	676	149	21	5	164	4.1	0.9
0	0.1	0.1	45	156	95	10	90	0.1	0.3
0	0.6	*	1845	74	574	30	372	1.8	2.7
0	0	1.1	26	110	63	7	52	0.1	0.2
0	0	1.6	26	88	29	4	37	0.1	0.1
0	0.4	0.3	2	180	140	33	111	2	0.8
0	-	6.1	42	47	11	9	35	0.4	0.2
0	2.3	1	2	1570	217	219	494	5.7	2
0	2.1	2	3	1639	178	231	423	4.3	1.5
2.4	0.6	2.1	3	988	115	177	493	9.8	3.8
14	1	1.7	*	398	141	162	362	6.4	2.7
1.7	0.4	1.7	30	930	89	161	456	9	2.9
17	15	-	0.4	5	160	81	18	28	1.4
-	11	-	1	12	270	14	15	22	0.4
-	40	-	0.7	6	300	82	15	43	2.2
-	141	-	2.1	36	330	16	24	55	7.4
63	-	0.6	29	480	104	23	37	3	0.4
-	11	-	0.8	2	320	177	43	53	3.9
1.1	0.26	1.82	120	116	420	403	87	53.3	0.8
10.2	5.25	2.29	565	1368	1320	178	195	22.7	1.7
8.3	12.1	4.01	552	1717	755	294	419	65.9	3.3
0	0	6.36	1571	57	6	10	7	1.6	0.1
6.5	2.42	0.18	55	453	464	85	8	49.2	0.3
6.7	0	0.9	25	75	30	6	21	0.1	0.1
0	-	*	8	6	1	1	4	0.2	*
1.2	0	*	-	-	-	-	-	-	-
0	0	*	3	122	6	5	10	0.5	0.1
1.4	0	0.4	3	31	*	8	22	0.1	*

图书在版编目（CIP）数据

全食物排毒事典 / 李青蓉编著. --3版. --北京：中国纺织出版社，2014.6
（饮食健康智慧王系列）
ISBN 978-7-5180-0197-2

Ⅰ. ①全… Ⅱ. ①李… Ⅲ. ①毒物－排泄－食谱 Ⅳ. ①TS972.161

中国版本图书馆CIP数据核字（2014）第034600号

原文书名：《全食物排毒事典》
原作者名：康鉴文化编辑部

著作权合同登记号：图字：01-2014-0927

策划编辑：范琳娜　　责任编辑：穆建萍　　特约编辑：商志伟
责任印制：何　艳　　装帧设计：水长流文化

中国纺织出版社出版发行
地址：北京市朝阳区百子湾东里A407号楼　邮政编码：100124
销售电话：010-87155894　传真：010-87155801
http://www.c-textilep.com
E-mail：faxing@c-textilep.com
官方微博http://weibo.com/2119887771
北京佳信达欣艺术印刷有限公司印刷　各地新华书店经销
2007年6月第1版　2009年10月第2版
2014年6月第3版第7次印刷
开本：710×1000　1/16　印张：18
字数：330千字　定价：49.80元

凡购本书，如有缺页、倒页、脱页，由本社图书营销中心调换